KB041480

The
TOOL BOOK
더툴북

The TOOL BOOK 더툴북

측정 · 표시 · 썰기 · 자르기 · 조이기 · 깨기 · 다듬기 · 갈기

세상의 모든 공구에 대한 완벽한 비주얼 가이드북

문예춘추사

Original Title: The Tool Book: A Tool-Lover's Guide to Over 200 Hand Tools

초판 1쇄 발행 2019년 1월 31일
초판 2쇄 발행 2019년 4월 15일

지은이 필 데이비, 조 베하리, 루크 에드워즈 에반스, 맷 잭슨
옮긴이 김동규
펴낸이 한승수
펴낸곳 문예춘추사

편 집 한진아
마케팅 박건원
디자인 이유진

등록번호 제300-1994-16
등록일자 1994년 1월 24일

주 소 서울특별시 마포구 동교로27길 53 지남빌딩 309호
전 화 02 338 0084
팩 스 02 338 0087
E-mail moonchusa@naver.com

ISBN 978-89-7604-370-2 13590

- 책값은 뒤표지에 있습니다.
- 잘못된 책은 구입처에서 교환해 드립니다.

Printed and bound in China

A WORLD OF IDEAS:
SEE ALL THERE IS TO KNOW
www.dk.com

Contents

98 고정 및 잠금 공구

142 타격 및 파쇄 공구

166 땅 파기 및 흙 작업 공구

190 다듬기 및 갈기 공구

218 마무리 및 장식 공구

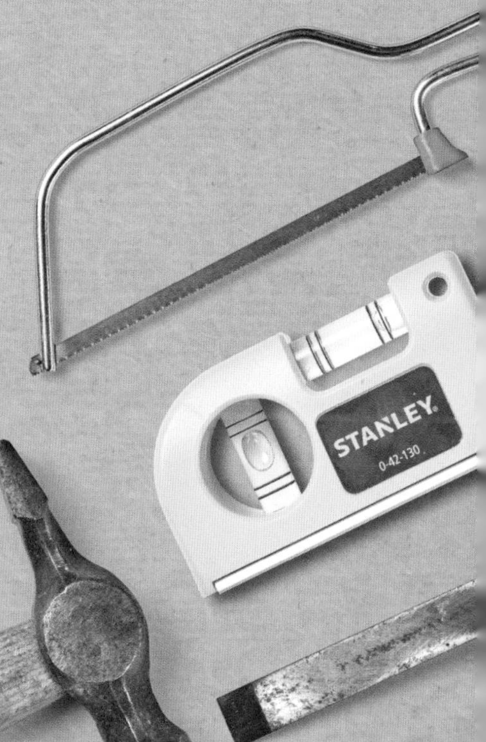

THE TOOL BOOK FOREWORD

들어가며

도구를 사용하는 능력은 인간으로서 우리의 정체를 규정하는 독특한 능력이다. 인류의 조상으로 일컬어지는 '호모 하빌리스'의 라틴어 어원 '호모homo'는 인간을 의미하고, '하빌리스habilis'는 '손재주 있는, 또는 능력 있는'이라는 뜻이다. 인간은 태생적으로 도구를 사용하는 자들이다. 우리가 수공구를 사용할 때 즐거움을 느끼는 것은 놀라운 일이 아니다. 도끼를 휘둘러 땔나무를 패든, 끌과 대패로 고급 가구를 제작하든 공구를 다루는 것은 손으로 느끼는 원초적인 경험이다.

공구는 한 세대에서 다음 세대로 전달되는 유산이라는 점에서 과거와의 직접적 매개체라고도 볼 수 있다. 아버지와 할아버지로부터 물려받거나 사용법을 배운 대패나 망치를 쓰다 보면 옛 추억이 되살아나고, 한편으로는 후세에 전달할 뭔가를 깨닫는다.

'손을 써서' 일한다는 느낌은 독특한 매력을 발휘한다. 우리의 창조 본능을 일깨우고 깊은 만족과 성취를 안긴다. 망치로 못을 박고 삽으로 흙을 퍼내는 일은 결과가 눈에 바로 보인다. 작업실에서 보내는 시간은 복잡한 생활로부터의 탈출인 셈이다. 첨단 기술의 세상에서 공구를 다루기 위해서는 감사하게도 아주 기초적인 기술만 있으면 된다. 공구 작업에 시각, 청각, 후각을 맡기고 빠져들다 보면 명상의 기회를 얻을 수 있다. 갓 켠 나무 냄새를 맡으면 마음이 차분해진다. 작업장이란 집중력을 발휘해야 하는 곳이며, 시행착오를 통해서 기술을 배우는 곳이다. 필요한 공구를 쓰면서 익숙해지면 평생 써먹을 기술을 하나씩 갖춰 나가게 된다. 공구를 능숙하게 다룰수록 즐거움도 늘어간다.

이 책은 공구의 기원에서부터 믿을 수 없을 만큼 다양한 오늘날의 모습까지 모든 면을 조망하려 시도했다. 독자들이 원하는 작업에 맞는 공구를 선택할 수 있도록 망치, 괭이, 드라이버, 스패너 등 실로 광범위한 종류의 공구를 나열하고 그 기능적 측면을 설명했다. 해당 분야를 대표하는 공구를 하나씩 골라 상세하게 설명했고, 작업 순서별 사진을 실어 최적의 사용 방법을 한눈에 볼 수 있게 하였다. 능숙한 목수이든, 주말에만 활동하는 DIY 족이든, 이 책을 펼쳐 들면 작업장이나 창고의 공구들이 새롭게 보일 것이다.

"인간은 도구를 사용하는 동물이다.
도구 없이는 무능하지만,
도구를 쥐면 모든 것을 가진 존재가 된다."

토머스 칼라일 _ 영국의 비평가 겸 역사가

PLAN YOUR WORK AREA

작업 공간 마련하기

자전거를 고치든, 집을 꾸미든, 가구를 제작하든, 우선 필요한 것은 작업할 공간이다. 예산에 따라 작업실은 공간 한 구석에 접어 두었다 펴서 쓰는 작업대일 수도 있고, 장비를 모두 갖춘 창고일 수도 있다. 공구를 가끔 쓰는 정도라면 임시 공간만 확보해도 되겠지만, 장기간 일로 계속 써야 한다면 고정된 작업 공간이 필요할 것이다.

작업대

튼튼한 작업대가 있으면 작업의 수준이 한 차원 높아진다. 아주 클 필요는 없지만 될 수 있는 한 튼튼한 편이 좋다. 앞이나 한쪽 끝에는 목재, 금속 등의 재료를 물려 놓고 작업할 수 있도록 바이스를 설치한다. 휴대용 워크메이트(Workmate, 톱질용 받침대의 제품명-옮긴이) 등은 야외용으로 쓸 수 있는 가볍고 저렴한 대용품이다.

공구 보관대

공구는 찾기 쉽게 보관해야 한다. 벽이나 전용 선반장에 진열해 두면 어느 하나가 없어져도 금방 눈에 띌 뿐 아니라, 공구 상자에 손을 넣어 여기저기 뒤지는 것보다 안전하다. 작업 공간을 깔끔하고 체계적으로 정돈해 두면 작업을 효율적으로 할 수 있다.

난방, 조명, 전력

조명을 켜고 전원 소켓도 설치하려면 전력이 공급되어야 한다. 전원 설치 작업은 자격증이 있는 전기 기사가 해야 한다. 추운 계절이 오면 떨면서 작업할 수는 없으므로 난방도 필요하다. 난방 형태도 고민해야 한다. 이동형 연료 히터는 효율적이지만 먼지가 많이 나는 작업장에서 불을 쬐는 것은 그리 좋은 방법이 아니다. 전기 히터가 안전하겠지만 공간이 넓을 경우 연료비가 만만치 않을 것이다.

환경

망치 같은 공구는 사용 시 소음이 심하다. 작업이 잦을 경우 작업장에 방음 장치를 하거나 작업 시간대를 제한하는 방안을 세워야 한다. 이웃의 사정도 생각하라는 말이다! 화재 예방은 필수다. 인화성 물질을 보관한다면 더욱 그렇다. 소화기는 저렴하게 구할 수 있다. 단, 자신의 상황에 적합한 유형인지 확인하고 선택해야 한다.

FOCUS ON…

보안

공구를 안전하게 보관하는 것도 중요하다. 창고 문에 엉성하게 걸쳐 놓은 자물쇠만 믿어서는 안 된다. 도둑은 쉽게 따고 들어올 방법을 궁리할 것이다. 그러니 열쇠를 잃어버렸다고 가정하고 작업 공간에 어떻게 들어갈까 고민해보기 바란다. 창문 안쪽에 셔터를 설치하고, 정문에 가로 빗장을 지르고, 배터리 구동식 알람 장치를 갖추는 것이 좋다. 보안 마킹 장비를 써서 눈에 보이지 않는 우편번호를 공구에 붙여 놓으면 공구를 추적할 수 있다. 나중에 자외선을 비추면 우편번호가 드러난다.

목수가 많이 쓰는, 경첩으로 문을 여닫는 특수 제작 공구 상자가 있다. 이것을 쓰면 벽 공간을 효율적으로 활용할 수 있고, 작업장 내 먼지로부터 공구를 보호할 수도 있다. 공구 상자 전용 자물쇠나 통자물쇠만 채워도 보안성을 높일 수 있다. 무엇보다 어린이의 손이 닿지 않게 할 수 있다.

8페이지 사진 : 차고나 창고에서는 공구를 작업대 위의 고리 또는 못에 걸어 둔다. 찾기 쉽고, 없어졌을 때 금방 눈에 띈다.

9페이지 사진 : 실내를 꾸민다는 것은 비록 잠시 동안이지만 방이 작업장으로 변한다는 말이다.
주변을 말끔히 치우고, 풀칠용 작업대나 발판 사다리를 필요할 때마다 옮겨와 쉽게 쓸 수 있도록 한다.

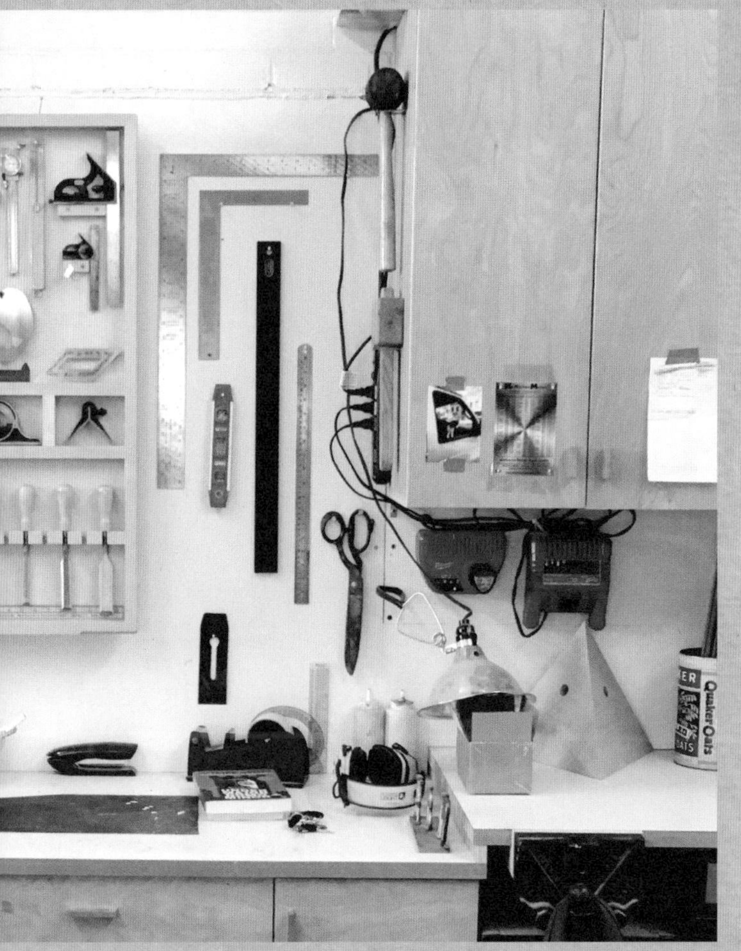

FOCUS ON…

안전

공구를 얕보면 안 된다. 아무렇게나 다루거나 보관하면 큰일 날 수도 있다. 예를 들어, 끌이 무뎌지면 쉽게 미끄러지기 때문에 날 선 끌보다 더 위험하다. 정기적으로 공구 상태를 점검하여, 손상되었거나 수리해서 쓸 수준을 넘긴 것들은 신속히 교체해 준다. 적절한 개인용 보호 장구를 착용하고, 사용하지 않을 때는 잘 보관해 둔다. 서랍이나 선반에 표식을 달아 어디에 무엇이 있는지 쉽게 파악할 수 있도록 한다.

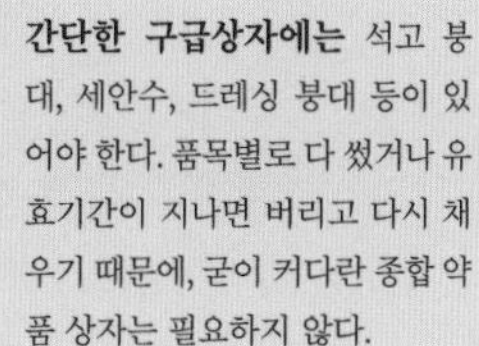

간단한 구급상자에는 석고 붕대, 세안수, 드레싱 붕대 등이 있어야 한다. 품목별로 다 썼거나 유효기간이 지나면 버리고 다시 채우기 때문에, 굳이 커다란 종합 약품 상자는 필요하지 않다.

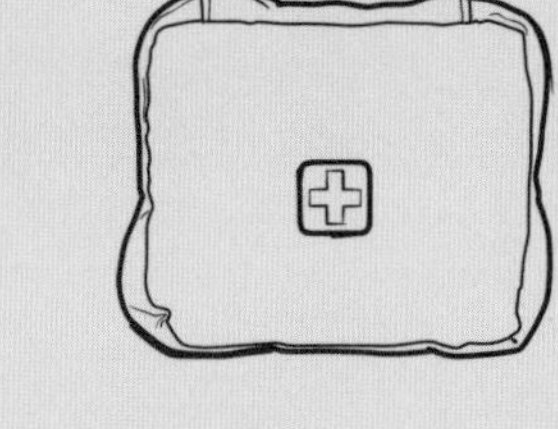

작업용 장갑을 껴서 거칠게 켠 목재나 무거운 금속을 다룰 때 베이거나 다치지 않도록 한다. 무거운 가죽이나 직물로 된 장갑을 끼면 손놀림이 둔해진다. 가벼운 비닐장갑이 착용은 간편하면서도 보호 성능은 대동소이하다.

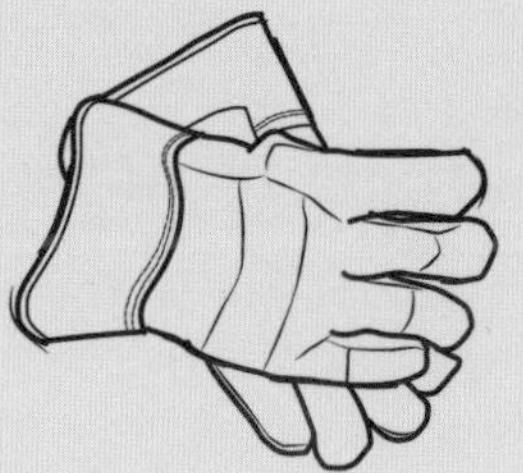

눈은 소중하므로 꼭 보호해야 한다. 투명 보안경이 간편하며, 안경 위에 쓸 수 있는 제품도 있다. 용접을 할 때는 얼굴을 모두 덮는 올바른 용접 보안면을 써야 한다.

CHOOSING A TOOL BELT

공구 벨트 고르기

사다리에 올라 일하다가 손에 쥐고 있는 것이 알맞은 공구가 아니라는 사실을 알게 되면 낭패가 아닐 수 없다. 이럴 때를 대비해 공구 벨트를 허리에 차면 깜빡 잊은 공구를 가지러 사다리를 오르내리지 않아도 된다. 바깥 주머니는 못이나 나사와 같은 작은 물건을 담아 두기에 편리하다.

스패너는 여러 사이즈를 한곳에 담아 둔다.

장도리(이런 형태의 망치를 가리키는 순우리말은 장도리이지만 국내 목공 및 건설 현장에서 널리 쓰이는 용어는 '빠루 망치'다. - 옮긴이)는 주머니에 담기에 너무 크다. 그래서 별도로 망치 걸이가 있다.

공구 걸이는 큰 물건을 걸기에 편리하다. 그러나 물건이 빠지지 않는지 점검해야 한다.

"공구를 너무 많이 담으면 시간이 지날수록 벨트 매기가 싫어진다."

FOCUS ON…

주머니와 공구 집

전통식 공구 벨트는 튼튼한 가죽에 바느질과 리벳으로 주머니를 달아 만든다. 튼튼하고 오래 가는 직물 제품에도 비슷한 수의 주머니와 고리가 달려 있다. 주머니와 고리는 폴리프로필렌으로 짠 벨트에 탈부착할 수도 있다. 벨트에는 철재나 플라스틱으로 만든 버클이 있어 허리둘레에 맞게 조절할 수 있다. 덩치가 큰 공구를 넣는 공구 집은 대개 철제로 되어 있다. 벨트를 구매할 때에는 자신의 몸에 맞는지, 공구가 얼마나 필요한지를 고려해야 한다. 주머니가 너무 많으면 항상 필요한 것보다 더 많은 공구를 꽂아 두고 싶어진다.

줄자 뒷면에는 벨트에 거는 클립이 달려 있다.

십자 드라이버와 일자 드라이버 하나씩은 필수다.

플라이어: 롱 노즈 플라이어와 펜치 등이 DIY 작업에 두루 쓰인다.

바깥 주머니는 다사와 못을 담아 두기 좋다.

CHOOSING A TOOL BOX

공구 상자 고르기

작업장이 없을 때는 공구들을 공구 상자에 보관하는 것이 맞다. 공구 상자를 선반장에 보관했다가 이곳저곳으로 옮길 수도 있고, 자동차 트렁크에 넣어 운반할 수도 있다. 공구 상자는 대개 튼튼한 소재에, 다양한 사이즈와 형태가 있다. 뚜껑은 경첩으로 여닫는 형태가 많다. 좋은 공구 상자에는 맞춤형 자물쇠도 있다.

철제 공구 상자

철제 공구 상자는 튼튼하기 이를 데 없어 자전거 정비 용품이나 전문 기계공들의 공구를 보관하기에 제격이다. 캔틸레버 방식의 공구 상자는 뚜껑이 밖으로 열려 맨 아래 칸까지 드러난다. 긴 손잡이를 달면 운반이 편리하지만, 철제 상자가 플라스틱 제품보다 무거운 것이 사실이라 여기에 공구까지 들어차면 꽤 무거워진다. 상자 안에 칸을 나누고 미끄럼 방지 매트나 비닐 에어캡을 대면 소중한 공구를 더 잘 보호할 수 있다. 난방 시설이 없는 곳에 철제 공구 상자를 보관할 때는 정기적으로 내용물을 점검해 줘야 한다. 차가운 공기가 응결되면서 금속제 공구가 녹슬 수 있다. 방습제를 뿌리는 것도 좋은 방법이다.

플라스틱 공구 상자

플라스틱 공구 상자는 녹슬지 않아 정밀한 표시 및 측정 공구와 금속제 목공구를 보관하기에 적합하다. 너무 가벼운 플라스틱 제품은 충격에 약할 수 있다. 구조용 발포재로 제작된 고내구성 공구 상자 중에는 뚜껑을 고무로 밀봉하여 방수 기능을 갖춘 제품도 있다.

공구 가방

본래 공구 가방은 캔버스 소재에 강화 로프 손잡이를 달고 테두리 주위로 황동 구멍을 설치하여 내용물을 고정하게 만든 형태이다. 요즘에는 강화 합성 직물로 만들고 안팎에 주머니를 많이 달아 놓은 제품이 널리 사용된다.

작은 플라스틱 공구 상자는 취미 용품 제작 공구를 보관하기에 적합하다. 이보다 더 크고 내구성이 향상된 공구 상자는 더 무거운 공구를 담는 데 쓰고, 대개 자물쇠로 잠그게 된다.

측정 및 표시 도구는 부드럽고 미끄러지지 않는 매트를 칸에 맞게 잘라 깔고 그 위에 올려놓아야 한다.

철제 공구 상자

줄자는 자주 사용하므로 뚜껑을 열자마자 보이는 곳에 둔다.

나무망치 같은
무거운 공구는 상자 밑바닥,
가장 넓은 자리에 둔다.
클램프 같은
나사 풀린 물건은
투명한 비닐봉지나
작은 상자에 넣어 둔다.
Clarke
DIN ISO 8764
망치는 상자 바닥에
무거운 제품들과
함께 둔다.
샌딩 블록은 공간을
많이 차지하지 않게
깔끔하게 치워 둔다.

CHOOSING A TOOL SHED

공구 보관 창고 고르기

창고는 공구를 안전하게 보관할 뿐 아니라, DIY 작업이나 자전거 수리, 목공 등에 필요한 작업장으로도 쓸 수 있는 장소다. 창고 바닥은 튼튼하고 평평해야 하므로 창고를 작업장으로 쓰려면 사전 준비 작업이 필요하다. 포장용 판재를 깔아 바닥으로 삼거나 콘크리트 포장을 한다. 후자가 일손이 많이 들지만 더 튼튼하고 반영구적이다.

금속제 창고

골진 철판을 볼트나 클립으로 여러 장 연결해 만든 창고는 원예용 도구, 발판 사다리, 접는 벤치 의자 또는 톱질용 모탕과 같은 큰 물건을 보관하기에 좋다. 이런 철판 중에는 화재나 부패에 대비해 아연 도금과 하부 도색 처리를 한 제품이 많다. 지붕 패널 역시 강도를 높이기 위해 골진 형상으로 되어 있다. 금속제 창고의 문제점은, 추운 날씨에 수분이 응결될 때 제대로 점검해 주지 않으면 공구가 녹슬기 쉽다는 것이다. 금속제 창고에는 창문이 달려 있지 않은 경우가 많지만, 있는 편이 더 안전하다. 문은 미닫이나 여닫이 모두 가능하며 자물쇠를 채울 수도 있다.

목재 창고

전통식 창고는 침엽수로 짓고 부패나 벌레 먹는 것을 막기 위해 방부재로 처리한다. 구조용 목재는 볼트로 연결하고, 그 위에 반턱 쪽매 이음(두 판을 폭 방향으로 접합할 때 끝부분을 각각 반턱씩 깎아 쪽매로 덮어 주듯이 접합하는 이음 방식 - 옮긴이)이나 장부촉이음(두 판재 중 한쪽에는 돌기를 내고 다른 쪽에는 이를 받는 구멍을 뚫는 방법 - 옮긴이)으로 연결된 판재를 대고 수평 방향으로 못질해서 덮는다. 지붕은 눈과 비가 흘러내리도록 경사를 준다. 지붕 자재는 벽체에 고정시킨 뒤 미네랄 펠트로 덮고 못을 쳐서 고정한다. 바닥재는 칩보드나 합판을 사용한다. 창문으로는 유리 또는 투명 플라스틱을 사용하며 값싼 창고에는 대개 고정식 창문을 단다. 외관은 외장 목재나 페인트칠로 마감한다. 벽은 MDF 또는 합판으로 마감한다. 조명과 전원 소켓을 갖추면 훌륭한 소규모 작업장이 될 수 있다.

목재 창고는 자전거 수리, 목공, DIY, 원예 등 취미 활동에 필요한 안전한 작업장이 될 수 있다.

1 작업대(우마) **2** 공구 벨트 **3** 장도리 **4** 소도구를 올려 두는 선반 **5** 클램프 **6** 톱질용 모탕과 톱 **7** 무거운 옥외용 도구는 바닥에 내려놓는다. **8** 가벼운 원예 도구는 걸어 둔다.

접는 모탕은 무게가 가벼워 벽에 걸어 놓을 수 있다.

휴대용 작업대는 다리를 접을 수 있고 턱을 조절할 수도 있어 DIY 작업에 적합하다.

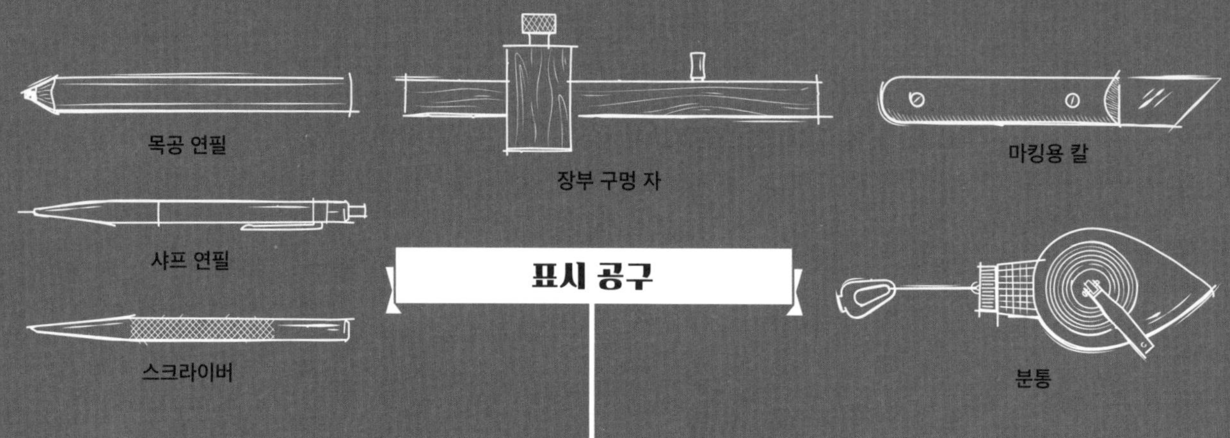

THE TOOLS FOR MEASURING & MARKING

1
측정 및 표시 공구

간단한 스크라이버나 자에서부터 정교한 디지털 수평계와 캘리퍼에 이르기까지, 어떤 일에서나 초반 작업의 성공을 위해 없어서는 안 될 필수품이 바로 정확한 측정 및 표시 공구다.

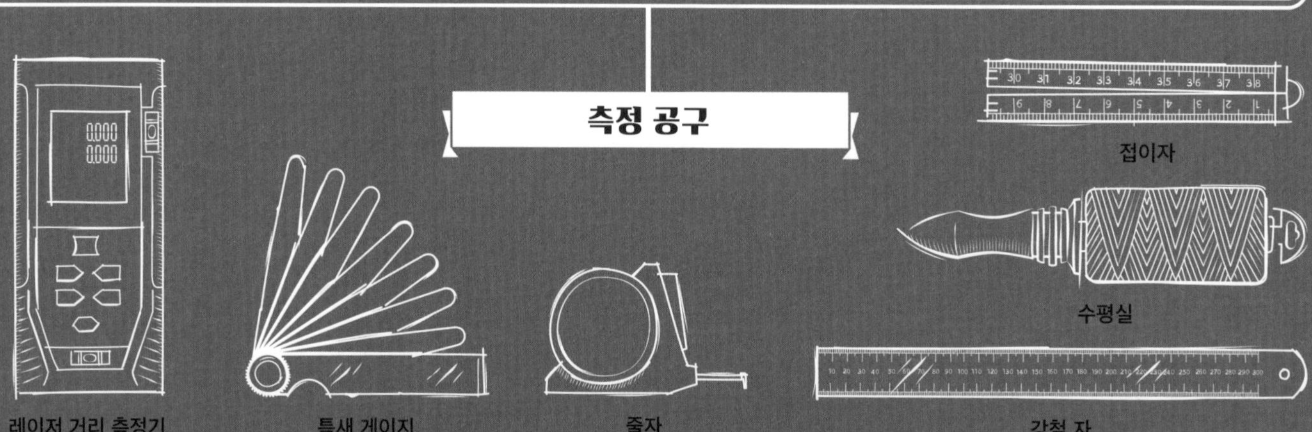

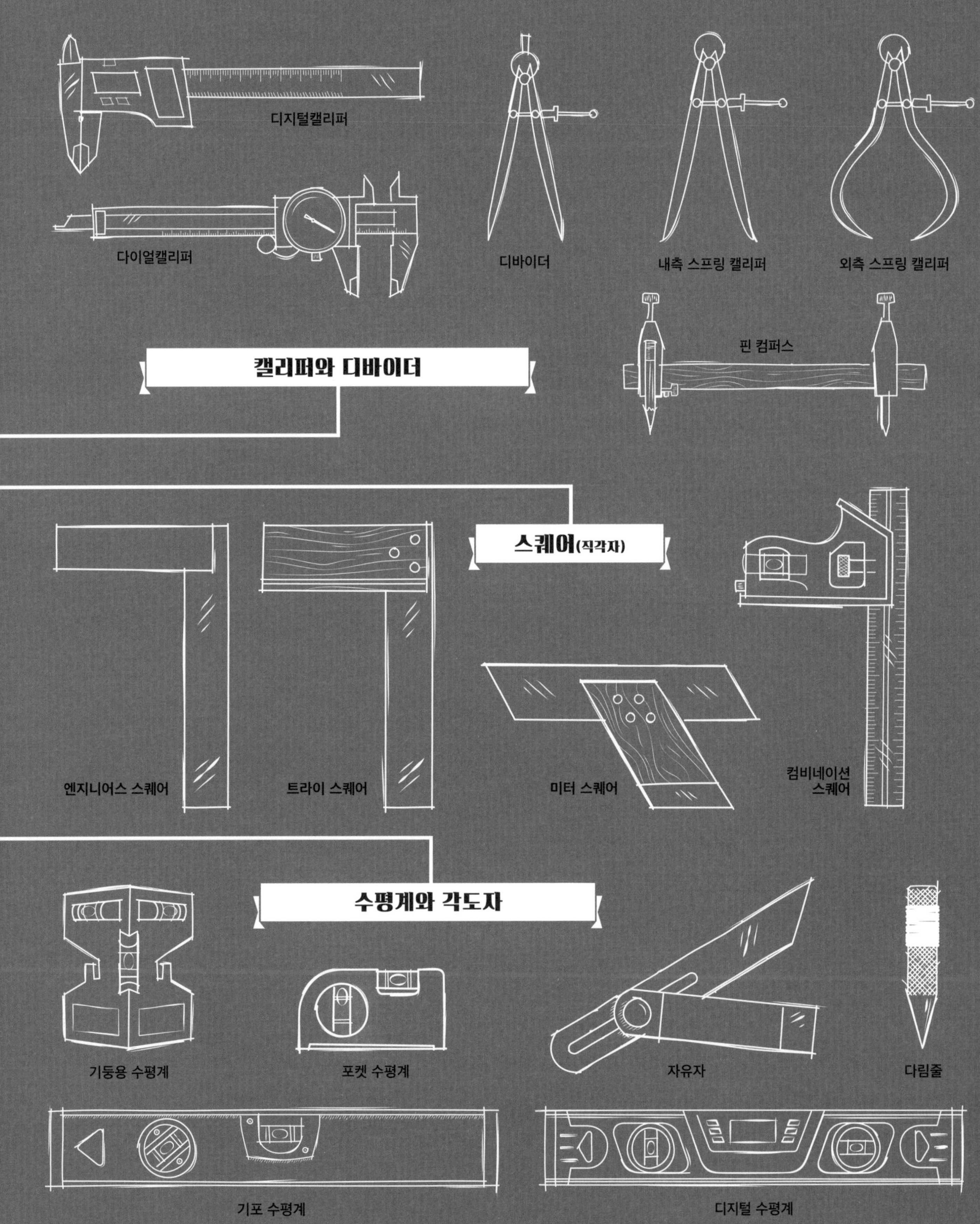
디지털캘리퍼
다이얼캘리퍼
디바이더
내측 스프링 캘리퍼
외측 스프링 캘리퍼
핀 컴퍼스
캘리퍼와 디바이더
스퀘어(직각자)
엔지니어스 스퀘어
트라이 스퀘어
미터 스퀘어
컴비네이션
스퀘어
수평계와 각도자
기둥용 수평계
포켓 수평계
자유자
다림줄
기포 수평계
디지털 수평계

HISTORY OF MEASURING & MARKING

측정 및 표시의 역사

기원전 3000년경

최초의 분통

고대 이집트 건축가들은 초기 형태의 분통을 사용했다. 두 개의 침 사이에 적색 또는 노란색 황토를 바른 끈을 팽팽히 당긴 뒤 표면에 튕겨 직선을 표시했다. 이 기법은 현대 건축에도 여전히 남아 있다. 황토가 분필 가루로 바뀌었을 뿐이다.

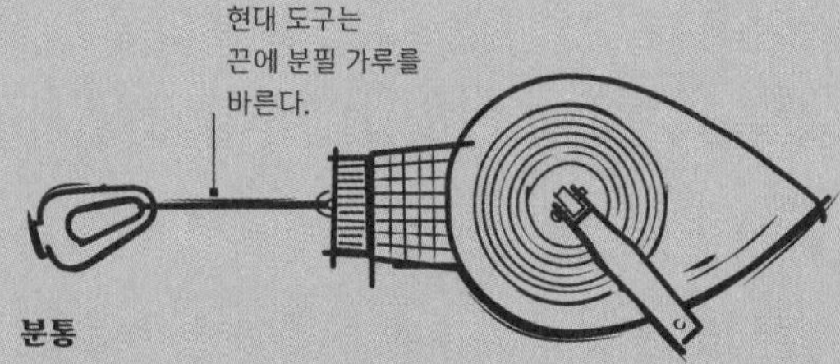

기원전 2650년경

자 막대

메소포타미아에서는 구리 합금 막대를 자 막대로 사용하였다. 1916년 니푸르(현재의 이라크) 유적 발굴지에서 눈금이 그려진 막대가 잘 보존된 상태로 발견되었다. 이것은 수메르의 큐빗으로 추정된다. 큐빗은 약 51.85센티미터에 해당하는 단위로, 중동 전역에 묻혀 있는 유물이다.

같은 시대 이집트의 표준 큐빗(왕립 큐빗이라고도 한다)은 52.3센티미터였다.

기원전 2600년경

초창기 다림줄

기자의 피라미드 같은 건축물은 각종 수평계가 발달하는 계기가 되었다. 그중에는 건물 벽의 수직 여부를 확인하는 초기 다림줄도 포함되어 있었다. 이 도구의 생김새는 로마자 E와 유사했고, E자의 위쪽 끝에서 아래로 내린 끈에 추를 매달았다. 도구를 벽에 붙이고 끈이 E자의 아래쪽 끝에 닿는지 확인하면 벽의 수직 여부를 알 수 있다.

기자의 피라미드를 짓는 데

2,300만 개

의 블록이 사용되었다.

"인간은 만물의 척도다."

프로타고라스

기원전 481~411년

기원전 2600년경

이집트의 A자 수평계

이집트인들은 수평을 측정하는 데 A자 형태의 도구를 사용했다. 측정 대상이 되는 바닥에 A자 틀을 설치하고 가운데에서부터 다림추를 내렸다. 이 방법은 19세기까지도 유럽 전역에서 사용되었다.

꼭대기에서 다림줄을 내린다.

끈 맨 아래에 추를 매단다.

A자 틀

기원전 1290년경

최초의 스퀘어

스퀘어 역시 고대 이집트에서 발달했고, 사원과 피라미드, 그 밖의 기념물을 건축할 때 석재를 정확하게 재단하는 데 사용되었다. 나무 조각 두 개를 직각으로 연결하고, 대각선 방향으로 보강 막대를 덧대기도 했다. 이집트의 데이르 엘 메디나 지역의 센네젬이라는 장인의 분묘에서 이런 가공품이 발견되었다.

야드YARD

1305년 영국의 에드워드 1세는
한쪽 팔을 쭉 폈을 때 자신의 콧등에서 엄지손가락까지의
길이를 1야드로 정했다.

1야드 = 0.9미터

기원전 1070년경 이집트 자

이집트인들은 다양한 자를 사용했다. 사원에서 발견된 의례용 석재 큐빗 막대부터 목수들이 사용한 나무 자까지 여러 가지가 있었다. 표준 단위는 왕립 큐빗이며 손가락을 가로지르는 방향으로 손바닥 폭 7개에 해당하는 길이로, 약 52.3센티미터에 해당한다. 이집트 석공들은 나무 자를 비스듬히 세워 사용했다.

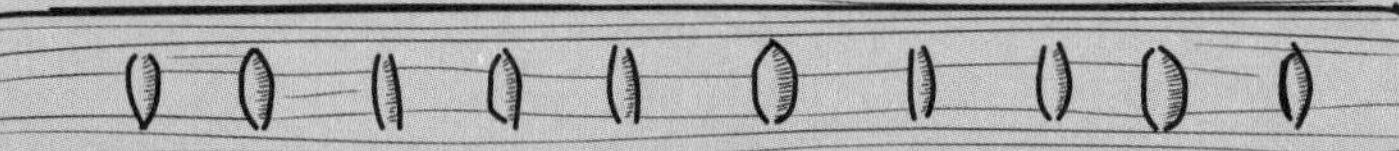

고대 이집트의 자

기원전 600년경 원시 디바이더와 캘리퍼

고대 그리스인과 로마인은 디바이더(현대의 컴퍼스와 유사한 경우가 많다)와 캘리퍼를 사용하였다. 그러나 고대의 캘리퍼는 나무로 만들었기 때문에 오늘날 남아 있는 것이 거의 없다. 매우 희귀한 예외가 바로 기원전 7세기의 유물로, 한쪽은 고정되고 한쪽이 움직이도록 만든 캘리퍼다. 이 캘리퍼는 투스카니 앞바다의 그리스 난파선 유적 발굴 기간에 발견되었다.

로마 시대의 디바이더 다리는
곡선 또는 직선 형태였다.

디바이더

500 ~ 1500년경 중세 시대의 디바이더

캘리퍼는 중세 시대까지 목공에 사용되었지만, 성당과 같은 대규모 석조 건축물을 설계하는 건축가들은 대형 디바이더를 사용했다. 대형이라고 해도 성인 키의 절반에 이르는 경우도 흔했다!

1452 ~ 1519년 르네상스 시대의 디바이더

레오나르도 다 빈치는 디바이더에 관절 경첩을 부착하여 더욱 견고하게 함으로써 이 장치를 재정의했다. 그의 노트에는 꼭짓점을 교체할 수 있고 흑연이나 분필을 끼우는 클램프를 장착한 컴퍼스, 그리고 큰 원을 그릴 때 쓰는 조절 나사가 달린 빔 컴퍼스 등이 수록되어 있다.

다빈치는 경첩 지점의
닿는 면적을 늘려서
다리를 폈을 때 안정성이
향상되도록 했다.

다빈치의 디바이더

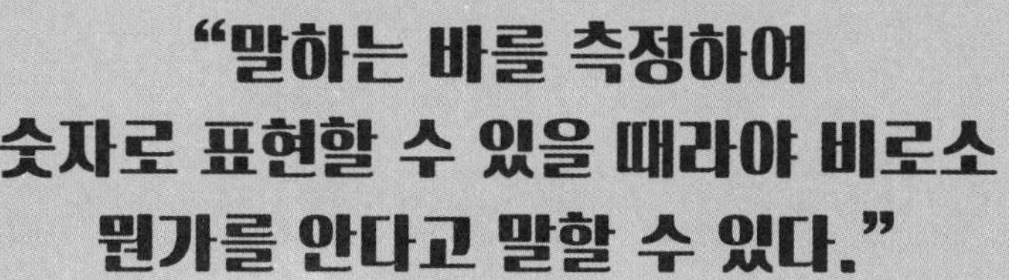

켈빈 경
1824~1907년

1600년대 각도자

17세기 중반, 직각이 아닌 각을 측정하고 작도하는 데 각도자가 사용되었다. 최초의 각도자는 조절 기능을 갖추었지만 가장 많이 사용하는 각, 예를 들어 45도에 고정한 제품도 있었다. 물론 그것도 필요시에는 얼마든지 다른 각으로 맞출 수 있었다.

초창기 기포 수평계에는

밀봉된 유리관 안에 알코올과 기포가
들어 있었다. 이 도구는 계측기로 쓰이기
전까지는 망원경으로 사용되었다.

CHOOSING A MARKING TOOL

표시 공구 고르기

나무, 금속, 플라스틱 등 어떤 재료를 쓰든 표면 작업에서의 가장 기본적인 원칙은 바로 정확하게 표시하는 것이다. 이때 믿을 만한 도구 없이는 이후의 작업에서 정확한 성과를 거둘 수 없다. 표시 공구는 조잡하고 믿을 수 없는 제품보다는 튼튼하고 품질 좋은 재료로 만든 것을 써야 한다. 복잡한 것보다는 간단한 구조가 좋다.

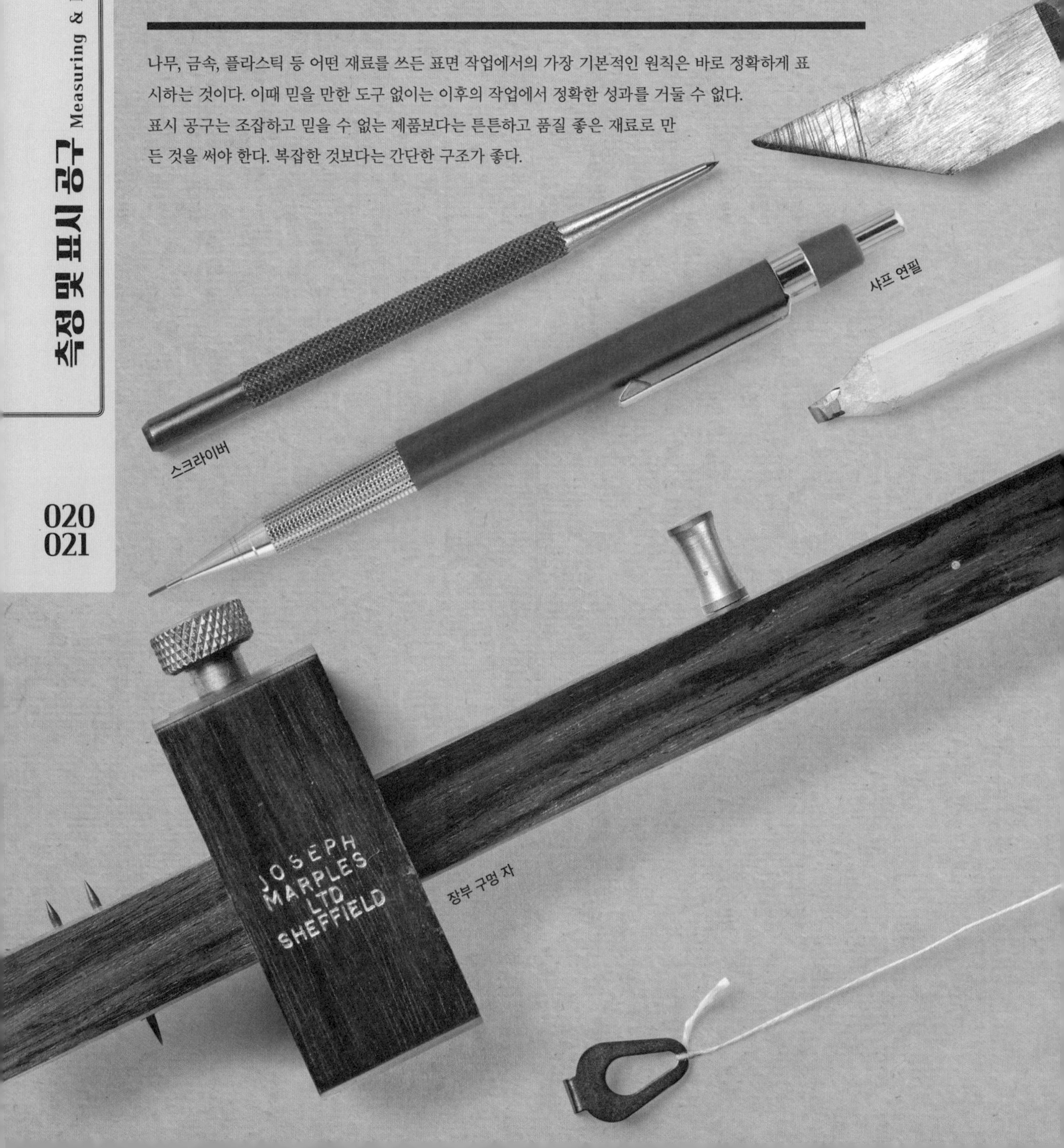

샤프 연필

스크라이버

장부 구멍 자

JOSEPH MARPLES LTD SHEFFIELD

> 표시 공구는 튼튼하고 품질 좋은 재료로 만들어야 한다.

> 원활한 작업은 정확한 표시 여부에 좌우된다.

스크라이버

▶ **구조 :** 얇은 손잡이 끝에 강화 철심이 달렸다. 한쪽에 달린 것, 양쪽에 달린 것이 있다.

▶ **용도 :** 절단 또는 가공 작업 전에 금속 표면에 표시하기 위한 것이다. 다른 재료에도 사용할 수 있다.

▶ **사용법 :** 정확한 표시를 위해 강철 자나 엔지니어스 스퀘어를 대고 선을 긋는다. 직각으로 그을 수도 있다.

▶ **참고 사항 :** 끝부분이 정확하게 가공되었는지, 손잡이가 미끄러지지 않는지 확인한다.

마킹용 칼

▶ **구조 :** 단단한 나무나 금속제 손잡이에 비스듬한 강철 날이 한쪽이 경사지게 박혀 있다.

▶ **용도 :** 대패질한 목재 위의 표시 선이 뚜렷이 보이도록 나무 섬유 결을 따라 금을 긋는 데 쓴다. 특히 톱질 전에 이음부를 표시할 때 쓴다.

▶ **사용법 :** 날의 평평한 면을 강철 자나 트라이 스퀘어에 대고 끌어당기면서 선을 긋는다.

▶ **참고 사항 :** 날의 경사진 방향이 왼쪽과 오른쪽 두 가지가 있다. 자신에게 맞는 것을 고른다. 일본 제품은 적층 철을 사용하여 만든다

샤프 연필

▶ **구조 :** 연필심, 즉 흑연심과 이것을 물어 주는 기계식 턱을 갖추어 끝이 닳을 때마다 바깥 테두리 사이로 이 흑연심을 밀어내는 장치다.

▶ **용도 :** 나무 및 기타 재료에 표시하는 도구다. 선의 굵기가 일정하고 일반 HB연필보다 튼튼하다.

▶ **사용법 :** 반대쪽 끝에 달린 뭉툭한 버튼을 눌러 작동한다. 연필심이 부러지지 않도록 길게 나온 심을 다시 뒤로 밀어 넣을 수 있다.

▶ **참고 사항 :** 심을 새것으로 보충할 때는 지름과 경도가 맞는지 확인한다. 포켓 클립과 지우개가 달려 있으면 유용하다.

목공 연필

▶ **구조 :** 직사각형 나무 본체 속에 흑연심이 들어 있다. 일반 연필보다 튼튼하고 잘 부러지지 않는다.

▶ **용도 :** 목재 및 기타 재료 위에 대략적으로 표시하기 위한 것이다. 일반적인 목공 작업에서 썩 훌륭한 도구는 아니다.

▶ **사용법 :** 끝을 칼로 뾰족하게 깎아서 일반 연필처럼 사용한다.

▶ **참고 사항 :** 일부 플라스틱 제품에는 교환할 수 있는 색체 심이 있다. 이런 제품은 샤프 연필처럼 쓰면 된다.

장부 구멍 자

▶ **구조 :** 철제 핀 한 쌍을 사용하여 나무에 평행한 선을 긋기 위한 도구다. 나사로 조여 놓은 활엽목 자루를 부재에 밀착시킨 채 기둥을 따라 움직인다.

▶ **용도 :** 대패질한 목재의 가장자리에 장부 구멍의 정확한 위치를 평행하게 표시한다. 물론 장부 구멍에 들어갈 장부를 표시하는 데에도 쓴다.

▶ **사용법 :** 장부 구멍 폭만큼의 핀 간격과, 자루에서 전체 거리를 강철 자로 잰다. 부재에 단단히 밀착시키면서 도구를 밀어내어 선을 긋는다.

▶ **참고 사항 :** 자루 표면에 설치된 황동 띠를 물로 씻는다. 이것은 마찰을 줄이고 도구의 수명을 연장하는 역할을 한다.

분통

▶ **구조 :** 유색 분필 가루를 채운 금속 또는 플라스틱 통에 긴 실을 넣어 풀었다 감았다 할 수 있게 만든 도구다.

▶ **용도 :** 거칠게 켠 목재에 길고 곧은 절단선을 표시한다. 특히 목재 가장자리가 거칠고 고르지 못할 때 쓴다.

▶ **사용법 :** 실을 뽑아 내어 목재의 한쪽 끝에 침을 박아 걸어 둔다. 반대쪽을 팽팽히 당겨 목재 면에 바짝 붙이고 실을 튕겨 선을 그린다.

▶ **참고 사항 :** 실을 되감는 기능과, 분필 가루를 깔끔하게 채워 넣기 위한 자동 밀봉 쇠고리가 있다.

측면도
쌍둥이 핀으로
장부를 표시한다.
외측 핀은 고정됐고,
내측 핀은 조절 가능하다.
핀, 부감도
황동 나사로 슬라이딩 핀의 위치,
기둥 상에서의 자루의 위치를 고정한다.
JOSEPH
MARPLES
LTD
SHEFFIELD
활엽목 자루의
평평한 면이 목재에 밀착한 채
미끄러진다.
평면도
쌍둥이 황동 띠를
자루 면에 박아 넣어
마모를 최소화한다.
고정식 황동부는
기둥에 파 놓은 통로에 넣고
나사로 조인다.
손 나사,
빗각 측면도
손바퀴 측면을
요철 가공하여
사용이 편리하다.

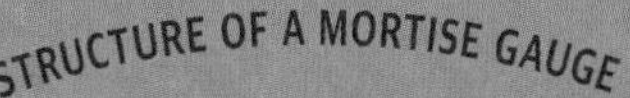

장부 구멍 자의 구조

전통식 장부 구멍 자의 소재는 장미나무 또는 이와 유사한 치밀한 활엽목으로, 황동 면과 조절 장치를 갖춘 매력적인 공구 중 하나에 속한다. 쓰임새는 매우 특수하지만 장부 맞춤이 필요한 작업에서는 없어서는 안 될 도구이기도 하다.

“습기가 스며들어 자루가 달라붙지 않도록, 장부 구멍 자를 비닐봉지에 넣어 보관한다.”

FOCUS ON…

유사한 공구들

장부 구멍 자와 유사한 도구로 표시 자와 절단 자가 있다. 표시 자와 장부 구멍 자는 둘 다 나무에 가는 선을 긋는 작은 핀이 있다. 절단 자는 보기에는 비슷하지만 핀 대신 작은 칼날이 달려 있다. 대개 이 날을 갈아 V자 침으로 만든다. 세 가지 도구 모두 사용법이 동일하다.

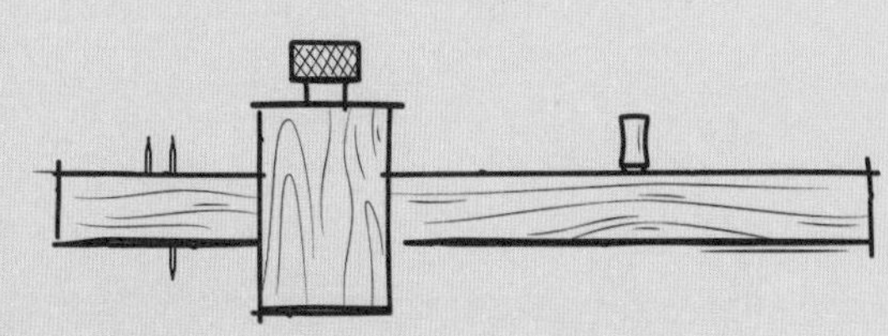

장부 구멍 자 : 평행선을 그어 장부 구멍을 표시하는 핀이 두 개 있다. 평행선 폭의 한계는 대개 자루로부터 80밀리미터까지다.

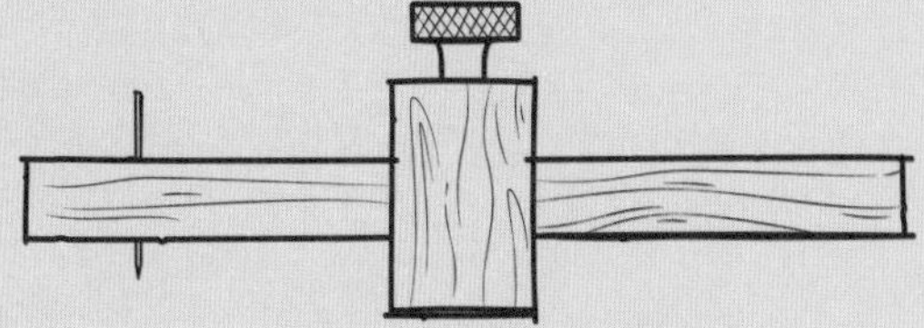

표시 자 : 가장자리와 평행한 선을 표시하는 고정 핀이 하나 있다. 보통 자루에서 180밀리미터까지 표시할 수 있다.

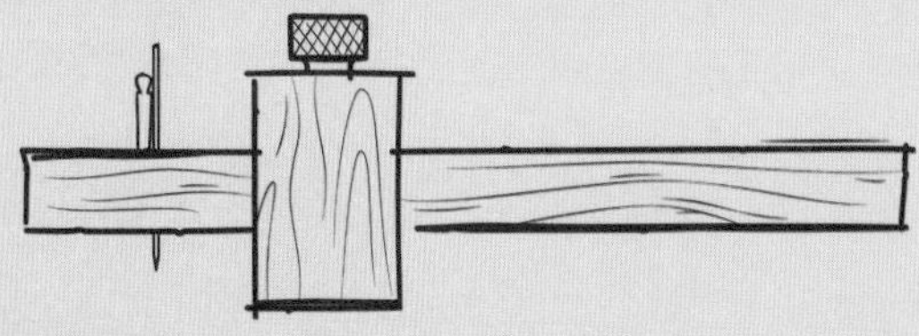

절단 자 : 기둥에 박힌 작고 뾰족한 날로, 나뭇결 방향이 아니라 나뭇결 직각 방향으로 선을 긋는다.

USING A MORTISE GAUGE

장부 구멍 자 사용하기

표시 자(핀이 하나뿐이다)보다 더 복잡한 이 공구는 부재에 장부 구멍 자리, 즉 사각형 구멍의 위치를 표시하는 특수한 공구다. 쌍둥이 핀을 조절하여 필요한 끌 폭에 정확하게 맞춘 다음, 부재의 면에서 일정한 거리를 띄어 자루 위치를 설정한다.

작업 순서

시작하기 전에

- **수치 확인하기** : 장부 구멍 자를 사용하기 전에 우선 부재가 정확한 폭과 두께로 대패질이 되었는지 확인한다.
- **끌 선택하기** : 완성된 장부 구멍 크기에 가장 가까운 끌을 선택하고 거기에 장부 구멍 자를 맞춘다.

1 장부 구멍 자 맞추기

끌을 자에 대고 슬라이딩 핀을 조절하여 양 핀이 끌 날의 바깥 폭을 살짝 물 정도로 맞춘다. 이렇게 맞춘 위치를 자루의 나사, 즉 기둥의 조절기를 조여 잠근다. 잠근 다음에는 끌에 대고 이 설정을 재확인한다.

2 자루 잠그기

강철 자를 사용하여 자루 거리를 측정한다. 이를 통해 부재 면에서 장부 구멍까지의 정확한 수치를 알 수 있다. 나사로 자루를 잠근 뒤 강철 자에 대고 이 설정을 확인한다.

나사를 돌려 자루를 잠근다.

FOCUS ON…

금 긋기 작업

장부 구멍 자의 핀은 매우 날카로워 부재 표면에 거의 압력을 가하지 않은 채 금을 그을 수 있다. 즉 나무에는 선명한 선이 그려지지만 나무가 쪼개지거나 손상을 입지 않는다는 말이다. 부재 위를 지나가며 너무 강한 압력이 가해지지 않기 위해 본체를 전진 방향으로 약간 기울인다. 본체에 힘을 가하면 핀이 그 힘을 집중하여 표면에 살짝 금이 그어진다. 단, 이런 방식은 나뭇결을 따라 금을 그을 때뿐이고, 나뭇결에 직각 방향으로는 먹히지 않는다.

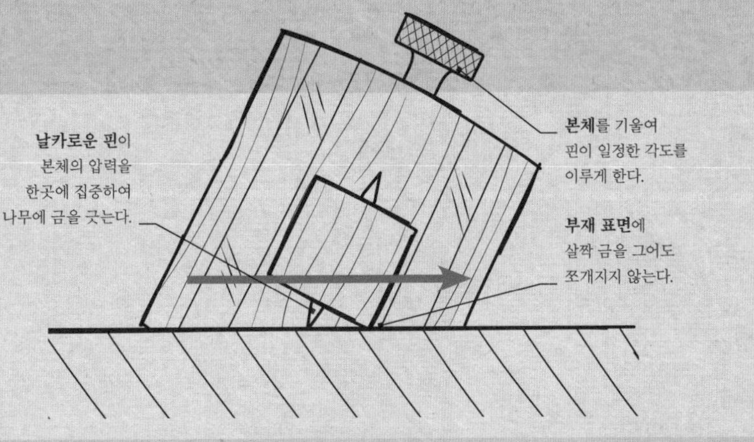

4 파낼 곳을 표시하기

평행선을 작도한 다음, 스퀘어나 강철 자로 끝부분을 닫아 준다. 그런 다음 평행선 사이의 파낼 구간을 표시한다. 목공 연필로 빗살 무늬를 그리면 된다.

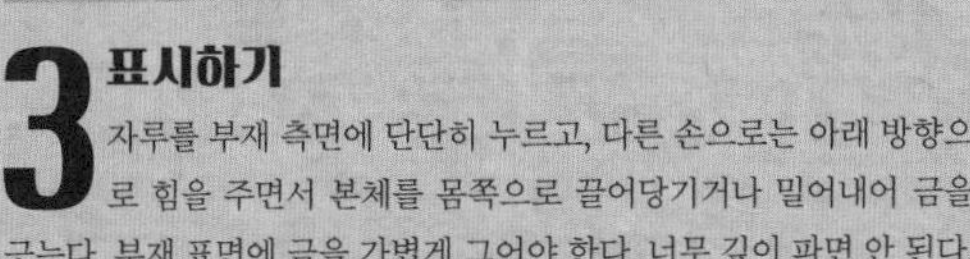

3 표시하기

자루를 부재 측면에 단단히 누르고, 다른 손으로는 아래 방향으로 힘을 주면서 본체를 몸쪽으로 끌어당기거나 밀어내어 금을 긋는다. 부재 표면에 금을 가볍게 그어야 한다. 너무 깊이 파면 안 된다.

마친 뒤에

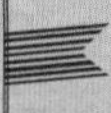

➤ **곧바로 작업하기** : 장부 구멍 핀을 재조정할 필요 없이 장부 자리도 바로 표시한다.

➤ **장부 구멍 파기** : 장부 구멍 끌 또는 얇은 끌과 나무망치를 사용하여 부재 양쪽에서 장부 구멍을 파낸다.

CHOOSING A MEASURE

자 고르기

작업장의 경계선을 표시할 때나, 선반의 미세한 간격을 잴 때도 가장 중요한 것은 올바른 측정 공구를 고르는 일이다. 작업 범위는 1밀리미터의 몇 분의 1에서 수 미터에 이를 정도로 다양하겠지만, 정밀한 측정이 이루어지지 않으면 정확한 작업이 어려울 수밖에 없다.

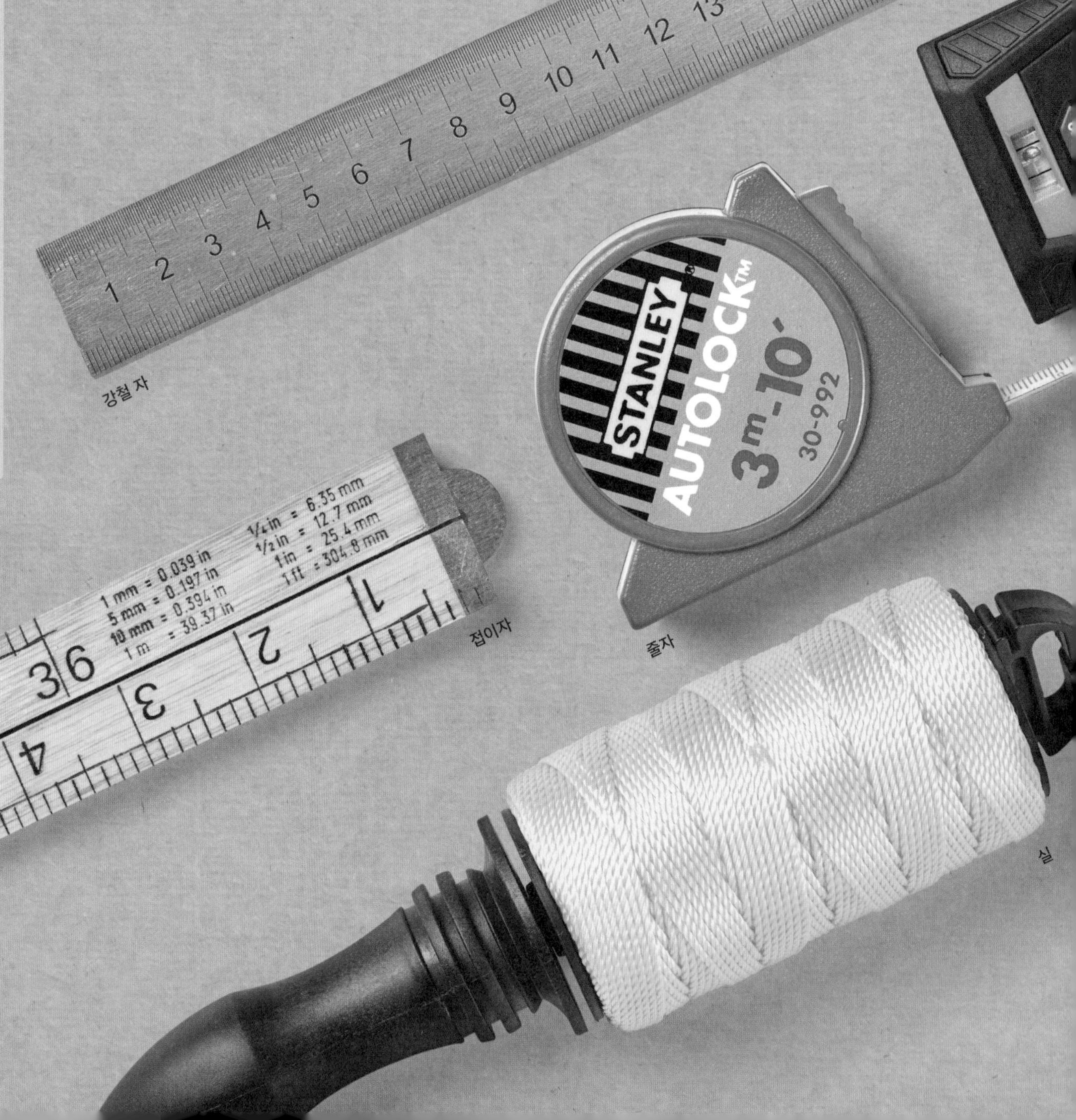

강철 자

접이자

줄자

실

레이저 거리 측정기

틈새 게이지

"한 작업 내에서 미터법과 영국식 단위를 혼용하면 안 된다."

강철 자

➤ **구조 :** 학습용 자를 더 튼튼하게 만든 것이다. 부식 방지를 위해 스테인리스강으로 만든다.

➤ **용도 :** 작은 수치 측정이나 설계 작업에 사용된다. 한 면에는 미터 단위, 반대면에는 영국 단위가 표기됐다.

➤ **사용법 :** 측정 대상에 강철 자를 대고 단단히 누른 채, 연필이나 마킹용 칼을 대고 선을 긋는다.

➤ **참고 사항 :** 길이는 150밀리미터 또는 300밀리미터로, 눈금을 정확하고 쉽게 읽을 수 있게 솔질로 마무리되었다.

레이저 거리 측정기

➤ **구조 :** 배터리 충전식 전자 기기로, 레이저로 정확한 거리를 측정하여 디지털 디스플레이에 표시한다.

➤ **용도 :** 실내와 건물의 거리 측정에 사용한다. 조명이 어두운 환경에서 주로 쓴다.

➤ **사용법 :** 벽을 향하여 고정하고 스위치를 켜서 디스플레이를 읽는다. 면적 및 체적 계산 기능을 갖춘 제품도 있다.

➤ **참고 사항 :** 미터법과 영국 단위를 모두 지원하는 제품이 나온다. 배터리 수명은 양호한지, 보관 용기나 가방이 있는지 확인한다.

접이자

➤ **구조 :** 10개 구간으로 접히는 회양목 또는 플라스틱 재질의 자다. 펼치면 1미터 또는 2미터 길이가 되며 납작하게 접어 보관할 수 있다.

➤ **용도 :** 줄자는 너무 흐느적거려 사용하기 힘든 건축 현장에서 쓴다. 출입구 같은 좁은 통로에서 유용하다.

➤ **사용법 :** 필요한 만큼 구간을 펴서 자의 사각형 끝에서부터 잰다.

➤ **참고 사항 :** 펼친 상태에서의 내구성, 미터 단위와 영국 단위 눈금이 모두 정확한지 확인한다.

실

➤ **구조 :** 전천후 성능의 강인한 끈으로 최대 길이는 100미터 정도며 대개 플라스틱 통에 감은 상태로 보관한다.

➤ **용도 :** 벽돌 쌓기, 벽 작업, 펜스 치기 같은 작업에서 일정한 거리에 걸쳐 기준선을 설치할 때 쓴다.

➤ **사용법 :** 못이나 핀을 땅에 박고 여기에 실의 한쪽을 건다. 다른 못이 박힌 먼 지점까지 실을 풀어 팽팽히 잡아당겨 맨다.

➤ **참고 사항 :** 눈에 잘 띄는 밝은 색상의 실이다. 닳아 헤어진 끝은 필요하면 잘라 낸다.

줄자

➤ **구조 :** 총 길이가 2미터에서 10미터 정도인 휘어지는 철제 날로, 금속 또는 플라스틱 케이스에 담겨 있다.

➤ **용도 :** 일정 거리를 측정하는 일반적인 도구다. 길이가 긴 것은 강성 확보를 위해 날의 폭이 넓다.

➤ **사용법 :** 목적물의 가장자리에 줄자 끝에 달린 고리를 건다. 내부를 측정할 때는 줄자 끝을 벽이나 골조에 갖다 댄다.

➤ **참고 사항 :** 날을 빼낸 상태에서 되감기를 멈출 때 쓰는 버튼의 성능과 벨트 클립의 상태, 되감는 동작이 너무 세지 않은지 등을 확인한다.

틈새 게이지

➤ **구조 :** 매우 얇은 경화강 재질의 날을 여러 장 조합한 것으로, 각각의 날에는 두께가 표시되어 있다.

➤ **용도 :** 자동차, 모터바이크, 잔디 깎기 엔진을 조절할 때 사용한다. 날을 케이스에 접어 보관한다.

➤ **사용법 :** 점점 가늘어지는 모양의 날 끝을 틈새에 집어넣는다. 날이 틈새 양쪽에 닿으면 보정할 두께가 정해진다.

➤ **참고 사항 :** 미터와 영국 단위 중 어느 쪽을 쓸 것인지 확인한다. 양쪽이 다 표기되어 있는 제품도 있다.

THE PHILOSOPHY OF TOOLS

공구 철학

“단 한 번을 자르기 위해
일곱 번이나 표시한다.
실력 없고 단순한 사람들이
주로 이렇게 말하지만,
이것은 **결코 잘못된 것이 아니다.**”

벤베누토 첼리니

후기 르네상스 시대 이탈리아의 조각가, 금속 공예가

CHOOSING A CALIPER OR DIVIDER

캘리퍼나 디바이더 고르기

일반적인 자나 줄자를 가지고 원통의 바깥지름이나 그릇의 안지름을 정확하게 재기는 힘들다. 기계식 캘리퍼는 다리 폭을 조절할 수 있어 목재 선반을 다루는 사람들이 선호하는 공구다. 다이얼 및 디지털 캘리퍼는 공학적인 작업에 조금 더 적합한 것으로, 디스플레이에 정확한 수치가 표시된다.

다이얼 캘리퍼

디지털 캘리퍼

외측 스프링 캘리퍼

내측 스프링 캘리퍼

“디바이더와 컴퍼스는 끝이 날카로워 다룰 때 조심해야 한다.”

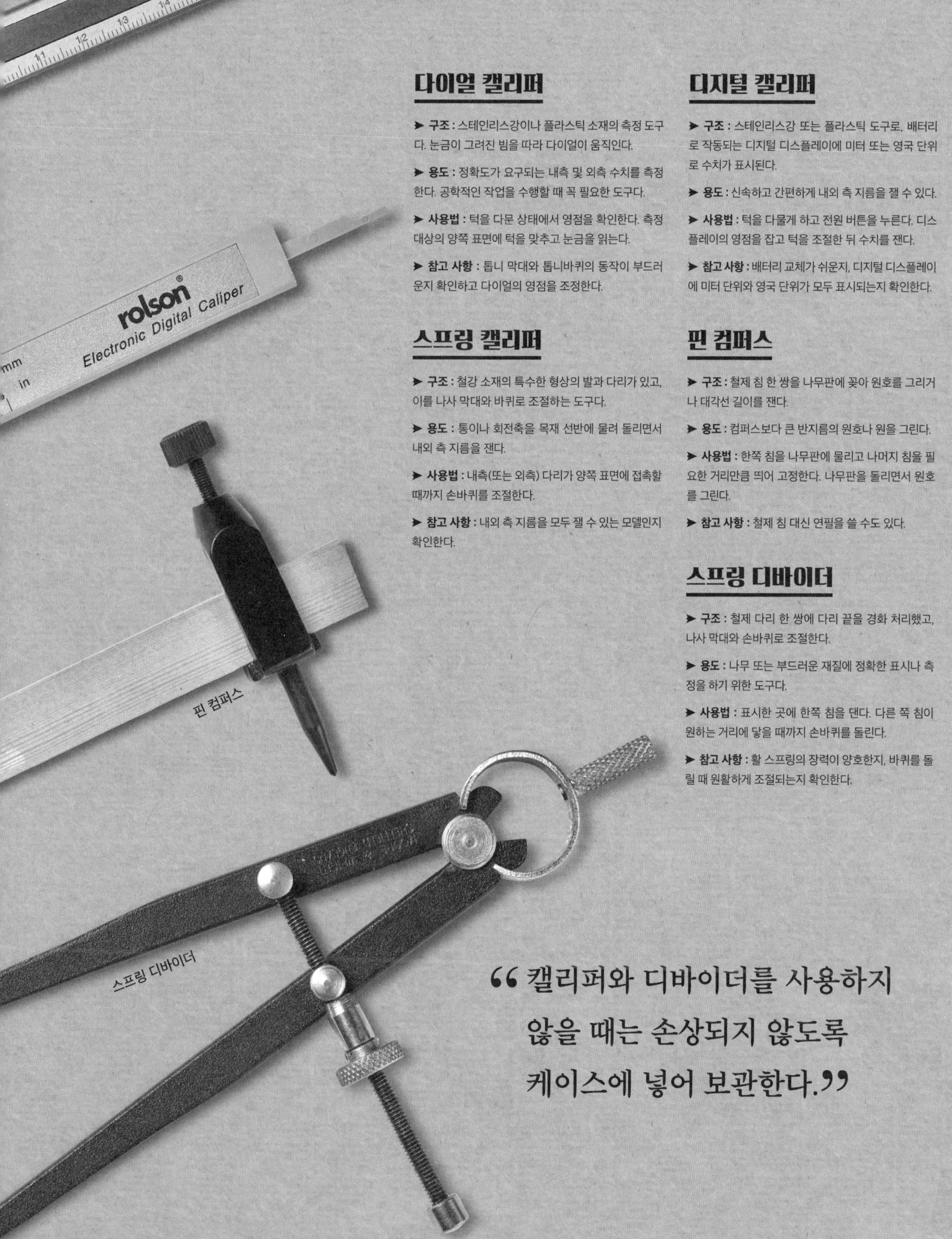

핀 컴퍼스

스프링 디바이더

다이얼 캘리퍼

➤ **구조 :** 스테인리스강이나 플라스틱 소재의 측정 도구다. 눈금이 그려진 빔을 따라 다이얼이 움직인다.

➤ **용도 :** 정확도가 요구되는 내측 및 외측 수치를 측정한다. 공학적인 작업을 수행할 때 꼭 필요한 도구다.

➤ **사용법 :** 턱을 다문 상태에서 영점을 확인한다. 측정 대상의 양쪽 표면에 턱을 맞추고 눈금을 읽는다.

➤ **참고 사항 :** 톱니 막대와 톱니바퀴의 동작이 부드러운지 확인하고 다이얼의 영점을 조정한다.

스프링 캘리퍼

➤ **구조 :** 철강 소재의 특수한 형상의 발과 다리가 있고, 이를 나사 막대와 바퀴로 조절하는 도구다.

➤ **용도 :** 통이나 회전축을 목재 선반에 물려 돌리면서 내외 측 지름을 잰다.

➤ **사용법 :** 내측(또는 외측) 다리가 양쪽 표면에 접촉할 때까지 손바퀴를 조절한다.

➤ **참고 사항 :** 내외 측 지름을 모두 잴 수 있는 모델인지 확인한다.

디지털 캘리퍼

➤ **구조 :** 스테인리스강 또는 플라스틱 도구로, 배터리로 작동되는 디지털 디스플레이에 미터 또는 영국 단위로 수치가 표시된다.

➤ **용도 :** 신속하고 간편하게 내외 측 지름을 잴 수 있다.

➤ **사용법 :** 턱을 다물게 하고 전원 버튼을 누른다. 디스플레이의 영점을 잡고 턱을 조절한 뒤 수치를 잰다.

➤ **참고 사항 :** 배터리 교체가 쉬운지, 디지털 디스플레이에 미터 단위와 영국 단위가 모두 표시되는지 확인한다.

핀 컴퍼스

➤ **구조 :** 철제 침 한 쌍을 나무판에 꽂아 원호를 그리거나 대각선 길이를 잰다.

➤ **용도 :** 컴퍼스보다 큰 반지름의 원호나 원을 그린다.

➤ **사용법 :** 한쪽 침을 나무판에 물리고 나머지 침을 필요한 거리만큼 띄어 고정한다. 나무판을 돌리면서 원호를 그린다.

➤ **참고 사항 :** 철제 침 대신 연필을 쓸 수도 있다.

스프링 디바이더

➤ **구조 :** 철제 다리 한 쌍에 다리 끝을 경화 처리했고, 나사 막대와 손바퀴로 조절한다.

➤ **용도 :** 나무 또는 부드러운 재질에 정확한 표시나 측정을 하기 위한 도구다.

➤ **사용법 :** 표시한 곳에 한쪽 침을 댄다. 다른 쪽 침이 원하는 거리에 닿을 때까지 손바퀴를 돌린다.

➤ **참고 사항 :** 활 스프링의 장력이 양호한지, 바퀴를 돌릴 때 원활하게 조절되는지 확인한다.

> “캘리퍼와 디바이더를 사용하지 않을 때는 손상되지 않도록 케이스에 넣어 보관한다.”

STRUCTURE OF A DIGITAL CALIPER

디지털 캘리퍼의 구조

전통식 다이얼 캘리퍼의 현대판이라고 할 수 있는 디지털 캘리퍼는 다이얼 캘리퍼보다 훨씬 정확하고 쉽게 사용할 수 있다. 디스플레이는 태양광 전지나 동전 배터리로 가동된다. 고품질 제품은 스테인리스강으로, 저렴한 제품은 플라스틱이나 탄소 섬유로 제작된다.

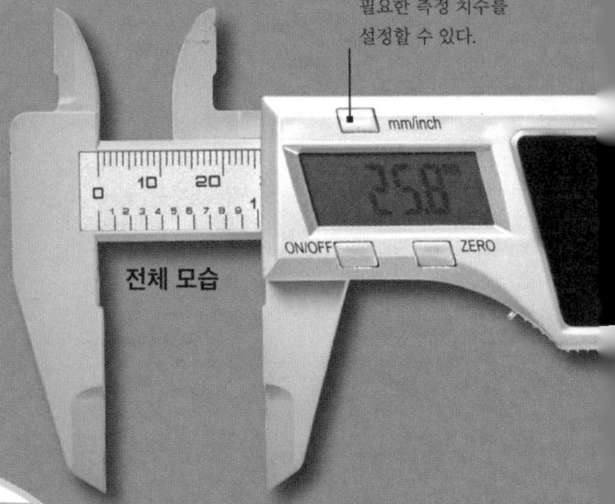

mm/inch
ON/OFF
ZERO
인치/밀리미터 스위치로 필요한 측정 치수를 설정할 수 있다.

전체 모습

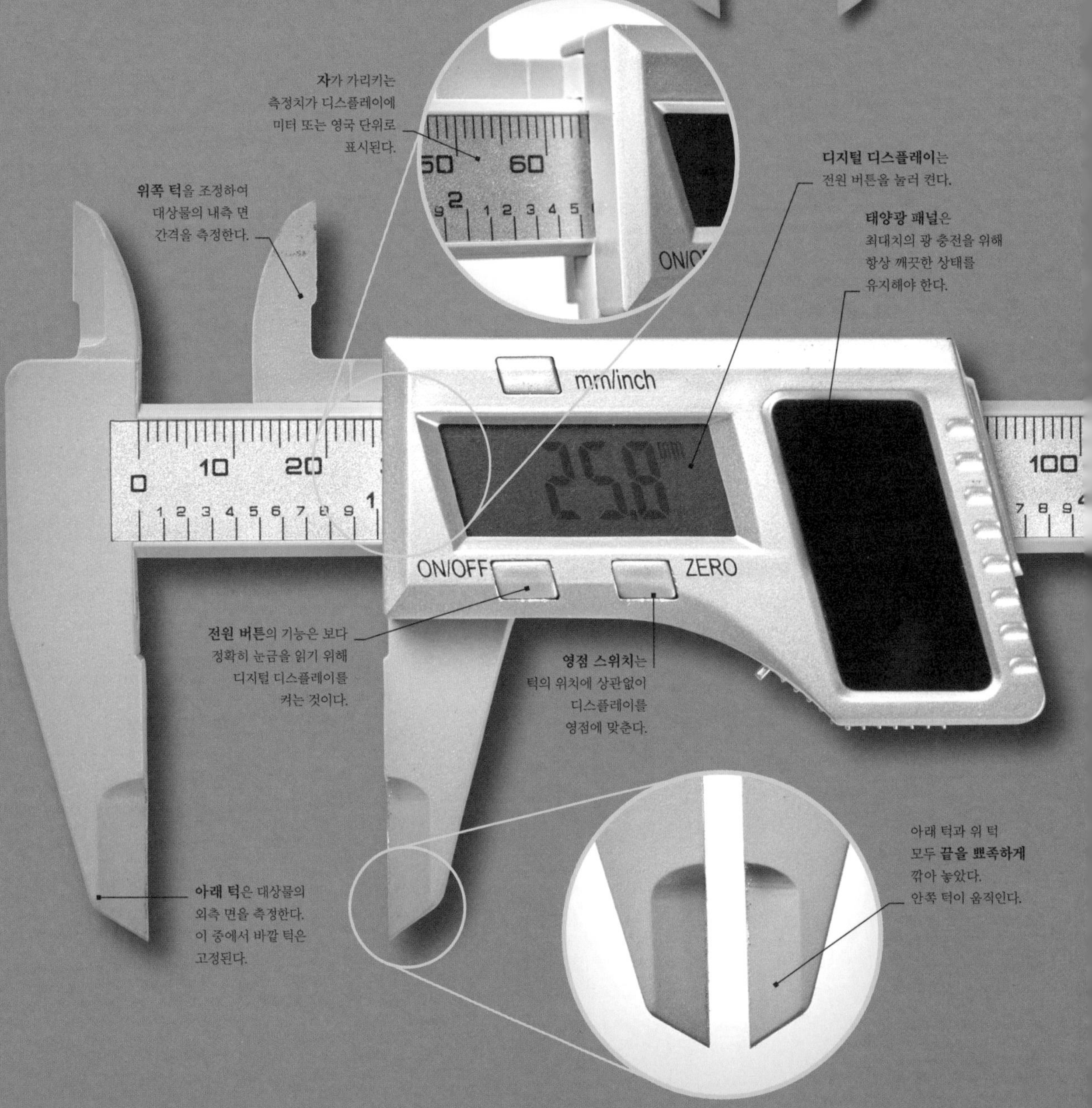

자가 가리키는 측정치가 디스플레이에 미터 또는 영국 단위로 표시된다.
위쪽 턱을 조정하여 대상물의 내측 면 간격을 측정한다.
디지털 디스플레이는 전원 버튼을 눌러 켠다.
태양광 패널은 최대치의 광 충전을 위해 항상 깨끗한 상태를 유지해야 한다.
mm/inch
ON/OFF
ZERO
전원 버튼의 기능은 보다 정확히 눈금을 읽기 위해 디지털 디스플레이를 켜는 것이다.
영점 스위치는 턱의 위치에 상관없이 디스플레이를 영점에 맞춘다.
아래 턱은 대상물의 외측 면을 측정한다. 이 중에서 바깥 턱은 고정된다.
아래 턱과 위 턱 모두 **끝을 뾰족하게** 깎아 놓았다. 안쪽 턱이 움직인다.

측면도

깊이 게이지의 기능은 슬라이딩 핀을 움직여서 깊이를 측정하는 것이다.

“측정 및 표시 공구는 가능한 한 스테인리스강 제품을 사라.”

주 눈금 선에는 정확도와 사용의 편리를 위해 미터 단위와 영국 단위가 병기되어 있다.

빔 또는 날에 150밀리미터까지의 눈금이 표시되어 있다.

FOCUS ON…

정전 용량

빔에 장착된 전자 센서는 턱 사이의 거리가 변함에 따라 커패시턴스 capacitance, 즉 정전 용량이라고 하는 전하량의 변화를 감지한다. 디스플레이 제어부 뒤편에는 인쇄회로기판에 가느다란 선으로 망을 이루고, 이것이 빔에 설치된 구리 선로의 유사한 패턴과 상호 작용하여 가변 정전 용량을 형성한다. 제어부는 빔을 따라 움직이면서 캘리퍼 내의 칩에 신호를 보내고, 이를 통해 LCD 디스플레이에 수치가 표시된다.

USING A DIGITAL CALIPER

디지털 캘리퍼 사용하기

측정 공구 중 가장 사용이 간편하면서도 정밀한 것이 바로 디지털 캘리퍼다. 내외 측 간격은 물론이고 빔의 끝에 달린 핀으로 깊이를 측정할 수도 있고, 턱을 밀어 사이가 벌어지면 수치가 표시된다.

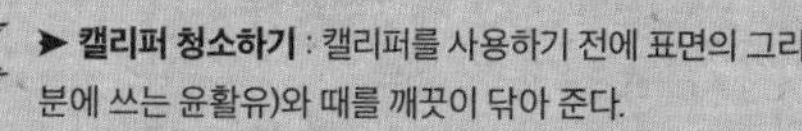

시작하기 전에

➤ **캘리퍼 청소하기** : 캘리퍼를 사용하기 전에 표면의 그리스(기계의 마찰 부분에 쓰는 윤활유)와 때를 깨끗이 닦아 준다.

➤ **배터리 점검하기** : 화면에 아무것도 표시되지 않으면 배터리를 점검하고 필요시 교환한다. 태양광 충전식 제품이라면 충분히 충전되었는지 확인한다.

1 턱 밀고 닫기

전원 버튼을 누른다. 밀리미터/인치 버튼을 눌러 필요한 단위를 선택한 다음 턱을 닫는다. 적절한 버튼을 사용하여 디스플레이의 영점을 확인한다.

2 눈금 읽기

내측 면을 측정하려면 위의 두 턱이 양 내측 면에 닿을 때까지 벌리고 디스플레이를 읽는다. 외측 면을 측정하려면 대상물의 외측 면에 아래 턱이 닿도록 감싸고 디스플레이를 읽는다.

마친 뒤에

➤ **배터리 제거하기** : 장기간, 즉 몇 개월간 측정 도구를 사용하지 않을 예정이라면 배터리를 제거한다. 이렇게 하면 배터리 연결부가 부식으로 손상될 위험이 차단된다.

➤ **안전하게 보관하기** : 디지털 캘리퍼는 원래 들어 있던 보관함이나 서랍에 깨끗하게 넣어 건조한 곳에 보관한다.

CHOOSING A SQUARE

스퀘어 고르기

작업 대상 소재가 금속이든, 나무든, 다양한 종류의 판재이든, 언젠가는 스퀘어를 써야 할 필요가 있을 것이다. 스퀘어는 가장자리에 직각 표시선을 긋는 것뿐 아니라 각도를 확인하거나 다음 작업을 진행하기 전에 작업물이 직각인지 확인하는 데에도 필요하다.

공업용 트라이 스퀘어

목공용 트라이 스퀘어

AXMINSTER WO

미터 스퀘어

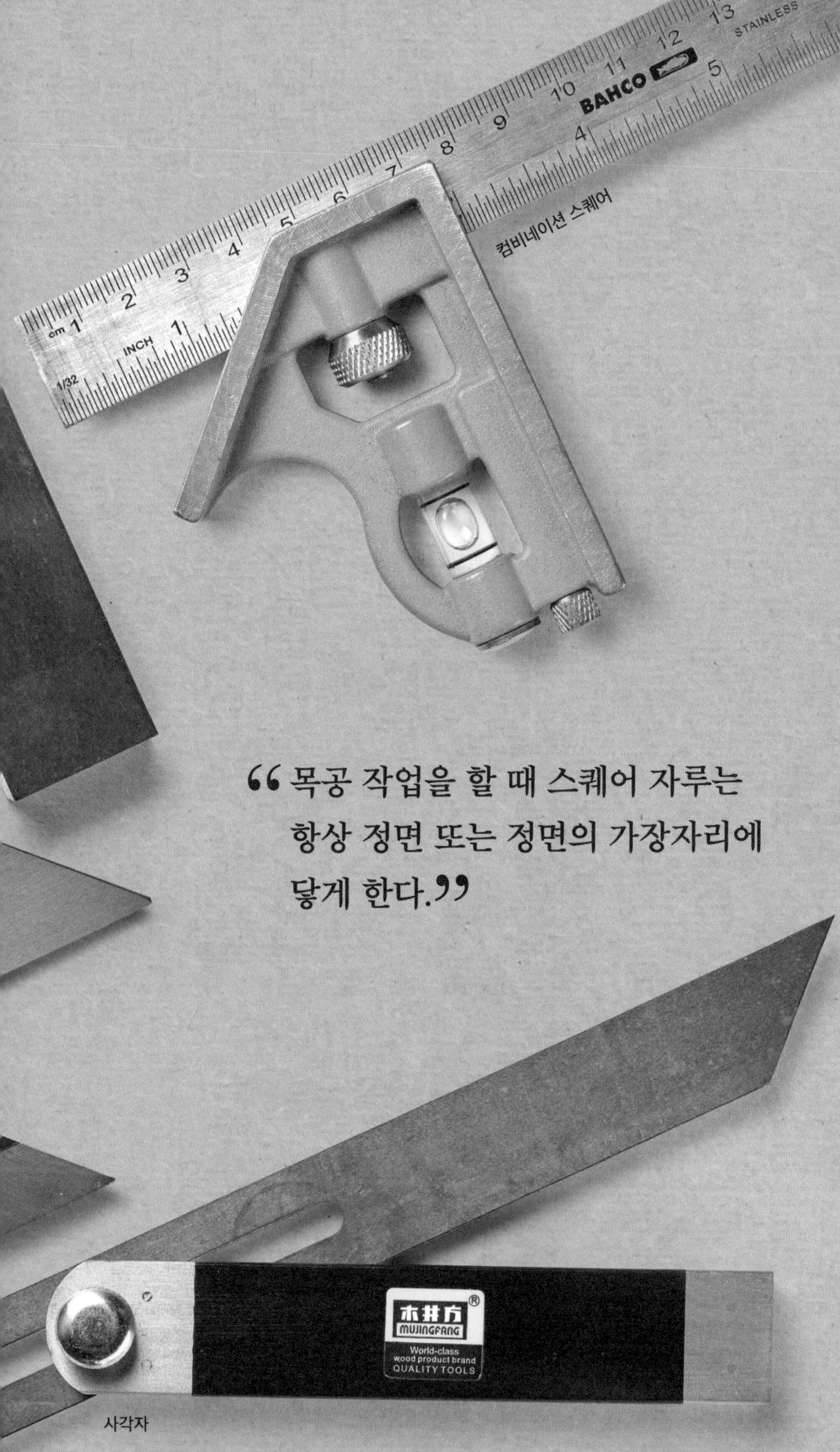

사각자

❝목공 작업을 할 때 스퀘어 자루는 항상 정면 또는 정면의 가장자리에 닿게 한다.❞

트라이 스퀘어

➤ **구조 :** 경화강 날을 목재 또는 플라스틱 자루에 리벳으로 고정하거나(목공용), 자루까지 모두 강재를 사용하여(공업용) 정밀한 직각을 구현한 도구다.

➤ **용도 :** 일반 목공 및 금속 작업에서 톱질 같은 후속 작업을 위해 부재에 표시할 때, 또는 직각을 확인할 때 사용한다.

➤ **사용법 :** 작업물 가장자리에 자루를 단단히 밀착한다. 날 바깥쪽을 따라 선을 긋는다.

➤ **참고 사항 :** 활엽목 자루에 내구성 향상을 위해 황동을 보강한 면이 있다.

미터 스퀘어

➤ **구조 :** 경화강 날을 목재 또는 금속 자루에 정확하게 45도 각도 리벳으로 고정시킨 도구다.

➤ **용도 :** 부재에 45도 각도로 작도하거나 측정한다.

➤ **사용법 :** 작업물에 자루를 단단히 밀착하고 날 바깥쪽을 따라 선을 긋는다.

➤ **참고 사항 :** 새 제품은 날이 날카로워서 줄로 다듬어야 할 수도 있다.

컴비네이션 스퀘어

➤ **구조 :** 자를 따라 미끄러지며 조절할 수 있는 자루가 있고 이를 손바퀴로 잠그게 만든 도구다.

➤ **용도 :** 45도 각도를 표시할 때, 자나 수평계 용도로, 깊이를 측정할 때, 트라이 스퀘어 대용으로 쓴다.

➤ **사용법 :** 자루의 손바퀴를 풀어 자를 따라 밀고, 다시 잠근다.

➤ **참고 사항 :** 내구성과 정확도를 위해 무거운 주철 자루를 채택한 제품도 있다. 제품 대부분에 수평계가 달려 있고 자루에 스크라이버를 부착했다.

사각자(슬라이딩 베벨)

➤ **구조 :** 활엽목, 플라스틱, 알루미늄 자루에 어떤 각도로도 잠글 수 있는 강철 날이 부착되었다.

➤ **용도 :** 각도를 재고, 장비의 날을 조정하고, 재료에 표시하는 도구다.

➤ **사용법 :** 작업물 가장자리에 자루를 단단히 밀착하고 필요한 각도로 날을 돌려 잠근다.

➤ **참고 사항 :** 레버나 손바퀴로 잠그는 동작이 쉽고 단단한지 확인한다.

평면도

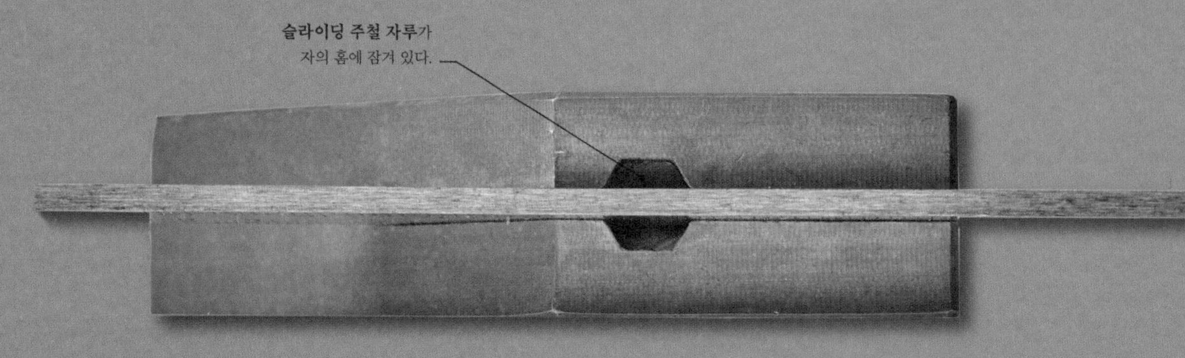

슬라이딩 주철 자루가
자의 홈에 잠겨 있다.

측면도

cm 1 2 3 4 5 6 7 8 9
1/32 INCH 1
자루 가장자리는
연귀 맞춤을 위해
45도 각도를 이룬다.
요철 가공한 손바퀴
로 자루를 원하는 지점
에 죈다.
기포관을 장착하여
간이 수평계로
사용할 수 있다.
요철 스크라이버가
자루 끝에 달려 있다.

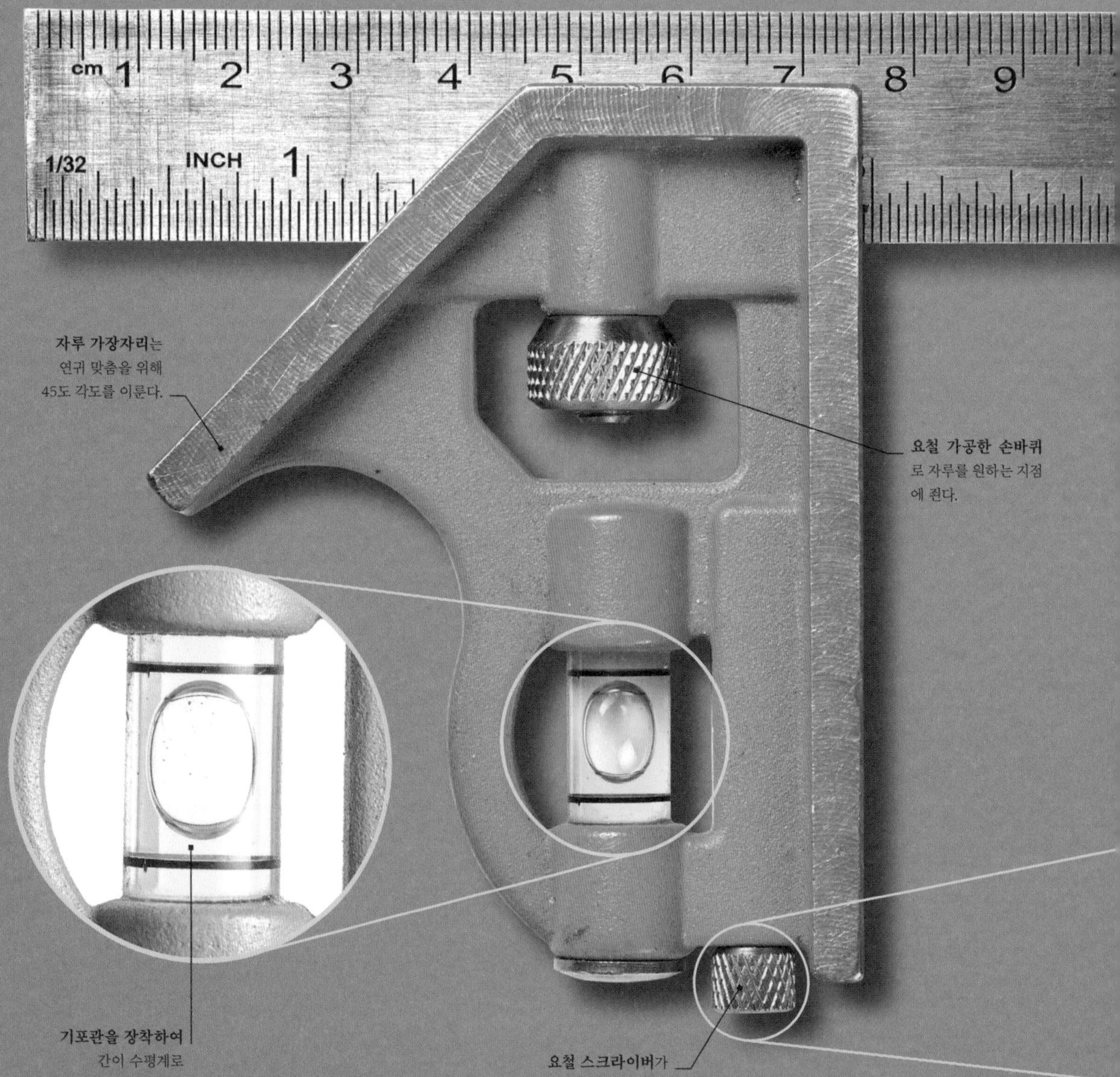

STRUCTURE OF A COMBINATION SQUARE

컴비네이션 스퀘어의 구조

컴비네이션 스퀘어는 작업을 시작하면서 목재와 금속에 표시하는 데 쓰는 다기능 공구로, 연귀 맞춤과 모서리, 직각을 확인하는 데에도 사용한다. 여타 스퀘어와 달리 복합 기능 자루에 수평계와 스크라이버가 달려 있을 뿐 아니라, 깊이를 측정하는 데에도 사용할 수 있다.

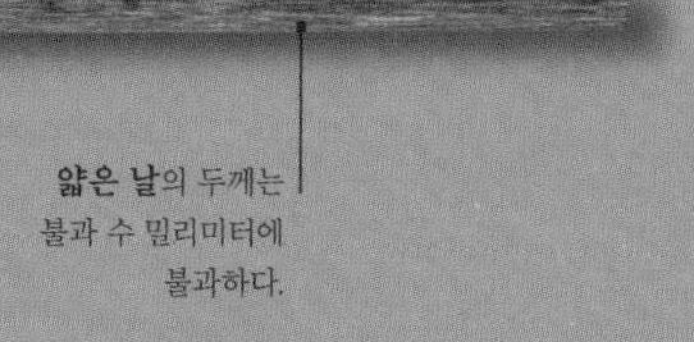

얇은 날의 두께는 불과 수 밀리미터에 불과하다.

스테인리스강 자의 눈금은 미터 혹은 인치다. 길이는 150~400밀리미터다.

> "컴비네이션 스퀘어는 트라이 스퀘어나 엔지니어스 스퀘어보다 더 다양한 쓰임새를 가지고 있다."

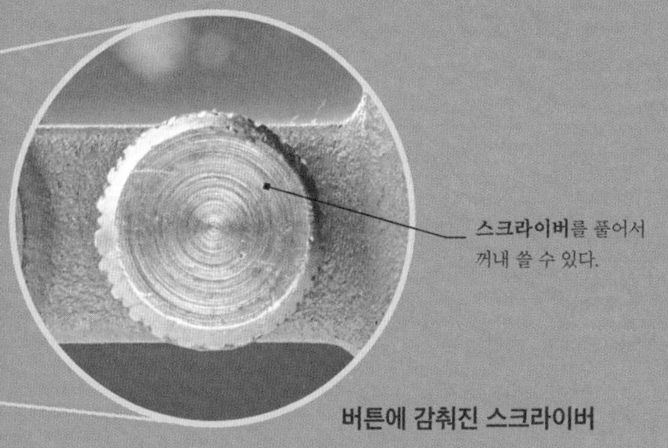

스크라이버를 풀어서 꺼내 쓸 수 있다.

버튼에 감춰진 스크라이버

FOCUS ON…

컴비네이션 스퀘어 헤드

컴비네이션 스퀘어 날에는 다양한 교환형 헤드를 장착할 수 있다. 표준 헤드는 직각과 45도를 확인하는 데 사용하며, 대부분의 목공과 DIY 작업은 이것으로 충분하다. 금속 공예나 공업적 용도에 필요한 컴비네이션에는 각도기 같은 다른 헤드가 추가된다.

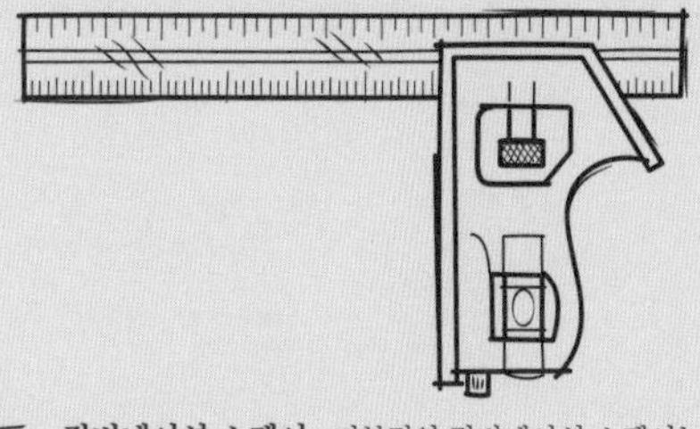

컴비네이션 스퀘어 : 기본적인 컴비네이션 스퀘어는 표준 헤드, 즉 스퀘어 헤드가 날에 장착된다.

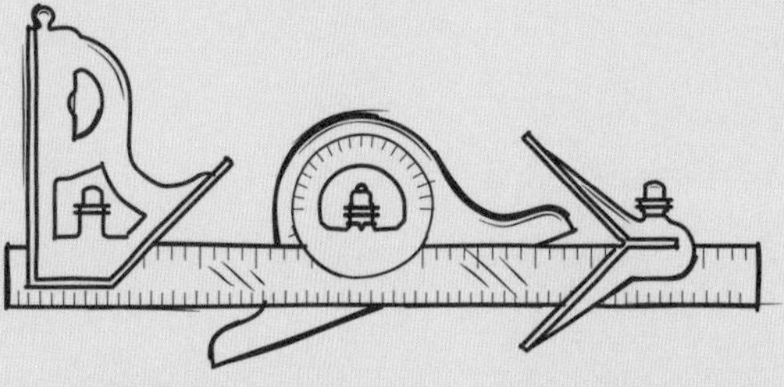

컴비네이션 세트 : 컴비네이션 세트에는 그림과 같이 조금 더 전문적인 헤드, 즉 각도기와 센터 헤드, 45도 홀더 등이 포함된다.

USING A COMBINATION SQUARE

컴비네이션 스퀘어 사용하기

150밀리미터짜리 작은 컴비네이션 스퀘어가 있으면 요긴하게 쓸 수 있다. 특히 목공 맞춤 작업을 할 때나, 공간이 너무 비좁아 더 큰 스퀘어를 쓸 수 없는 나무나 금속의 안쪽 구석 각을 확인할 때 유용하다.

작업 순서

시작하기 전에

- ➤ **크기 점검하기** : 스퀘어 자의 폭과 길이가 작업물에 적절한 크기인지 확인한다.
- ➤ **스퀘어 점검하기** : 이 도구를 처음 사용하거나, 중고품을 산 것이라면 스퀘어가 잘 맞는지 확인해야 한다. 곧은 합판이나 MDF 측면에 자루를 대고 수직선을 긋는다. 스퀘어를 뒤집어 처음 그은 선 위에 다시 한번 선을 긋는다. 두 선이 일치하면 스퀘어가 맞는 것이다.
- ➤ **작업물 점검하기** : 기준이 되는 면은 완전한 직선을 이루어야 한다. 목공 작업을 할 때 기준 면은 정면 또는 측면이다.

스퀘어 날을 따라 연필로 절단 선을 긋는다.

2 절단에 필요한 직각 표시하기

톱질하기 전에 목재에 일정한 길이로 표시하기 위해 줄자나 강철 자로 목재의 한쪽 끝에서부터 전체 길이를 잰다. 가는 연필과 스퀘어를 사용하여 정면과 측면에 표시 선을 긋는다. 뒤쪽 측면에 선을 한 번 더 그어 놓으면 톱날을 확인할 수 있어 도움이 된다.

1 슬라이딩 가이드라인 그리기

눈금에 필요한 길이가 표시될 때까지 헤드를 민다. 손바퀴를 잠그고 헤드를 작업물 측면에 꽉 붙인다. 날 끝에 연필을 대고 작업물을 따라 스퀘어를 밀면서 측면에 평행한 선을 긋는다.

> “측정할 수 없는 대상은 관리할 수도 없다.” - 켈빈 경

FOCUS ON…

직각

스퀘어에는 완벽한 직각이 되어야 하는 모퉁이가 세 군데 있다. 그러나 여러분이 가진 스퀘어의 날과 자루의 각도가 정확하게 90도라고 생각하면 안 된다. 이를 확인하려면 직사각형 판재의 측면에 헤드를 단단히 밀착하고 날 바깥을 따라 연필로 선을 긋는다. 그런 다음 스퀘어를 뒤집어 똑같은 작업을 반복한다. 스퀘어의 각이 정확하다면 두 선이 일치한다. 스퀘어를 새로 사면 이런 방법으로 확인하면 된다.

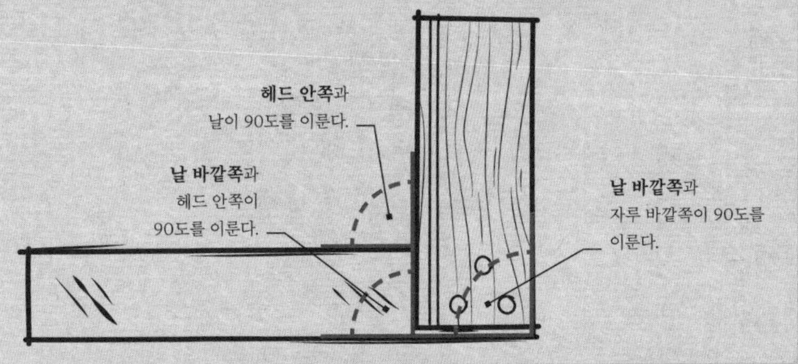

스퀘어의 어깨를 부재의 측면에 밀착하면 부재와 자는 45도를 이룬다.

4 안쪽 각도 확인

안쪽 구석이 직각인지 확인하려면 헤드를 날 끝까지 밀고 손바퀴를 돌려 잠근다. 스퀘어를 안쪽 구석에 밀착하고 각도를 정확하게 확인한다. 이 방법은 접착제를 사용하여 상자나 서랍을 조립할 때 유용하다.

3 45도 작도하기

45도 절단 각을 표시하기 위해서는 한 손으로 스퀘어의 어깨를 작업물의 측면에 대고, 자를 따라 절단 선을 표시한다.

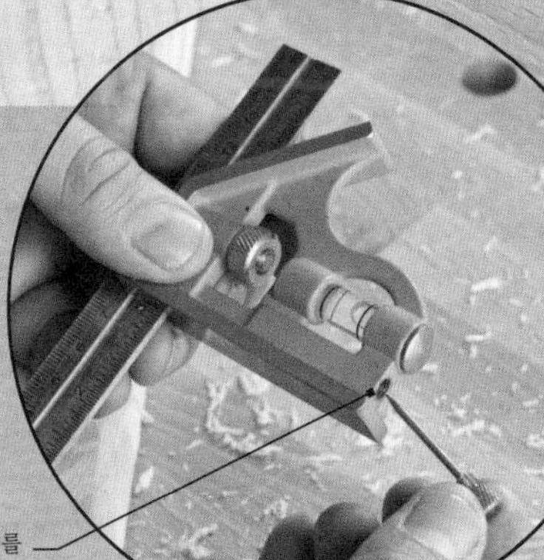

자루 끝에 달린 스크라이버를 연필 대신 쓸 수 있다.

마친 뒤에

➤ **청결 유지하기** : 컴비네이션 스퀘어의 자는 습기에 노출되면 녹슬 수도 있다. 사용 뒤에는 걸레로 날을 닦고 석유나 등유를 한 방울 떨어뜨리면 녹을 방지할 수 있다.

➤ **안전하게 보관하기** : 여느 측정 도구와 마찬가지로 컴비네이션 스퀘어도 소중히 다뤄야 한다. 이것은 유독 깨지기 쉬운 도구다. 전용 케이스에서 꺼냈다면 보관할 때는 다시 거기에 넣는다. 케이스가 없다면 가능한 한 평평한 상태로 보관한다.

CHOOSING A LEVEL

수평계 고르기

기포 수평계는 일반 건축 공사와 건물 개조, 조경 공사 등에 필수적으로 사용되는 공구이며, 수평과 수직을 확인하는 용도다. 길이가 긴 수평계는 석고 보드를 자를 때나 판재에 선을 표시할 때 자처럼 쓸 수 있다. 좁은 공간에서는 짧은 수평계가 더 유용하게 쓰인다.

기포 수평계

다림추와 다림줄

디지털 수평계

포켓 수평계

"고요한 수면이야말로 진정한 수평이다."

기둥용 수평계

다림추

▶ **구조 :** 가느다란 나일론 또는 면사의 끝에 매달린, 끝이 뾰족한 황동 또는 강철 무게 추이다.

▶ **용도 :** 벽이나 장식물의 수직을 확인하거나 마루에서 천장으로 표시선을 연장할 때, 벽지를 바를 때 쓴다.

▶ **사용법 :** 벽기둥, 천장틀과 같은 측정 대상물의 수직면에 못을 박는다. 못에 다림줄을 매달아 내린다. 다림추가 정지하면 다림추 끝과 수평을 이루는 벽기둥의 점에서 줄의 꼭대기까지의 거리를 잰다. 그런 뒤 줄 꼭대기에서 다림추 끝까지의 길이도 잰다. 이 둘이 일치하면 벽기둥 면의 수직이 정확한 것이다.

▶ **참고 사항 :** 다림추는 중력에 의존하므로 다림줄은 어디에도 닿지 않은 채 매달려야 정확성을 유지할 수 있다.

기포 수평계

▶ **구조 :** 직사각형의 긴 알루미늄 상자로, 중간과 끝에 액체를 채운 투명한 관이 장착된 도구다.

▶ **용도 :** 수평면과 수직면의 정확도를 확인한다.

▶ **사용법 :** 수평계를 정면이나 측면에 밀착한다. 기포가 기준선 사이 중앙에 위치하는지 확인한다. 중간에 있는 기포관은 수평을, 끝에 있는 기포관은 수직을 읽는 용도다.

▶ **참고 사항 :** 제품 보호를 위해 충격 흡수 고무캡이 설치되어 있다. 기포관에 확대경이 달려 있으면 확인이 더 쉽다.

포켓 수평계

▶ **구조 :** 작은 물건의 수평을 확인하거나 제한된 공간에서 작업할 때 쓰는 소형 수평계다.

▶ **용도 :** 사진과 그림, 선반, 전등 스위치, 벽타일 등의 수평을 확인한다.

▶ **사용법 :** 수평계를 수평면이나 수직면에 밀착한다. 기포가 중앙에 오면 표면이 수평 또는 수직이다.

▶ **참고 사항 :** 자석이 부착된 제품은 금속 표면에 쓰기가 더 쉽다. 벨트 클립을 달아도 유용하다.

디지털 수평계

▶ **구조 :** 기포 수평계와 비슷하지만 LCD 화면에 각도가 도수와 퍼센트로 표시된다.

▶ **용도 :** 지붕 들보의 정확한 경사각(각도), 또는 경사면의 경사 비율(밀리미터/미터)을 확인하는 데 쓴다.

▶ **사용법 :** 측정 대상물 표면에 수평계를 놓고 전원을 켠다. 정지 버튼을 누르고 화면을 읽는다.

▶ **참고 사항 :** 백라이트가 있으면 LCD를 읽기가 더 쉬워진다. 삐 소리로 측정 면의 수평 및 수직을 확인할 수 있다.

기둥용 수평계

▶ **구조 :** 모퉁이 둘레를 측정할 수 있게 3개의 기포관이 달린, 작은 크기의 각진 수평계다.

▶ **용도 :** 펜스 기둥이나 배관의 세 방향 모두가 수직인지 확인하는 데 쓴다.

▶ **사용법 :** 수평계를 기둥 모서리 등과 같은 대상물의 두 면에 밀착하고 기포관의 기포가 모두 중앙에 오는지 확인한다.

▶ **참고 사항 :** 자석이 내장된 제품은 금속 표면에서 작업할 때 유용하다.

“수직면이란 다림줄로 확인된 선이다.”

STRUCTURE OF A SPIRIT LEVEL

기포 수평계의 구조

기포관은 기포 수평계의 핵심 부품으로, 어느 수평계에나 이 부품은 두 개씩 달려 있다. 하나는 수평, 또 하나는 수직을 확인하기 위해서다. 첨단 디지털 제품이라 해도 재는 것은 각도와 경사이고, 수치를 투명한 LCD 화면에 표시한다는 점만 다르다. 기포 수평계 본체의 소재는 압출 알루미늄이 대부분이지만, 나무 수평계도 존재한다. 길이는 250~2,440밀리미터 범위다.

수평계 전체

엔드캡은 부드러운 재질로 제작되어 수평계를 떨어뜨렸을 때 충격을 흡수한다. 수평계의 내구성을 증대시킨다.

수평계 측면은 정확도를 극대화하기 위해 평탄 가공되었다. 손으로 쥐기에도 편리하다.

걸이용 구멍은 걸어서 보관할 때 필요하다.

측면도

말단부 기포관은 수직면의 정확도를 점검한다. 기포관은 0도에서 90도 사이를 회전한다.

FOCUS ON…

기포

기포 수평계의 기포관에는 액체를 가득 채우지 않아 기포가 존재한다. 기포는 유색 액체보다 밀도가 낮아 방해받지 않는다면 기포관 위쪽으로 떠오른다. 수평계가 수평을 이루면, 가장 높은 지점은 기포관의 중앙이므로 기포가 여기에 위치한다. 수평이 무너지면 먼 쪽으로(오른쪽 또는 왼쪽) 움직인다.

본체부는 알루미늄에 내구성 물질을 도장해서 만들었다.

유색 액체는 알코올이나 광물성 용액이다. 유색은 눈에 더 잘 띈다.

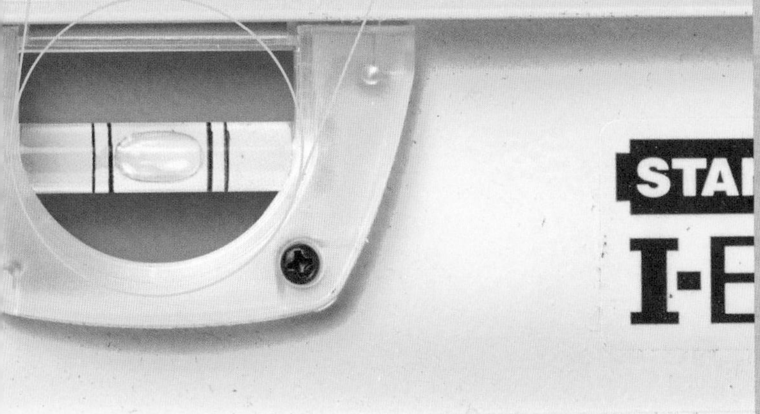

"수평계를 평평한 면에 놓고 보정한 다음 수평도를 확인하고, 수평계를 뒤집어 기포 위치를 읽는다. 두 번 모두 결과가 같다면 수평계의 균형이 맞춰진 것이다."

USING A SPIRIT LEVEL

기포 수평계 사용하기

수평계의 길이가 길수록 정확도는 향상된다. 수평계의 길이보다 더 긴 표면의 수평도를 확인할 때는 두 지점 사이에 직선의 평행한 목재를 걸치고 그 위에 수평계를 올려 둔다.

작업 순서

시작하기 전에

- **수평계 점검하기** : 수평계의 완벽한 청결 상태를 유지한다. 수평계 측면의 얼룩이나 찌꺼기를 말끔히 제거한다.
- **바닥 준비하기** : 야외 공사에 수평계를 쓸 때는 해머로 울퉁불퉁한 바닥에 뾰족한 정을 박는다. 정의 헤드의 수평을 먼저 확인하여 기준점을 확보한 뒤 이곳을 기점으로 다른 곳을 확인해 나간다.

1 수평면 확인하기

기포 수평계를 수평면에 올려 두고 기포가 정지할 때까지 기다린다. 기포가 기포관 내 두 선의 한가운데에 오지 않으면 가운데에 올 때까지 대상물의 한쪽 끝을 움직여 맞춘다.

2 벽선 그리기

수평계로 벽선을 그릴 때는 먼저 한쪽 끝에 연필로 표시한다. 수평계를 뒤집어 반대쪽 끝에 표시하고, 충분한 거리에 이를 때까지 이 방법을 반복한다.

3 수직면 확인하기

수직면의 수직을 확인하려면 수평계를 측면에 댄다. 기포가 중앙에 오지 않으면 수직면이 아니라는 뜻이므로 중앙에 올 때까지 조정한다.

마친 뒤에

- **청소하기** : 수평계에 흙이 묻거나 콘크리트 주위에서 썼을 때는 반드시 깨끗이 씻고 닦는다. 알루미늄 본체는 녹이 슬지 않지만, 표면에 때가 끼면 정확하게 측정하지 못할 수도 있다.
- **보관하기** : 수평계는 건조하고 안전한 장소에 보관한다. 끝에 걸이용 구멍이 있는 제품도 있다.

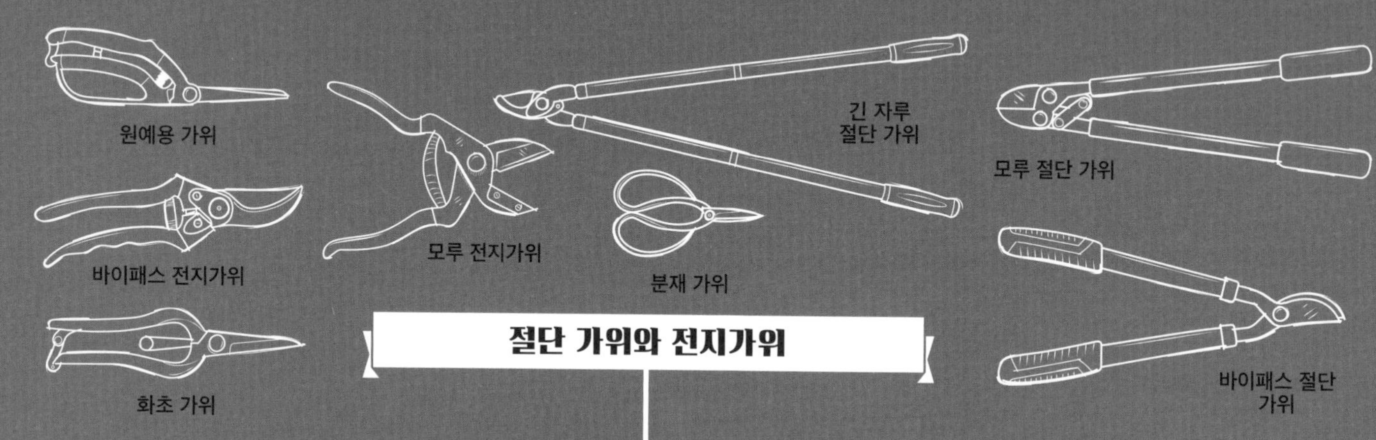

THE TOOLS FOR CUTTING & CHOPPING

2 썰기 및 자르기 공구

작업장이나 정원에서 일하다 보면 반드시 썰고 잘라야 할 일이 생긴다.
통나무 패기, 관목 가지치기, 잡초 뽑기, 파이프 자르기 등,
모든 일에는 그에 알맞은 공구가 있게 마련이다.

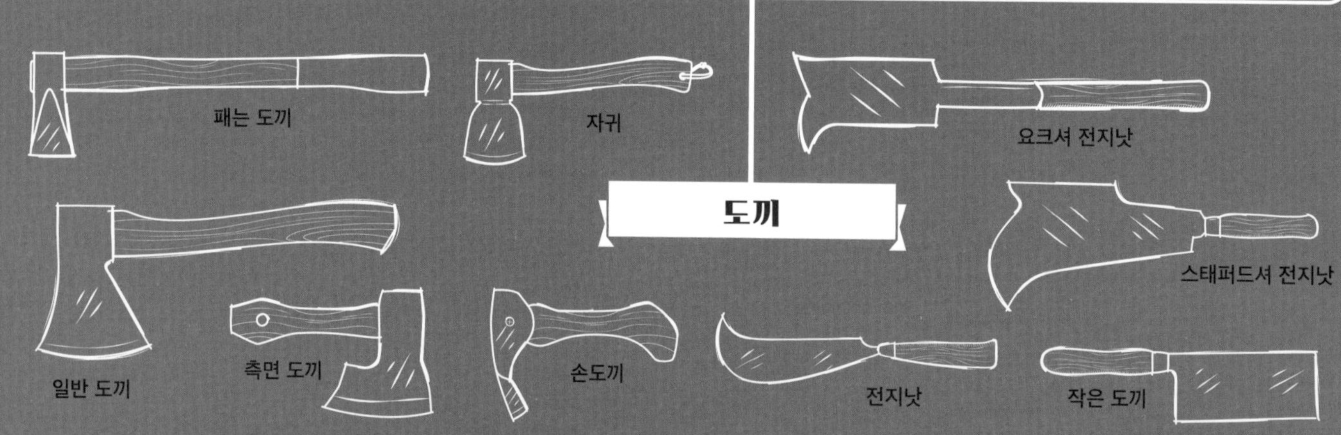

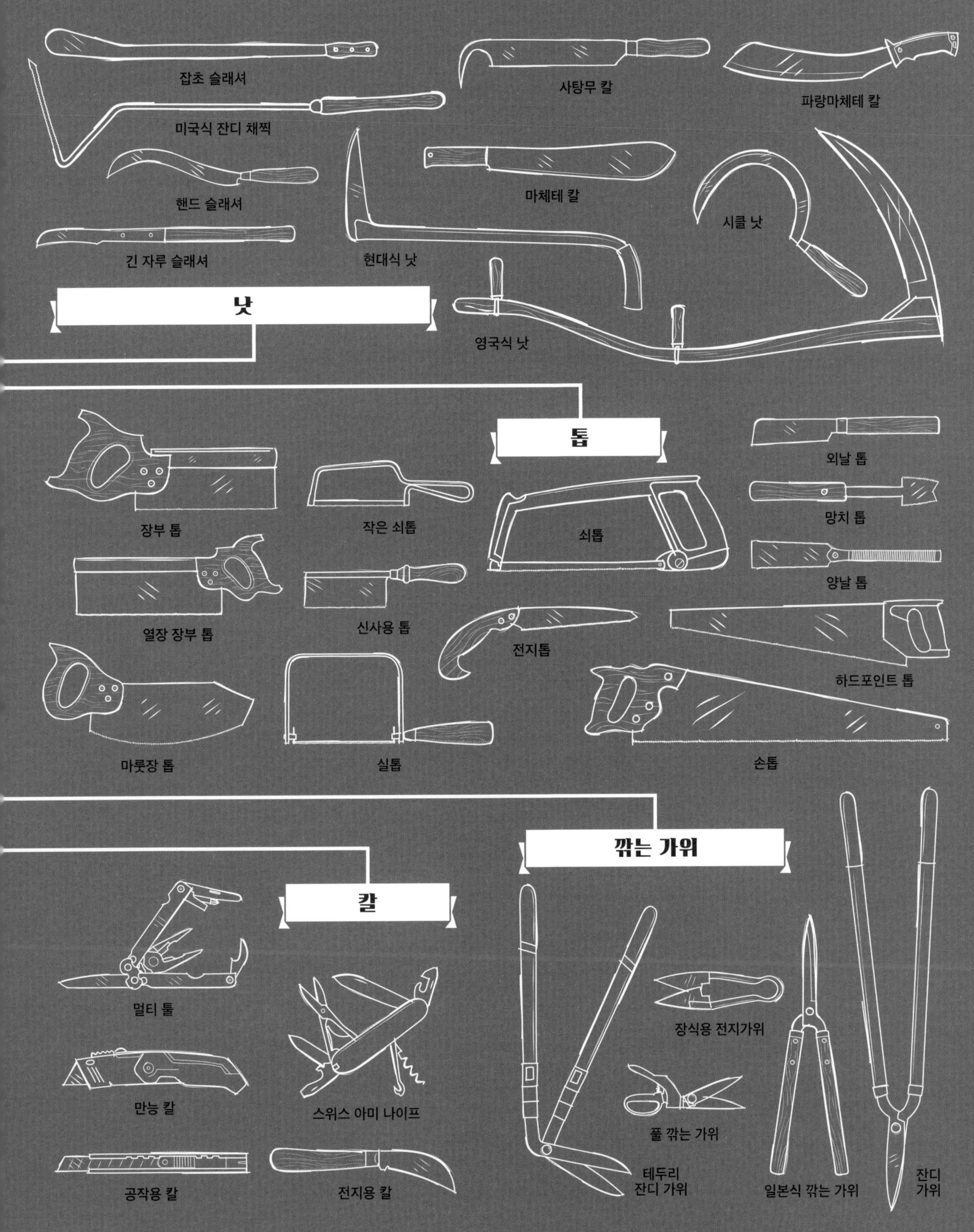
잡초 슬래셔
사탕무 칼
파랑마체테 칼
미국식 잔디 채찍
핸드 슬래셔
마체테 칼
시클 낫
긴 자루 슬래셔
현대식 낫
낫
영국식 낫
톱
외날 톱
장부 톱
작은 쇠톱
쇠톱
망치 톱
양날 톱
열장 장부 톱
신사용 톱
전지톱
하드포인트 톱
마룻장 톱
실톱
손톱
깎는 가위
칼
멀티 툴
장식용 전지가위
만능 칼
스위스 아미 나이프
풀 깎는 가위
테두리
잔디 가위
공작용 칼
전지용 칼
일본식 깎는 가위
잔디
가위

HISTORY OF CUTTING & CHOPPING

썰기 및 자르기의 역사

330만 ~ 170만 년 전

최초의 공구

가장 오래된 것으로 알려진 석기는 케냐에서 발견되었다. 바위를 서로 부딪쳐 만든 석재 절단 도구가 여러 고대 유적지에서 발견되었다. 이 시기 내내 자연 그대로의 돌을 물건을 자르는 용도로 썼고, 이후 긁는 도구와 가장자리를 톱날 모양으로 다듬은 손도끼가 사용되었다.

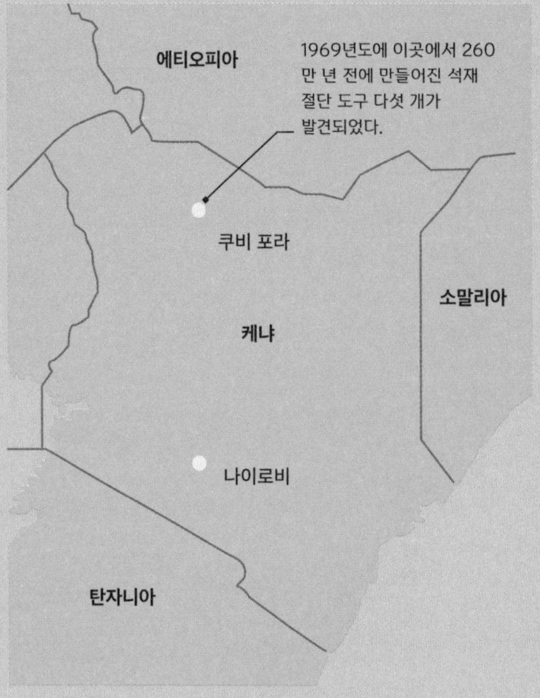

150만 년 전

초창기 손도끼

구석기 이전 시대인 아슐기에, 썰고 긁는 용도나 사냥용 칼로 쓰이기도 했던 도끼 형상의 도구가 출현했다. 가장자리에 날을 세웠고 한쪽은 끝으로 갈수록 가늘어지며 다른 한쪽은 뭉툭하다.

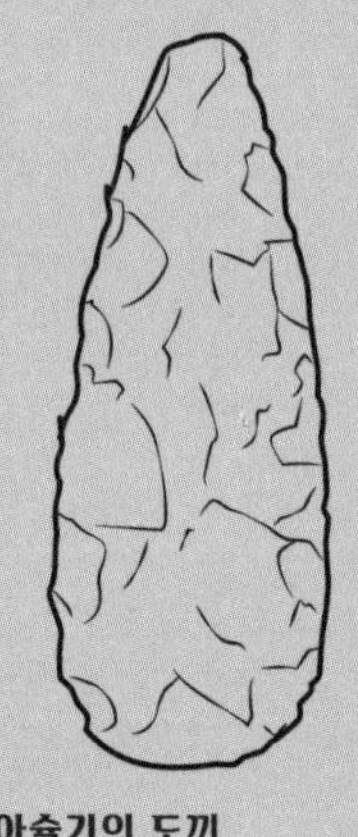
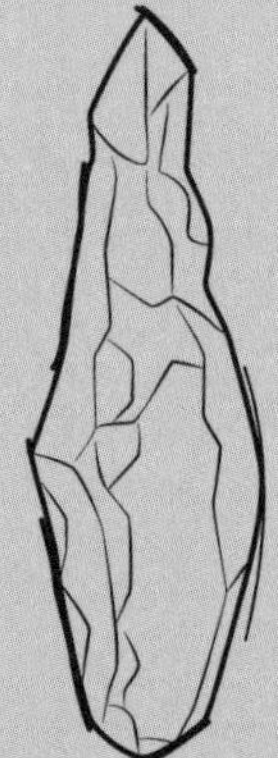

아슐기의 도끼

35,000년 전

손잡이 칼

크로마뇽인은 돌로 날을 만들어 쓰기도 했지만, 뼈와 뿔, 맘모스 상아 같은 재료로 도구를 만들기도 했다. 이때 발견된 조각칼은 뼈에서 은을 긁어내어 핀이나 바늘을 만드는 데 사용된 좁은 부싯돌 날이었다. 이 시기에 돌날에 처음으로 손잡이가 부착되어 최초의 칼이 생겨났다.

기원전 18,000 ~ 8000년

초창기 낫

중석기 시대에 최초로 낫이 사용되었다. 이 도구는 아마 메소포타미아에서 발달했을 것이다. 곡식 수확률을 높여, 농업 혁명에 지대한 역할을 했다.

초창기 낫에는 나무나 뼈로 만든 손잡이를 달았다.

초창기 낫은 부싯돌 날을 좁게 갈아 살짝 곡선을 주거나, 동물의 턱뼈에 솟아난 이빨을 이용해 만들었다.

신석기 시대의 낫

"얼마나 무수한 날 동안, 그들의 낫으로 수확했던가……."

토머스 그레이
영국의 시인

기원전 6500년

금속 사용

제련법이 발명되기 전까지, 구리와 운석철을 망치로 얇게 쳐서 날이 더 날카롭고 단단한 도구, 즉 칼, 도끼 등을 만들었다. 이런 도구에 손잡이 형상을 깎아 만들기도 하고, 나무나 뼈로 만든 손잡이를 달기도 했다.

구리의 녹는점은

1083℃이다.

주석을 함유하면 온도가

950℃로 떨어진다.

> **"인간은 도구를 만들었고, 그 도구가 다시 인간을 만들었다."**
>
> 존 컬킨
> 미국의 교육자, 성직자
>
> 1967년 5월 18일자
> 새터데이리뷰

기원전 3000 ~ 1900년경

최초의 진정한 톱

청동기 시대에 금속의 제련과 주조가 시작되어 많은 도구와 무기가 발전했다. 구리를 제련하고 주조하여 톱날이 탄생했다. 톱니 덕분에 나무의 겉만 찍어 대던 수준에서 나무를 통째로 잘라 내는 수준이 됐다. 목공 작업에 톱이 사용되기 시작하면서, 오늘날의 수많은 톱이 등장하는 계기가 되었다.

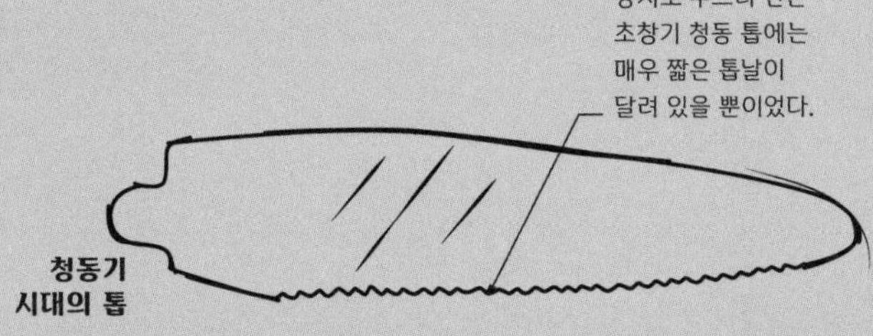

청동기 시대의 톱

기원전 2700년

도끼와 자귀

고대 이집트와 메소포타미아에서는 금속제 도끼와 자귀가 사용되었다. 이집트에서는 금속제 날을 나무 손잡이에 박았지만, 메소포타미아인들은 날과 손잡이를 한꺼번에 고정시키는 연결 봉을 발명했다. 연결 봉을 갖춘 도끼와 자귀는 약 700년 뒤 크레타 섬에서도 사용되었다.

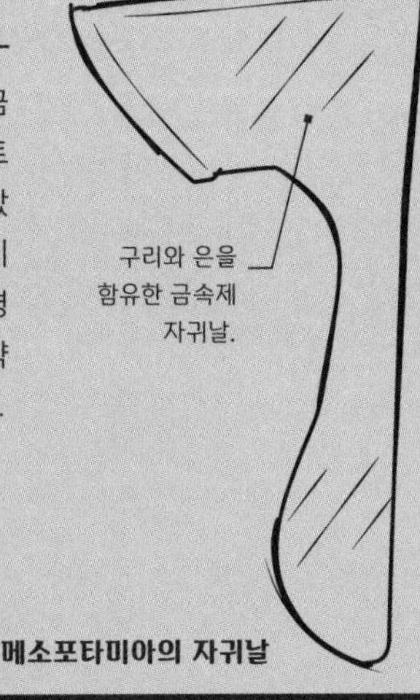

메소포타미아의 자귀날

철 합금

철기 시대에는 내구성이 향상된 도구가 나타났다. 도끼 같은 도구는 단조철과 주철로 만들어졌다.

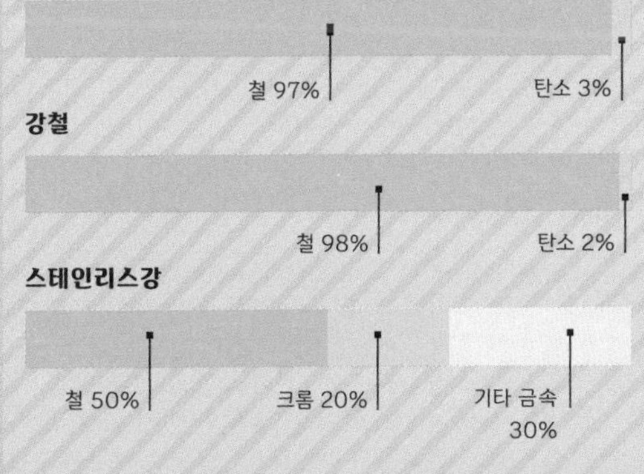

기원전 35년 ~ 서기 500년

톱의 발달

로마인들은 톱에 손잡이와 틀을 갖추어 발전시켰다. 서기 1세기에 역사학자 플리니우스가 남긴 기록에는 톱 자국이 날 두께보다 두꺼워지도록 톱니를 배열함으로써 톱밥 배출을 최소화했다는 언급이 있다.

500 ~ 1500년경

가로 켜는 톱

중세에 이르러 생나무를 켜기 위해 손잡이가 두 개가 달린 긴 톱이 개발되었다. 이 톱은 두 사람이 잡고 한 명은 당기고 다른 한 명은 밀면서 사용한다. 톱니 배열 방식은 오늘날의 가로 켜는 톱과 같다.

날카로운 칼이 있어도 매서운 눈이 없으면 아무 소용이 없다.

1819년

최초의 전지가위

프랑스 귀족 앙투안 드 몰빌이 최초의 휴대용 가지치기 도구, 즉 전지가위(secateurs, 이 단어는 프랑스어로 '절단기'라는 뜻이다)를 발명했다.

CHOOSING A SAW

톱 고르기

나뭇결을 가로질러 켜는 톱도 있고, 결을 따라 켜는 톱도 있다. 인치당 톱니 수(TPI: teeth per inch)를 보면 절단 유형을 알 수 있다. TPI가 높은(10~12) 것은 낮은(4~5) 것에 비해 톱니가 잘고 톱질 속도가 느리다는 의미다. 톱날의 길이와 손잡이 형상 역시 중요하다. 금속 절단용 톱의 톱니는 목공용 톱보다 더 자잘하다.

손톱

장부 톱

하드포인트 톱

마룻장 톱

신사용 톱

열장 장부 톱

손톱

▶ **구조 :** 활엽목 손잡이가 달린 톱으로, 톱날을 갈아서 쓸 수 있다. 톱날 길이는 약 500~600밀리미터 정도다.

▶ **용도 :** 나뭇결을 관통할 때는 가로 켜는 톱으로 쓴다. 나뭇결을 따라 거칠게 세로 켜는 톱으로 쓸 수도 있다. 널빤지용 가는 톱으로 쓴다.

▶ **사용법 :** 하드포인트 톱과 동일하다(해당 설명 참조). 밀고 당기며 켤 수 있다.

▶ **참고 사항 :** 손잡이가 나사로 고정돼 있으므로, 필요 시 더 조일 수 있다.

신사용 톱

▶ **구조 :** 열장 장부 톱의 크기를 줄여 놓은 것으로, 톱니가 더 잘다. 톱날 길이는 100~200밀리미터이며, TPI는 최대 30이다.

▶ **용도 :** 매우 정밀하고 미세한 작업에 쓴다. 악기, 모형, 고급 가구 등의 제작에 사용된다.

▶ **사용법 :** 목재 뒤쪽에 톱니를 맞춘다. 뒤쪽으로 잡아당긴 다음, 밀어서 자르기 시작하면서 점차 톱을 내린다.

▶ **참고 사항 :** 톱날의 길이는 150밀리미터가 적당하다.

마룻장 톱

▶ **구조 :** 톱니가 아래쪽으로 볼록하게 나온 특수한 톱으로, 플라스틱이나 활엽목 손잡이에, 전통식 하드포인트 톱니가 달려 있다.

▶ **용도 :** 일반적인 톱질과는 달리 처음에 대상물을 들어 올릴 필요 없이 바로 마룻장을 가로질러 켤 수 있다.

▶ **사용법 :** 볼록한 톱니로 판재 중앙을 가로질러 켠다. 톱을 뒤집어 곧은 톱니로 톱질을 계속한다.

▶ **참고 사항 :** 요즘은 신제품이 거의 나오지 않지만, 대신 톱니를 갈아서 쓸 수 있다.

하드포인트 톱

▶ **구조 :** 손잡이 소재는 플라스틱이고 톱니는 열처리되어 일반 톱보다 더 오랫동안 날이 서 있다.

▶ **용도 :** 목재와 판재를 켜는 일반용 톱이다. 날을 갈아서 쓸 수 없다.

▶ **사용법 :** 톱니를 나무의 뒤쪽 가장자리에 갖다 대고 뒤로 당기면서 톱자국을 낸다. 비스듬히 잡고 밀고 당기며 켠다.

▶ **참고 사항 :** 손잡이가 부드럽고, 톱날 길이는 550밀리미터이며, TPI는 7-8 정도다. 손잡이를 사용하여 부재에 45도와 직각을 표시할 수 있다.

장부 톱

▶ **구조 :** 톱날의 소재가 경화황동이나 경화강이고, 손잡이는 활엽목 또는 플라스틱이다. 톱날 길이는 250~455밀리미터 범위이다. TPI 범위는 12~16이다.

▶ **용도 :** 부재의 장부 자리(이음부)를 켠다. 손톱보다 미세하게 가로 켤 때 쓴다.

▶ **사용법 :** 부재의 뒤편 가장자리에서 톱질을 시작한다. 뒤로 끌어당겨 톱자국을 낸 다음, 날을 내리면서 수평 방향으로 톱질한다.

▶ **참고 사항 :** 날 등에 무거운 황동부를 설치하여 장부 켜기 작업을 쉽게 만들었다.

열장 장부 톱

▶ **구조 :** 작은 장부 톱 같이 생겼다. 톱니가 잘고 활엽목 손잡이가 달려 있다. 날 길이는 200~250밀리미터이며 TPI 범위는 16~22이다.

▶ **용도 :** 작은 장부, 특히 열장 장부(나무판을 비둘기 꼬리 모양으로 만들어 끼우는 이음부 - 옮긴이)를 켤 때 쓴다. 모형 및 고급 가구 제작에 사용된다.

▶ **사용법 :** 부재의 뒤편 가장자리에 톱자국을 내어 뒤로 당기면서 톱자국을 내고, 날을 내려 수평으로 켠다.

▶ **참고 사항 :** 황동 톱날 등이 무게를 증가시켜 톱을 가누기가 편하다.

다음 페이지에 계속 ➔

썰기 및 자르기 공구 Cutting & Chopping

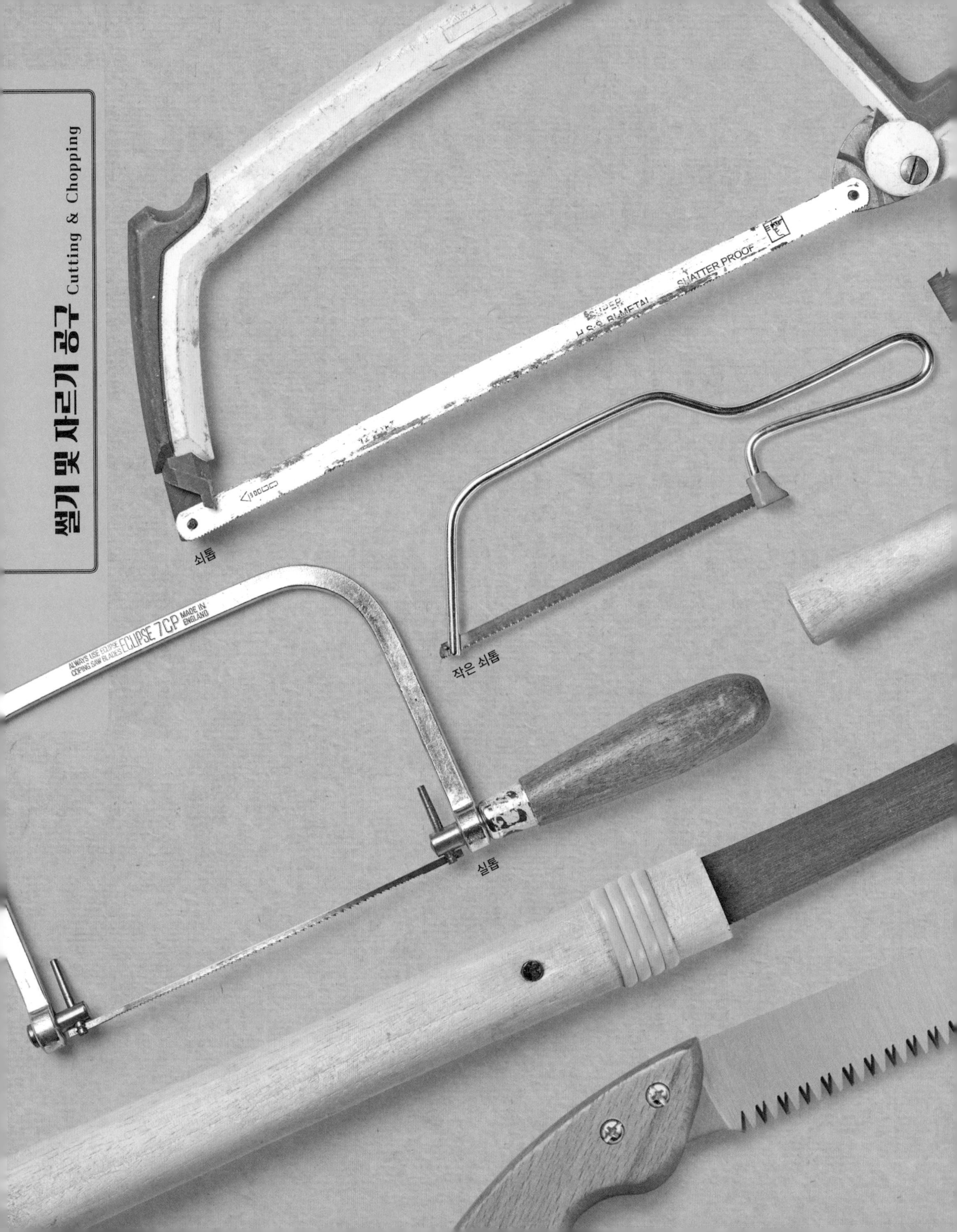

쇠톱

작은 쇠톱

실톱

"일본식 톱의 톱니, 즉 노코기리의 방향은 뒤쪽을 향하므로 부재를 당기면서 켠다."

쇠톱

➤ **구조 :** 금속제 테두리에 톱니가 잘게 설치된 톱날을 팽팽하게 끼워서 쓴다. 교체 톱날의 길이는 300밀리미터다.

➤ **용도 :** 금속, 플라스틱 파이프, 세라믹 타일 등을 자른다. 평면으로 자르는 데 쓰기도 한다.

➤ **사용법 :** 톱니를 표면에 대고 뒤로 당기면서 톱자국을 낸다. 밀고 당기기를 반복하며 톱질한다.

➤ **참고 사항 :** 간편 해제 장치로 날 장력을 풀어 주면 날을 교체하기 쉽다.

실톱

➤ **구조 :** 금속 테두리의 깊이가 깊고, 150밀리미터 길이의 교체 톱날을 팽팽하게 걸어 쓰는 톱이다. 날은 앞뒤를 바꿔 쓸 수 있다.

➤ **용도 :** 목재, 판재, 세라믹 타일 등을 곡선으로, 또는 모양을 그리며 잘라 낼 때 쓴다.

➤ **사용법 :** 톱날보다 큰 구멍을 드릴로 뚫고 톱날을 풀어 한쪽을 집어넣는다. 집어넣은 쪽을 다시 테두리에 장착하고 톱질하기 좋게 장력과 각을 조정해서 쓴다.

➤ **참고 사항 :** 톱날을 풀고 잠그기가 쉬운지 확인한다.

작은 쇠톱

➤ **구조 :** 강철을 구부려 만든 테두리에 150밀리미터 길이의 톱날을 끼운 작은 쇠톱이다. 날 끝의 핀을 테두리에 끼워 조립한다.

➤ **용도 :** 금속이나 플라스틱, 볼트 등을 자를 때, 그리고 정밀 금속 공예 전반에 쓴다. 목공용 날을 끼워 써도 된다.

➤ **사용법 :** 톱을 뒤로 당기면서 톱자국을 낸다. 밀고 당기면서 톱질을 진행한다.

➤ **참고 사항 :** 장력을 조절할 수 있는 톱이 다루기 쉽다.

양날 톱(료바)

➤ **구조 :** 톱니가 평행으로 난 일본식 이중 톱으로 TPI 범위는 10~16이다. 손잡이는 대나무를 얇게 켜서 감아 놓았다.

➤ **용도 :** 자잘한 톱날은 목재를 가로로 켜는 용도로, 굵은 톱날은 나뭇결을 따라 세로로 자르는 용도로 쓴다. 이음부와 일반 소목공 작업에 쓴다.

➤ **사용법 :** 자르는 톱으로 쓸 때는 톱날 각을 낮게 유지한다. 목재의 밀도와 두께에 따라 두 톱니를 교대해 가면서 사용한다.

➤ **참고 사항 :** 톱날을 쉽게 교체할 수 있는 해제 레버가 달린 톱도 있다. 톱날 길이는 최소 240밀리미터가 되어야 한다.

외날 톱(도츠키)

➤ **구조 :** 얇은 톱날을 보강하기 위해 날 등 부위의 철을 접어서 제작한 일본식 톱이다. 톱니가 아주 잘다.(TPI 범위는 18~20이다.)

➤ **용도 :** 세밀한 가로 켜기가 필요한 이음부 작업, 가구 제작, 몰딩, 정밀 가공 등에 쓴다.

➤ **사용법 :** 부재 뒤편에서 톱질을 시작하고 날을 낮춰 표면과 평행을 유지하며 날을 뒤로 잡아당기면서 켠다.

➤ **참고 사항 :** 톱날을 교체할 수 있는 제품도 있다. 교체가 불가능한 제품은 톱니가 너무 작아 갈기 어려우므로 톱 가격이 비쌀 수도 있다.

망치 톱(아제비키)

➤ **구조 :** 경화강 톱날에 양쪽으로 짧은 곡선의 두 줄 톱니가 있는 일본식 톱이다. 손잡이 소재는 활엽목이다.

➤ **용도 :** 가장자리에서 시작할 필요 없이, 판재나 얇은 목재를 가운데에서 바로 잘라낼 때 쓴다.

➤ **사용법 :** 연필 선 위에 톱니를 대고 가볍게 당기면서 톱질을 시작한다. 잔 톱니는 가로 켜기에, 굵은 톱니는 자르기에 쓴다.

➤ **참고 사항 :** 날을 교체할 수 있는지 확인한다. 보호 덮개가 있으면 좋다.

전지톱

➤ **구조 :** 날 등이 없는 견고한 톱날(고정형 대 접이형, 직선형 대 곡선형 등이 있음)을 가졌고, 대개 앞뒤 방향으로 절단할 수 있도록 삼중식 톱니를 채택하고 있다.

➤ **용도 :** 작은 가지를 자르거나, 나무, 관목 등의 가지치기 작업, 또 전지가위로는 너무 작아 하지 못하는 원예 작업 등에 쓴다.

➤ **사용법 :** 가지가 갑자기 떨어지지 않도록 한 손에 들고 톱질한다.

➤ **참고 사항 :** 사용하지 않을 때 톱날을 보호하기 위해 손잡이가 접힌다. 이것을 폈을 때 안정적으로 고정되는지 확인한다.

“쇠톱의 톱날을
다양한 소재로 만들어
다양한 용도로 쓸 수 있다.”

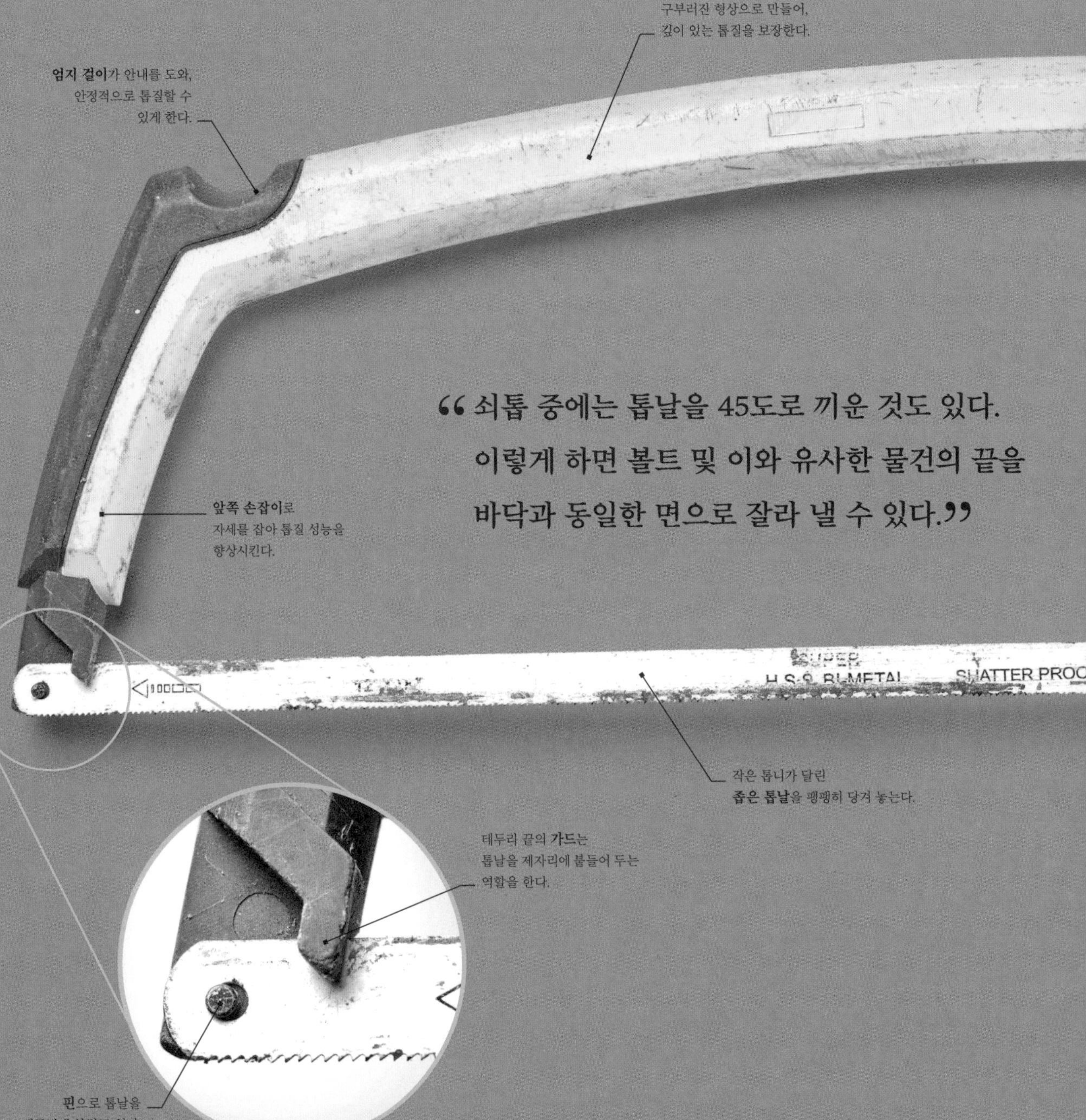

“쇠톱 중에는 톱날을 45도로 끼운 것도 있다.
이렇게 하면 볼트 및 이와 유사한 물건의 끝을
바닥과 동일한 면으로 잘라 낼 수 있다.”

STRUCTURE OF A HACKSAW

쇠톱의 구조

나무를 자르는 톱과 달리, 쇠톱에는 견고한 금속제 테두리가 있어 톱날을 당기며 붙들고 있다. 주로 연질 또는 경질 금속을 자르는 용도지만 톱니가 잘기 때문에 플라스틱 파이프와 부품을 절단하는 데에도 적합하다. 톱날은 교체할 수 있고 표준 길이는 300밀리미터다. 탄화텅스텐을 코팅한 톱날을 끼우면 타일이나 유리도 절단할 수 있다.

뒤쪽 손잡이는 푹신하게 만들어 촉감이 편한 것이 특징이다.

측면도

간편 해제 장치 레버는 나사를 중심으로 돈다.

작동 얼개 : 장치를 열면 아래로 떨어지면서 톱날 장력을 줄여 준다.

간편 해제 장치 레버 열기

FOCUS ON…

테두리

쇠톱에는 견고한 강철이나 알루미늄 소재의 테두리가 있으며, 폭이 좁고 작은 톱니를 가진 톱날을 끼워 쓴다. 톱날 양 끝에는 꼭지, 즉 징을 끼워 테두리에 고정시킨다. 그런 다음 부러지지 않을 때까지 나사를 돌려 톱날을 팽팽히 잡아당긴다. 현대식 톱의 뒤쪽에는 사방이 에워싸인 손잡이가 달려 있고, 소재는 금속이나 특별한 질감을 살린 고무로 되어 있다.

최신 쇠톱은 더 깊은 톱질을 할 수 있도록 강철관 테두리를 사용한다. 또 현대식 손톱에는 특수 질감의 손잡이가 있고, 간편 해제 장치를 달아 날 교환이 쉽다.

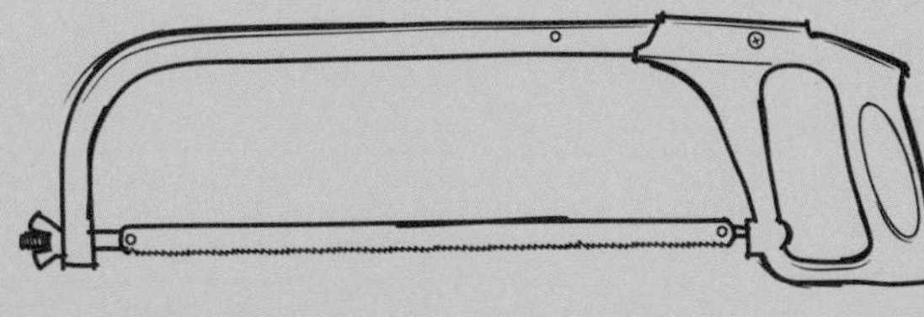

구식 쇠톱에 있는 기본 형태의 강철 테두리는 톱날과의 간격이 좁아 동작이 제한된다. 꼭지나 핀으로 톱날을 붙들고, 나비너트 조절기를 돌려 팽팽히 당긴다.

USING A HACKSAW

쇠톱 사용하기

쇠톱은 톱날이 매우 작아 손톱보다 톱질이 느리다. 특히 금속을 자를 때는 너무 빠르게 톱질하면 마찰열이 일어난다. 파이프 같은 원통형 물체를 톱질할 때는 고른 절단면을 얻기 어려울 수도 있지만, 파이프 둘레에 테이프를 감아 안내 눈금으로 삼을 수 있다.

작업 순서

시작하기 전에

- **날 끼우기** : 톱니를 앞으로 향하여(손잡이 반대 방향을 가리켜) 톱날의 양 끝을 테두리 핀에 걸어 끼운다.
- **날 조이기** : 나비너트나 손 나사를 돌려 톱날을 팽팽하게 조인다. 당김 레버를 사용해서 자동으로 조이는 신제품도 있다.
- **작업물 고정하기** : 톱질할 때 대상물을 절대 손으로 잡으면 안 된다. 항상 클램프나 바이스로 작업대 위에 작업물을 고정시킨다.
- **안전하게 톱질하기** : 가장자리가 날카로운 금속 물체, 즉 파이프나 판재 등을 취급할 때는 꼭 장갑을 낀다.

1 표시하기

작업물을 바이스 또는 클램프와 작업대 사이에 단단히 물린 뒤, 최대한 바이스 또는 클램프 이빨 가까이에 톱자국을 내어 진동이 발생하지 않게 한다. 파이프 둘레에 안내 눈금 삼아 테이프를 감거나, 줄을 사용하여 표시를 남긴다.

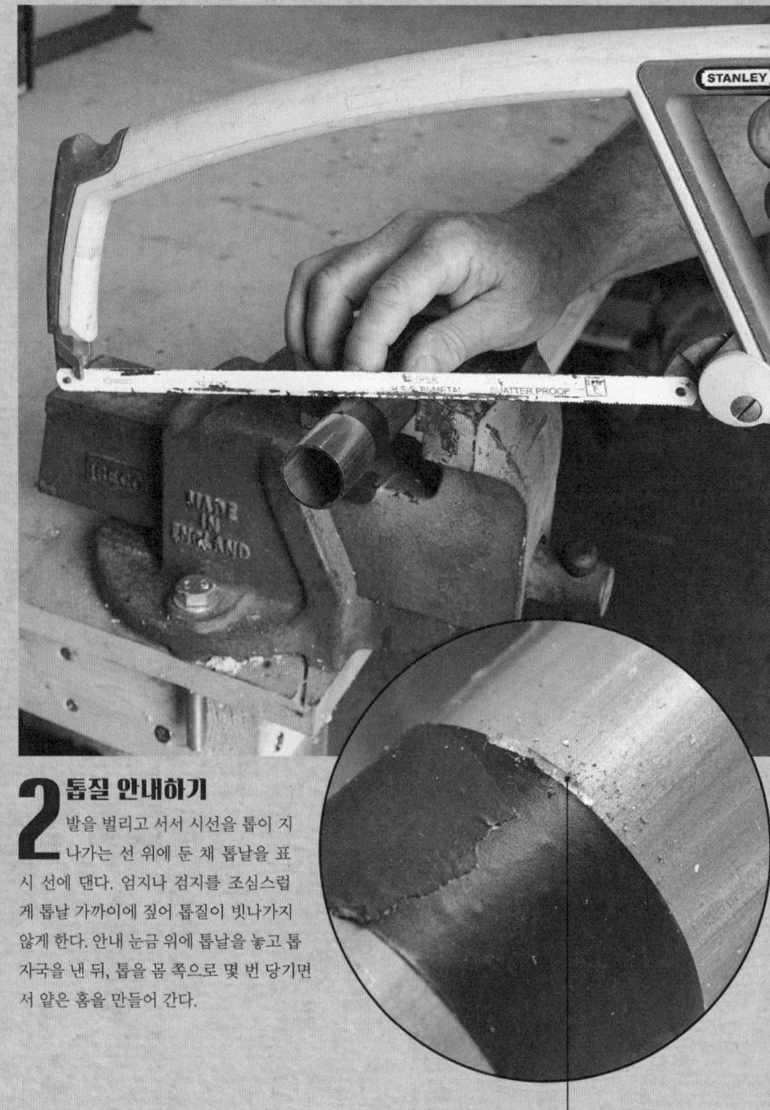

2 톱질 안내하기

발을 벌리고 서서 시선을 톱이 지나가는 선 위에 둔 채 톱날을 표시 선에 댄다. 엄지나 검지를 조심스럽게 톱날 가까이에 짚어 톱질이 빗나가지 않게 한다. 안내 눈금 위에 톱날을 놓고 톱자국을 낸 뒤, 톱을 몸 쪽으로 몇 번 당기면서 얕은 홈을 만들어 간다.

톱을 표면에 부드럽게 그어 **날 안내용 톱자국**을 낸다.

FOCUS ON...

톱날

일반 용도인 탄소강 톱날의 TPI는 18~32 정도로, 연강과 연질 금속, 경화 플라스틱 등을 자를 수 있다. 경화 금속을 자르려면 톱니를 경화한 바이메탈 유니버설 날을 쓰는 것이 더 효율적이다. 고속도강 날을 더욱 부드러운 스프링강 몸체에 용접으로 결합하면 날이 부러지지 않고 뛰어난 유연성을 발휘한다. 톱날은 톱니를 앞으로 향한 채 부착함으로써 미는 동작으로 켠다. 그래야 작업자가 질긴 재료를 자를 때 압력을 가할 수 있다.

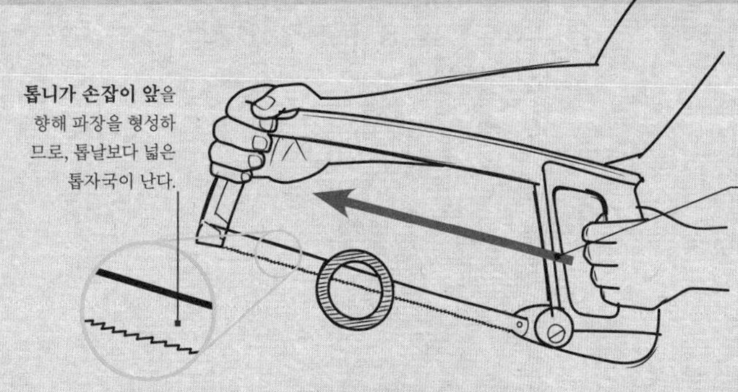

톱니가 손잡이 앞을 향해 파장을 형성하므로, 톱날보다 넓은 톱자국이 난다.

밀어서 켜는 톱이므로 자르기 힘든 재료를 만나면 더 세게 힘을 주어야 한다.

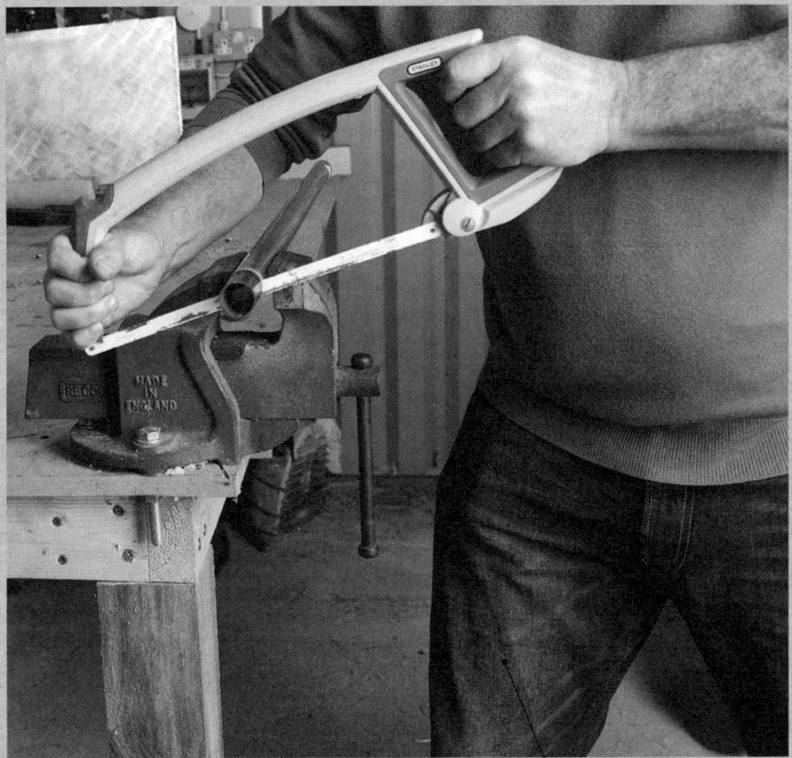

왼손잡이는 오른쪽 다리를 앞에, 오른손잡이는 왼쪽 다리를 앞에 두고 선다.

3 톱질 계속하기

양손으로 톱을 잡되(목공용 톱과 다르다), 한 손은 손잡이, 다른 손은 테두리 앞쪽을 잡는다. 톱날을 몇 번 앞뒤로 밀고 당긴다. 주행 당 톱날의 최대 길이를 사용한다. 톱날은 수평을 유지한 채 전·후진을 계속하며 톱질한다. 톱질이 완료되는 순간 잘라 낸 동강이를 앞 손으로 받아든다.

4 톱질 완료하기

마음에 들 때까지 작업물을 다 자른 뒤에 잘라 낸 자리가 고른지 확인한다. 특히 금속은 톱질한 가장자리에 날카로운 부스러기가 많이 생기므로, 대상물을 바이스 또는 클램프에서 풀기 전에 줄로 부스러기를 말끔히 깎아 낸다.

마친 뒤에

- **▶ 톱날 청소하기** : 사용한 뒤에는 톱날에 묻은 찌꺼기를 말끔히 씻어 준다. 녹을 방지하기 위해 부드러운 헝겊에 기름을 약간 묻혀 닦아 준다.
- **▶ 장력 풀기** : 나비너트를 몇 번 돌려 장력을 풀고 보관하면 톱날을 더 오래 쓸 수 있다.
- **▶ 걸어 두기** : 쇠톱을 걸어 보관하면 날이 선 상태로 오래도록 유지할 수 있다.

STRUCTURE OF A HANDSAW

손톱의 구조

전통식 손톱은 매우 실속 있게 쓸 수 있는 공구지만, 톱니를 잘 세워야 하고 작업 대상마다 톱의 상태를 정확하게 맞춰야 한다. 목재를 주로 자른다면 공구 상자에 가로 켜는 톱과 자르는 톱을 모두 갖춰 놓아야 한다. 패널톱은 보다 얇은 목재를 절단하기 위해 톱니를 작게 만든 것이므로 인공 합판 절단용으로 사용하면 톱니가 쉽게 무뎌진다.

손톱의 전체 모습

측면도

톱날 끝은 손잡이에서 가장 먼 곳이다. 톱을 걸어 놓을 수 있게 여기에 구멍이 뚫린 제품도 있다.

톱날 윗 등은 톱질할 때 균형을 잡기 쉽도록 비스듬히 가공되었다.

톱날은 살짝 휘게 만들었고 소재는 보통 탄소강이다.

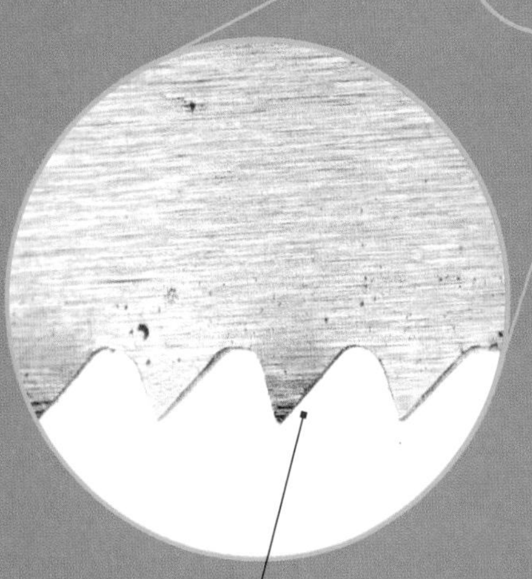

톱니를 가로 켜기 톱에 맞는 각도로 갈아 놓았다.

FOCUS ON…

톱니

전통식 손톱과 외날 톱, 즉 장부 톱이나 열장 장부 톱은 삼각줄로 톱니를 갈 수 있다. 각각의 톱니는 따로따로 만들었고, 왼쪽과 오른쪽으로 번갈아 가며 기울어 있다. 즉 톱니가 조합을 이루고 있다. 이 조합 때문에 톱이 나무를 지나가면서 통로, 즉 톱날보다 더 넓은 톱자국을 내어 간격을 만들어 낸다. 하드포인트 톱의 이빨은 전자적으로 가공되어 갈아서 쓸 수는 없지만 날이 선 상태로 오래 간다.

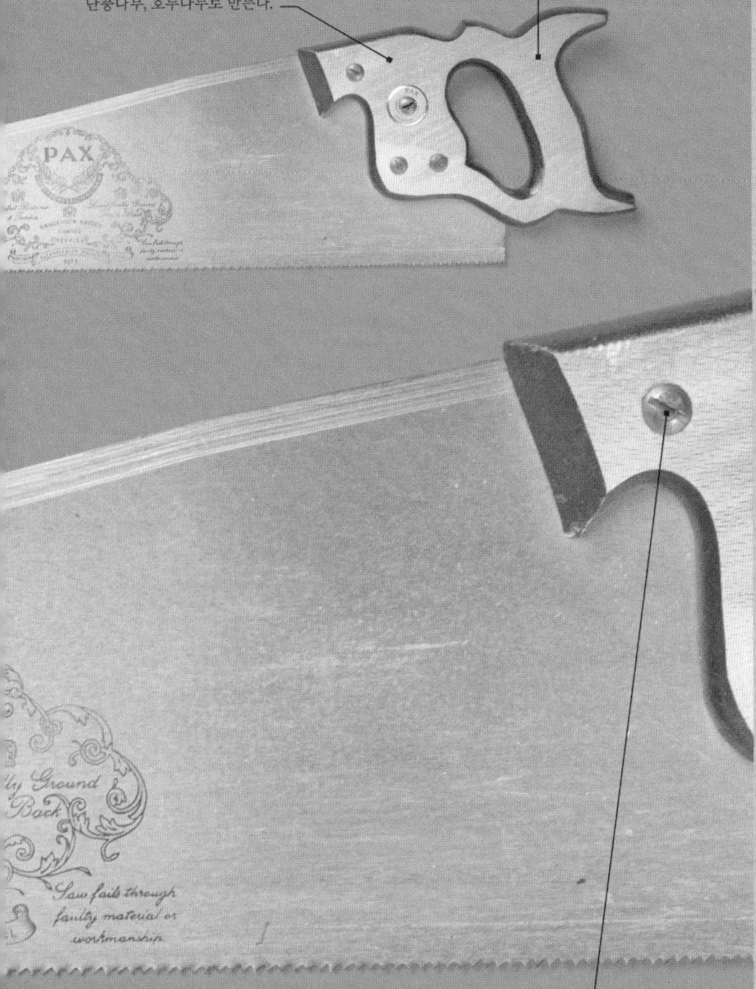
특수 형상의 손잡이는
손에 편하게 쥘 수 있도록
정확한 폭으로 가공하였으며,
쥐는 부분과 뿔 모양을
곡면으로 둥글게 처리했다.
전통식 손톱에 쓰이는
활엽목 손잡이는 대개 너도밤나무,
단풍나무, 호두나무로 만든다.
PAX
Ground
Back
Saw fails through
faulty material or
workmanship
톱날을 황동 나사로 손잡이에
고정하였다. 나무가 수축해서
손잡이가 헐거워지면
나사를 더 조이면 된다.

“ 톱날이 무디다면 정확한 톱질을 바라지 말라. ”

USING A HANDSAW

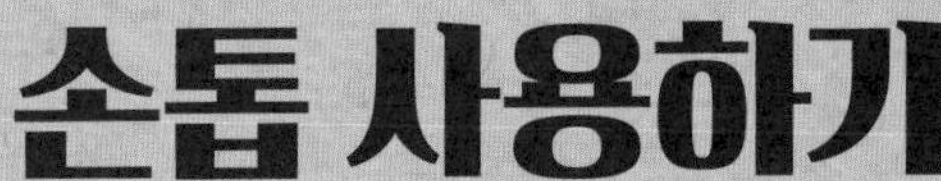

손톱 사용하기

검지를 손잡이 아래로 향하여 톱을 쥔다. 톱날이 직각을 이루는지 확인하기 위해 시선을 톱질할 선 위에 둔 채 선다. 가운데 부근의 톱니만이 아니라 날 전체를 사용하여 톱질한다.

작업 순서

시작하기 전에

➤ **부재에 표시 선 긋기** : 가로 켜기나 세로 썰기를 막론하고 톱질은 항상 안내선을 따라서 한다. 부재의 정면과 측면 모두에 표시 선을 긋는다.

➤ **부재 고정하기** : 톱질을 시작하기 전에 작업대 위의 부재를 클램프로 잡아 둔다. 톱질 모탕 한두 개 위에 긴 판재를 걸쳐 놓는다.

1 자세 잡기

톱니를 목재 뒤쪽 측면의 연필선 바로 옆에 바짝 붙인다. 다른 손 엄지를 톱날 가까이에 짚으면 톱질을 시작할 때 조절하기가 쉽다.

2 톱자국 내기

톱을 천천히 뒤로 몇 번 당겨 얕은 홈, 즉 톱자국을 낸다. 필요할 때는 엄지손가락으로 톱날을 옆으로 밀어 준다.

3 톱질하기

톱을 밀면서 부재를 잘라 들어갔다가 당기면서 톱을 빼내고, 이 과정을 반복한다. 연필 선을 따라가고 톱날은 직각을 유지한다. 연필 선 바깥의 버리는 쪽 부재를 손으로 쥐고 천천히 톱질을 마무리한다. 이렇게 해야 톱이 부재를 벗어나면서 부재가 쪼개지는 것을 막을 수 있다.

마친 뒤에

➤ **청소하기** : 상당 기간 톱을 사용하지 않을 거라면 톱날에 기름을 얇게 바르고 닦아 녹슬지 않게 한다.

➤ **안전하게 보관하기** : 플라스틱 보호 케이스에 톱날을 집어 넣어 보관한다. 장비도 중요하지만 사용자나 다른 사람이 다치지 않도록 하려는 목적이다.

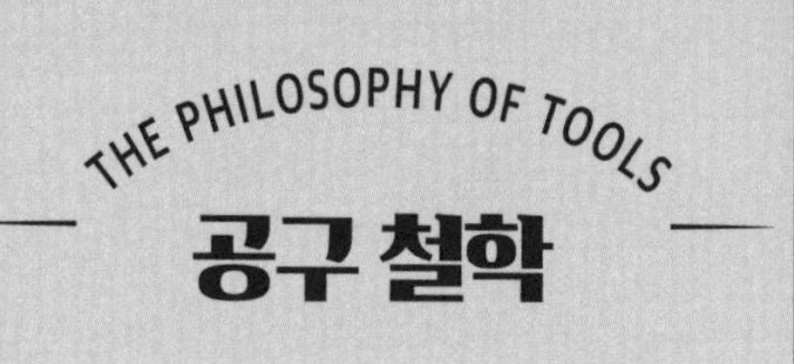

“나는 **목공 작업**에 많은 시간을 보낸다.
가끔 **나무 조각을 톱질**하는 것보다
만족감을 주는 일이 없다고 느낀다.”

압바스 키아로스타미

이란의 영화감독

CHOOSING AN AXE

도끼 고르기

쓰임새에 맞게 제작된 다양한 모양과 크기의 도끼가 있다. 일반인이 장작 패는 데 쓰려면 다용도 손도끼로도 충분할 것이다. 그러나 전문가라면 도끼를 맞춤 제작할 수도 있다. 도끼에는 몇 가지 유형이 있으므로 먼저 원하는 결과물을 정하고 용도에 맞는 도끼를 고르는 것이 좋다.

측면 도끼

“도끼는 다양한 형태로 진화해온 고대의 도구이며 가장 다재다능한 도구가 되었다.”

다용도 도끼

패는 도끼

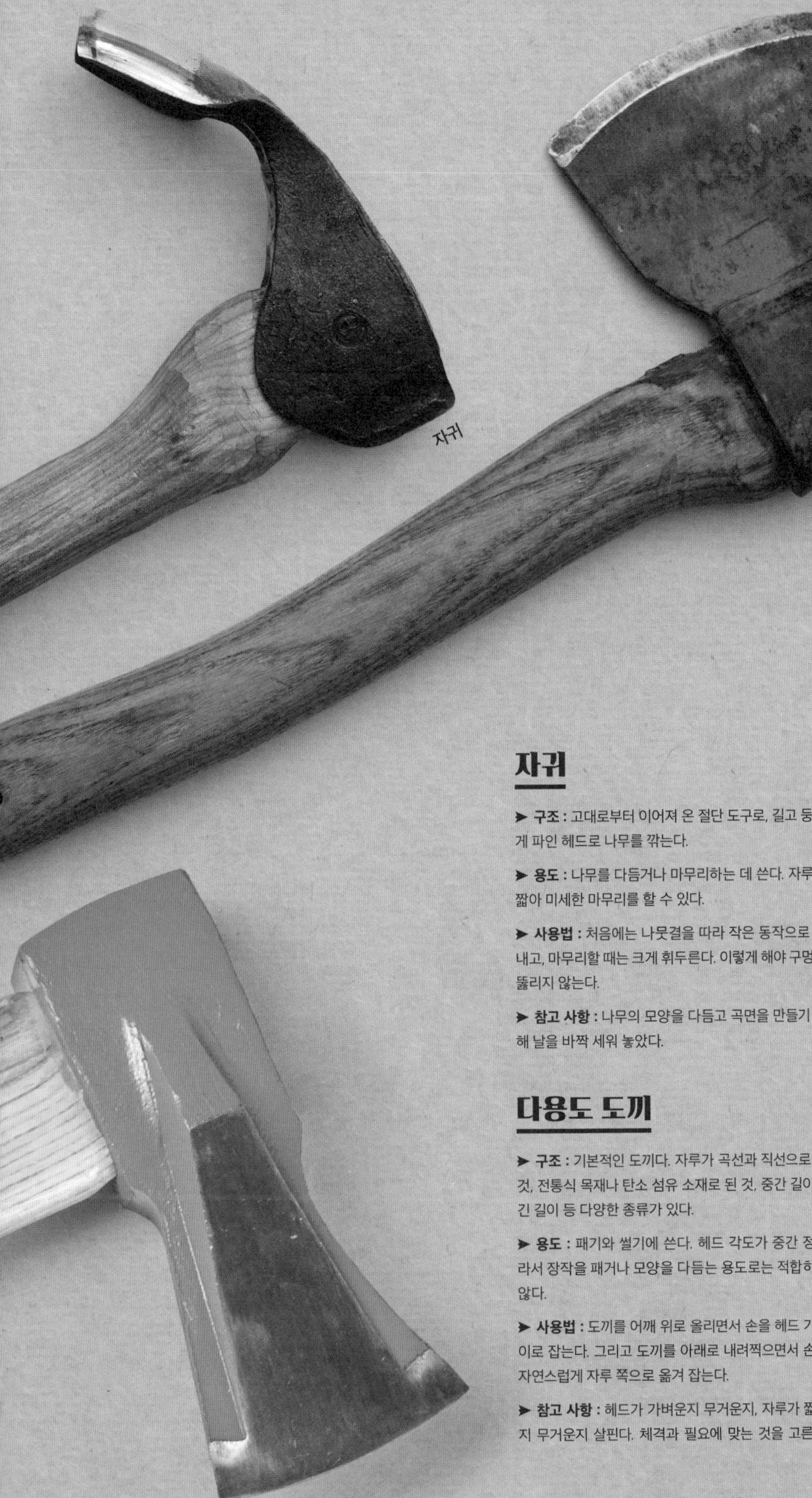

측면 도끼

➤ **구조 :** 헤드의 한쪽 면을 평평하게 만든 날카로운 도끼로, 정교한 절단 및 가공에 쓴다.

➤ **용도 :** 울타리 치기나 목재 가공 같은, 정밀한 조각을 할 때 쓴다.

➤ **사용법 :** 나무를 한 손으로 잡고 도끼를 잡은 손보다 높이 든다. 도끼날의 평평한 면을 나무 표면에 대고 썬다.

➤ **참고 사항 :** 왼손잡이용과 오른손잡이용 날이 있다.

자귀

➤ **구조 :** 고대로부터 이어져 온 절단 도구로, 길고 둥글게 파인 헤드로 나무를 깎는다.

➤ **용도 :** 나무를 다듬거나 마무리하는 데 쓴다. 자루가 짧아 미세한 마무리를 할 수 있다.

➤ **사용법 :** 처음에는 나뭇결을 따라 작은 동작으로 파내고, 마무리할 때는 크게 휘두른다. 이렇게 해야 구멍이 뚫리지 않는다.

➤ **참고 사항 :** 나무의 모양을 다듬고 곡면을 만들기 위해 날을 바짝 세워 놓았다.

손도끼

➤ **구조 :** 무게가 가볍고 자루가 짧은 도끼로, 실내용이나 캠핑용으로 적합하다.

➤ **용도 :** 땔감을 썰거나 작은 통나무를 패는 등 일반적 용도로 쓴다.

➤ **사용법 :** 한 손이나 양손으로 자루를 쥔다. 도끼를 어깨 높이까지 올렸다가 내려찍는다.

➤ **참고 사항 :** 날이 오래 가는지, 도끼 집이 있는지 확인한다.

다용도 도끼

➤ **구조 :** 기본적인 도끼다. 자루가 곡선과 직선으로 된 것, 전통식 목재나 탄소 섬유 소재로 된 것, 중간 길이와 긴 길이 등 다양한 종류가 있다.

➤ **용도 :** 패기와 썰기에 쓴다. 헤드 각도가 중간 정도라서 장작을 패거나 모양을 다듬는 용도로는 적합하지 않다.

➤ **사용법 :** 도끼를 어깨 위로 올리면서 손을 헤드 가까이로 잡는다. 그리고 도끼를 아래로 내려찍으면서 손을 자연스럽게 자루 쪽으로 옮겨 잡는다.

➤ **참고 사항 :** 헤드가 가벼운지 무거운지, 자루가 짧은지 무거운지 살핀다. 체격과 필요에 맞는 것을 고른다.

패는 도끼

➤ **구조 :** 헤드가 쐐기 같이 생겨 나무 섬유를 쪼갤 때 쓴다.

➤ **용도 :** 벽난로나 화덕에 땔 통나무를 패는 용도다.

➤ **사용법 :** 양손으로 자루를 잡고, 도끼를 어깨 위로 올려 통나무를 내려찍는다. 통나무를 밖에서 안으로 넓게 팬다.

➤ **참고 사항 :** 키가 큰 사람은 자루가 긴 것을 사용해야 통나무를 패기에 더 편하다.

다음 페이지에 계속 ➔

전지낫

스테퍼드셔 전지낫

요크셔 전지낫

큰 식칼

전지낫

➤ **구조 :** 자루가 짧은 도구로, 날이 깊고 평평하며 구부러졌다.

➤ **용도 :** 지름이 2~10센티미터 정도의 목재를 써는, 다양한 용도의 도구다.

➤ **사용법 :** 몸에서 멀리 띄어 대상물에 휘두른다. 줄기를 잡을 때는 꼭 장갑을 낀다.

➤ **참고 사항 :** 헤드는 손질이 잘 된 구식 단조강을 써서 튼튼하고 무겁다.

요크셔 전지낫

➤ **구조 :** 헤드의 한쪽은 구부러진 날, 반대쪽은 평평한 날이 있는 자루가 긴 도구다. 전체 길이는 90센티미터다.

➤ **용도 :** 두꺼운 재료를 한 번에 자르는 용도로, 특히 울타리 치기에 쓰인다. 팔뚝의 힘이 세야 쓸 수 있다!

➤ **사용법 :** 한 손이나 양손을 써서 줄기 밑동에 날을 후려친다. 한 손으로 줄기를 잡았다면, 그 손을 높이 올린 채 작업한다.

➤ **참고 사항 :** 자루가 금속부에 꽉 끼워졌는지 확인한다. 뾰족하게 튀어나온 부분이나 거친 가장자리 부위도 확인한다.

스태퍼드셔 전지낫

➤ **구조 :** 기본적인 전지낫과 비슷하지만, 등 쪽에 평평한 절단용 날이 추가되었다.

➤ **용도 :** 훨씬 더 광범위한 용도의 써는 도구다. 평평한 날은 말뚝이나 땔감 끝을 뾰족하게 깎을 때 쓸모가 있다.

➤ **사용법 :** 말뚝을 뾰족하게 깎을 때는 말뚝을 세운 채로 잡고 수직 방향으로 깎아내린다. 또는 도마 위에 올려놓고 자른다.

➤ **참고 사항 :** 헤드가 이리저리 놀지 않고 자루에 잘 박혀 있는지 확인한다.

큰 식칼

➤ **구조 :** 전지낫과 비슷하지만, 평평한 절단용 날이 하나 있다.

➤ **용도 :** 작은 말뚝에 톱니를 내거나 땔감을 팰 때 쓴다.

➤ **사용법 :** 한 손으로 잡고 휘두른다. 칼을 잡지 않은 손이 다치지 않는 것이 중요하므로, 항상 빈손을 칼 잡은 손보다 높이 올린다.

➤ **참고 사항 :** 헤드가 충분히 무거워야 칼질이 원활하다. 또 금속부에 녹슨 구멍이 없어야 한다. 날이 잘 서 있는지도 확인한다.

> “전지낫은 매우 쓸모 있는 중요한 도구로, 다양한 형태와 크기가 있다.”

> “자신의 손으로 장작을 직접 패면 두 배로 더 따뜻해진다.” - 헨리 포드
>
> 미국의 자동차왕

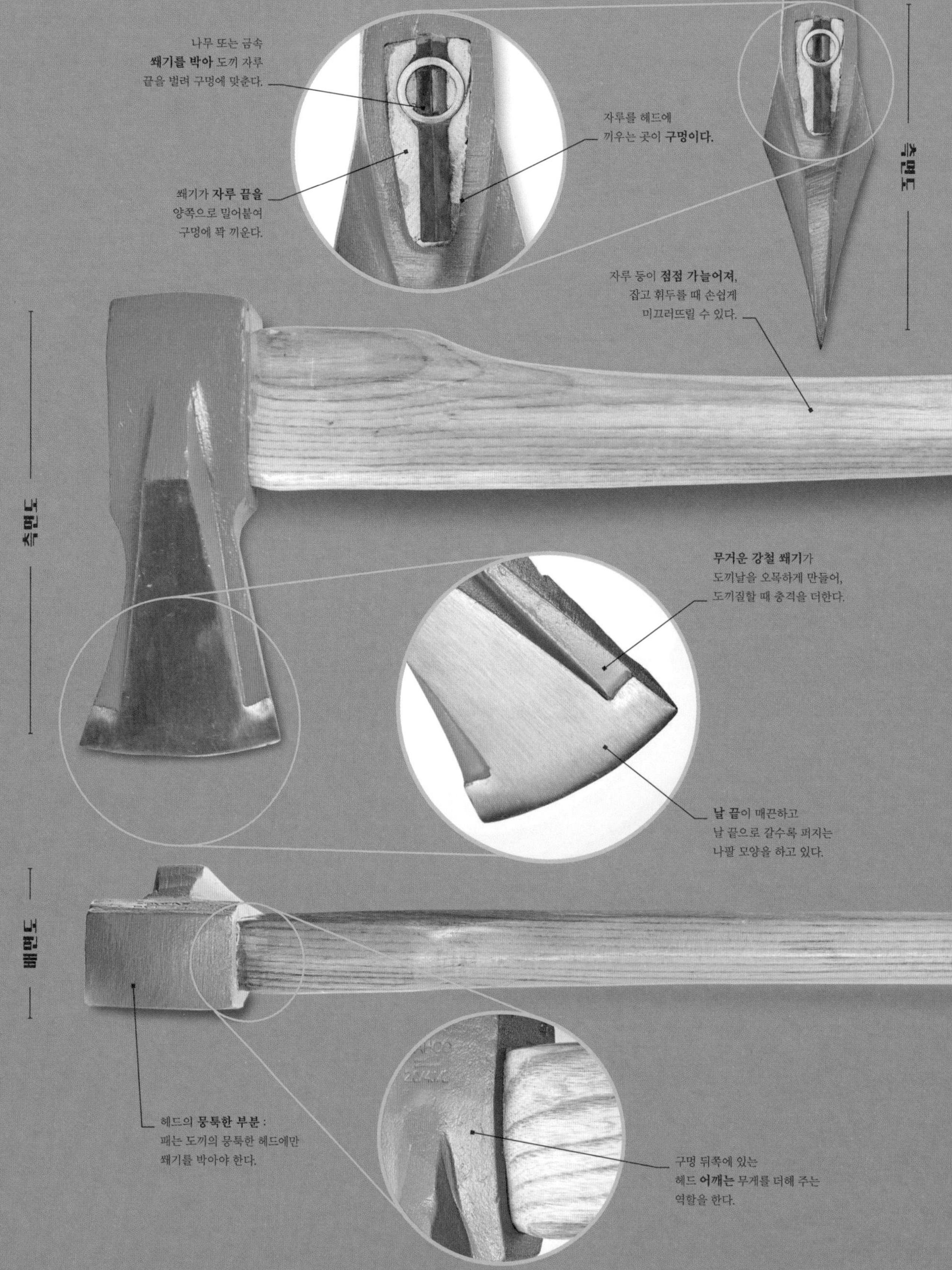
측면도
나무 또는 금속
쐐기를 박아 도끼 자루
끝을 벌려 구멍에 맞춘다.
자루를 헤드에
끼우는 곳이 **구멍이다.**
쐐기가 **자루 끝을**
양쪽으로 밀어붙여
구멍에 꽉 끼운다.
자루 등이 **점점 가늘어져,**
잡고 휘두를 때 손쉽게
미끄러뜨릴 수 있다.
측면도
무거운 강철 쐐기가
도끼날을 오목하게 만들어,
도끼질할 때 충격을 더한다.
날 끝이 매끈하고
날 끝으로 갈수록 퍼지는
나팔 모양을 하고 있다.
배면도
헤드의 **뭉툭한 부분** :
패는 도끼의 뭉툭한 헤드에만
쐐기를 박아야 한다.
구멍 뒤쪽에 있는
헤드 **어깨는** 무게를 더해 주는
역할을 한다.

STRUCTURE OF A SPLITTING AXE

패는 도끼의 구조

패는 도끼, 즉 몰maul은 물리적 노력을 최소한으로 기울여 최대의 성과를 거둘 수 있게 특별한 디자인과 단조 작업을 거친 도끼다. 쐐기 모양의 넓은 헤드에 달린 얇고 날카로운 날로 나뭇결에 충격을 가하여 찢어 놓는다. 베는 도끼가 나뭇결을 따라 잘라 내는 것과는 다르다. 패는 도끼 헤드는 목재에 무겁고 강력한 충격을 가함으로써 매우 억센 통나무조차 손쉽게 쪼갤 수 있다. 도끼날이 나무에 박혀서 빠지지 않는 현상도 일반 도끼보다 훨씬 드물다.

자루 끝이 넓어져서 부풀어 오른 모양이다. 도끼가 손에서 빠져 나가는 것을 막아 준다.

> "도끼를 장기간 보관할 때는 자루를 아마인 기름으로 문지르고 헤드에는 식물성 기름을 약간 바르거나 기계유를 묻혀 놓는다."

활엽목 자루는 대개 강하고 탄력 있는 북미산 히코리나 물푸레나무를 쓴다.

FOCUS ON…

헤드 모양

도끼의 크기와 헤드 모양, 자루 모양, 사용법은 매우 다양하다. 많은 사람이 알고 있는 도끼는 썰기와 패기에 쓰이는 다용도 도끼다. 하지만 베기, 패기, 조각 등에 쓰이는 전문가용 도끼도 있다. 각각의 용도에 맞는 다양한 크기, 형상, 헤드 각도 등이 존재한다.

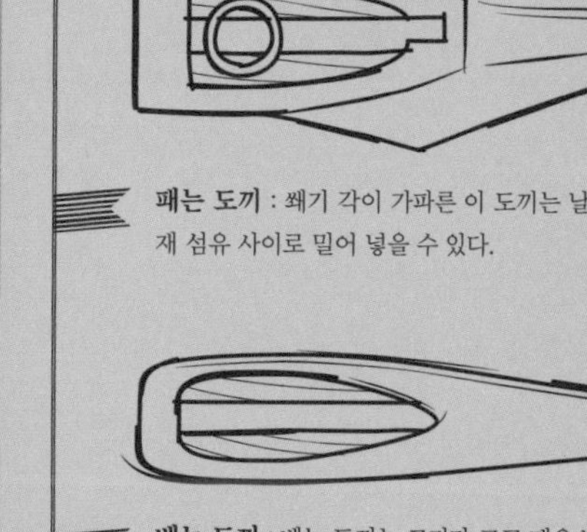

패는 도끼 : 쐐기 각이 가파른 이 도끼는 날이 매우 얇고 날카로워 목재 섬유 사이로 밀어 넣을 수 있다.

베는 도끼 : 베는 도끼는 크기가 크고 매우 날카롭다. 나뭇결을 가로질러 켤 수 있도록 각도를 작게 만들었다.

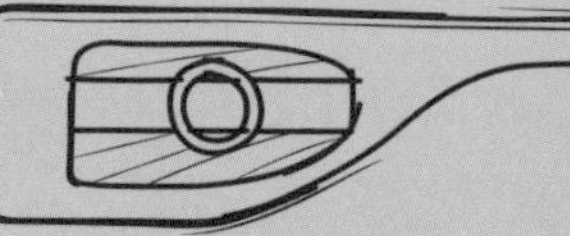

측면 도끼 : 측면 도끼의 날카로운 날은 한쪽은 평평하고 다른 쪽은 빗각을 이룬다. 목공예가들이 정교하고 예리하게 목재를 절단하고 가공할 때 쓴다.

USING A SPLITTING AXE

패는 도끼 사용하기

패는 도끼는 땔감을 잘게 팰 때 가장 효율적인 도끼로, 이 일을 쉽게 할 수 있게 만들어졌다. 이때는 무지막지한 힘보다 기술이 중요하다. 쐐기 모양의 무거운 헤드로 내려치는 힘이 목재 섬유를 갈라놓는다. 절단 과정에는 중력과 목재의 나뭇결이 같이 작용한다.

작업 순서

시작하기 전에

- **주변 점검하기** : 작업 공간은 청결하고 개방된 곳이어야 한다. 머리에 부딪히거나 발에 걸려 넘어질 만한 방해물이 없어야 한다. 무엇보다 도끼를 휘둘러도 될 만큼 공간이 널찍해야 한다.
- **도끼 검사하기** : 헤드가 자루에 흔들리지 않게 단단히 고정되어 있는지 확인한다.
- **복장 준수하기** : 튼튼하고 안전한 신발과 길고 무거운 바지, 보안경을 착용한다.
- **작업 공간 정리하기** : 쪼개는 물체가 손에 쉽게 닿도록 작업 공간을 계획한다. 목재를 쌓아 둘 곳 근처에서 작업한다.

1 준비

커다란 통나무를 골라 도끼질 받침대로 삼는다. 이렇게 작업 위치를 높여 놓으면 허리가 아프지 않고 쉽게 팰 수 있다. 깨끗하게 쪼갤 수 있도록, 팰 나무를 받침대의 한가운데에 놓되, 말구(나무의 뿌리 쪽을 원구라고 하고, 자라는 쪽, 즉 가지 쪽을 말구라고 한다. - 옮긴이)를 위로 향하여 둔다(나무가 자라는 방향을 위로 향하게 둔다). 옹이를 피하여 도끼질한다.

2 자세 잡기

도끼로 나무를 툭툭 쳐 보면서 몸의 위치와 나무까지의 거리가 적당한지 살핀다. 이 자세로 일을 다 끝내야 하므로, 휘두르는 자세가 편해야 한다. 결국에는 이 자세가 습관이 될 것이다. 도끼를 들어 올려 어깨 위에 걸친다.

FOCUS ON…

헤드

패는 도끼의 헤드는 전통식 도끼에 비해 넓은 쐐기 모양을 하고 있다. 무게도 상당하기 때문에 강하게 휘두르면 엄청난 힘으로 나무를 쪼갤 수 있다. 목재 섬유는 서로 평행하게 자라기 때문에 찢을 때 쉽게 갈라지며, 특히 자라는 방향을 따라 도끼질하면 더욱 그렇다. 마른 나무보다 생나무가 더 쉽게 쪼개지는 수종도 있다.

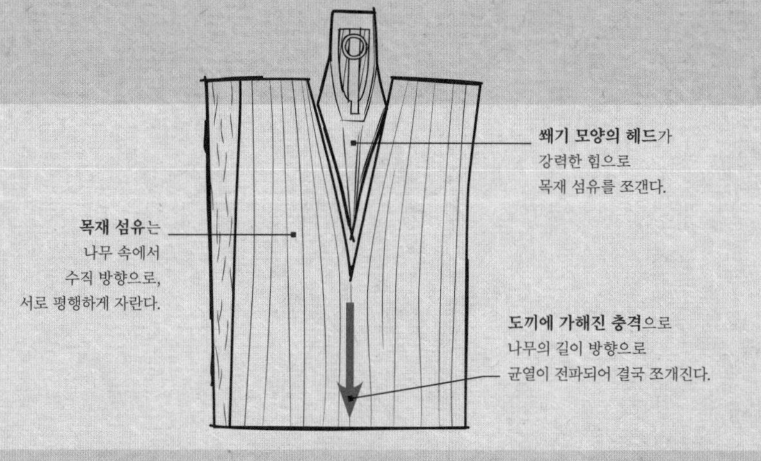

정지 자세는, 휘두르는 동작 사이마다 도끼를 멈추고 다음 동작을 시작하기 전에 목표를 겨누는 자세다.

3 휘두르기

머뭇거리지 말고 힘차게 휘둘러야 일이 훨씬 쉬워진다. 자루를 두 손으로 잡되 한 손을 다른 손보다 높이 둔다. 위에 둔 손은 반드시 어깨 가까이에서 시작하여 휘두른다. 항상 나무에서 눈을 떼지 말고 도끼를 휘둘러 앞과 아래로 원호를 그리며 나무를 내려친다. 도끼 무게를 충분히 이용한다. 위에 둔 손을 아래로 미끄러뜨리면서 자루 끝부분에서 아래에 둔 손에 붙인다. 다시 한 번 말하지만, 도끼의 무게로 내려친다.

4 쪼개기

결이 길고 평행한 나무는 더 쉽게 쪼개진다. 통나무 위에서 멈추지 말고 끝까지 관통한다는 생각으로 휘두른다. 도끼날이 끼면 우선 끼인 곳을 지렛대 삼아 도끼를 빼내 보고, 안 빠지면 도끼와 나무를 받침목에 거꾸로 내리친다.

마친 뒤에

- ➤ **도끼 살펴보기** : 도낏자루와 헤드에 금이 가거나 가시가 일어나지 않았는지 살펴본다.
- ➤ **청소하기** : 날에 파편이 남아 있지 않도록 닦아 준다. 작업장이나 창고에 넣고 자물쇠를 잠근다. 주변에 어린이가 있다면 특히 주의한다.
- ➤ **통나무 쌓아 두기** : 팬 나무는 창고 또는 그에 준하는 바람이 잘 통하는 마른 장소에 저장하되 바닥에서 띄워서 쌓아 둔다.

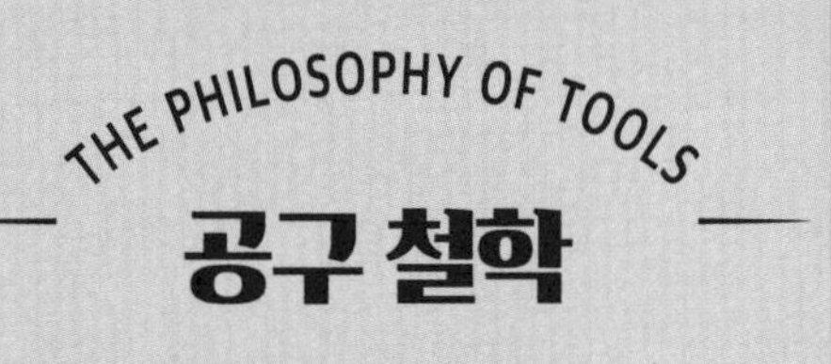

“사람들은 **나무 패는 일을 좋아**한다.
이 작업은 **결과를 바로 확인**할 수 있다.”

알베르트 아인슈타인

독일 태생의 이론물리학자

CHOOSING A KNIFE

칼 고르기

칼은 연장 세트에서 빠져서는 안 될 필수품이다. 그러나 종류가 너무도 다양한 탓에, 자신의 필요에 적합한 칼을 고르는 일은 생각보다 쉽지 않다. 그저 이따금 곧은 직선을 따라 자르고자 한다면, 날이 고정된 칼만 있어도 다양한 날이 장착된 고급 칼에 버금가는 효과를 얻을 수 있다. 그러나 캠핑이나 하이킹 같은 야외 활동 중에는 멀티 툴이 최적의 도구로 꼽힌다.

공작용 칼

"날카로운 칼이 있어도 예리한 눈이 없으면 아무 소용없다."

멀티 툴

"가장 좋은 칼은 필요할 때 손에 들고 있는 칼이다."

스위스 아미 나이프

접어 넣는 만능 칼

전지용 칼

공작용 칼

➤ 구조 : 날을 뺐다 넣었다 할 수 있는 얇고 가벼운 칼이다. 날이 무뎌지면 날 끝을 잘라 날카로운 새 날을 노출시킬 수 있다.

➤ 용도 : 공예품과 모형 제작 등에 쓴다. 발사 나무(모형 제작에 많이 쓰이는 가벼운 미국산 열대 나무 - 옮긴이), 판지, 얇은 플라스틱 판재 등을 자르고, 벽지를 손질할 때 쓴다.

➤ 사용법 : 첫 번째 파단선이 보일 때까지 날을 밀어낸 다음 손잡이를 잠그고 플라이어로 날 끝을 부러뜨린다.

➤ 참고 사항 : 다이캐스팅 금속으로 몸체를 만든 제품이 저렴한 플라스틱 제품보다 튼튼하고 오래간다.

스위스 아미 나이프

➤ 구조 : 칼날 두 개, 코르크 나사 한 개, 병뚜껑 따개 한 개, 드라이버 한 개 등이 들어 있는 다목적 칼 세트다.

➤ 용도 : 여행, 캠핑, 낚시 같은 야외 활동에 사용한다. 비상시 가정용 연장 세트로도 유용하다.

➤ 사용법 : 필요한 날이나 장비를 선택하여 조심스럽게 편다. 모든 날은 폈을 때 딸깍하고 고정된다.

➤ 참고 사항 : 꼭 필요한 기능인지 확인한다. 가장 정교한 제품에 포함된 일부 기능은 평생 쓸 일이 없을 수도 있다.

멀티 툴

➤ 구조 : 플라이어, 일자 및 십자 드라이버, 톱니 날 등의 도구와 칼을 합쳐 놓은 도구다.

➤ 용도 : 일반적인 유지 관리와 DIY 작업, 캠핑 및 야외 활동에 쓴다. 비상용 연장 세트로도 유용하다.

➤ 사용법 : 눌러서 풀고, 밀어서 날을 편다. 플라이어가 포함되어 있을 경우에는 먼저 눌러서 꺼내야 쓸 수 있다.

➤ 참고 사항 : 주 기능을 확인한다. 칼날이 아니라 플라이어가 주 기능일 수도 있다. 따라서 사용 기능을 꼼꼼하게 살펴봐야 한다.

전지용 칼

➤ 구조 : 원예 작업에 두루 쓸 수 있게 만든 칼로, 구부러진 날을 접을 수 있다. 활엽목, 플라스틱, 금속제의 특수 형상 손잡이가 있다.

➤ 용도 : 나무를 접붙이거나, 싹이나 줄기를 자르고 가지치기할 때 등에 쓴다. 노끈과 플라스틱 케이블타이, 퇴비 자루 등을 자를 때도 쓴다.

➤ 사용법 : 날을 일자로 펴서 고정한다. 사용 뒤에는 조심스럽게 닦은 뒤 다시 접어서 보관한다.

➤ 참고 사항 : 날이 부식 방지를 위해 채택된 스테인리스강인지 확인한다. 포켓에 들어갈 정도로 크기가 작은 것이 좋다.

접어 넣는 만능 칼

➤ 구조 : 튼튼한 금속 본체에 날을 집어넣을 수 있다. 칼 전체를 접어 포켓에 넣을 수 있다. 날이 손잡이 속에 들어간다.

➤ 용도 : 모든 자르는 일에 사용할 수 있다. 석고 보드, 루핑펠트, 플라스틱 바닥재, 카펫, 판지 등을 자를 수 있다. 칼자국을 내는 데도 쓴다.

➤ 사용법 : 칼을 펴서 일자 상태에서 잠근다. 버튼을 눌러 날을 밀어낸다. 사용 뒤에는 날을 집어넣는다.

➤ 참고 사항 : 손잡이가 고무로 되어 있으면 사용할 때 손에 쥐기 편하다. 손잡이 속에 들어 있는 날을 쉽게 꺼낼 수 있어야 한다.

"무딘 날을 쓰면 안 된다.
미끄러져 다치기 쉽다."

작은 버튼을 눌러 쉽게 날을 교체할 수 있다.

절단면을 갈아 놓은 **스테인리스강** 소재의 곧은 날.

날을 아래로 누르면 손잡이에 **접어 넣을 수 있다.**

날이 펼쳐진 상태에서 **용수철이 달린 강철 띠**로 손잡이를 잠근다.

투피스 손잡이가 강철 핀을 중심으로 회전하여, 날을 품은 앞부분이 속이 빈 뒷부분에 접혀 들어간다.

회전해서 접히는 날

곧진 강철 버튼으로 날을 밀어 꺼내거나 집어넣는다.

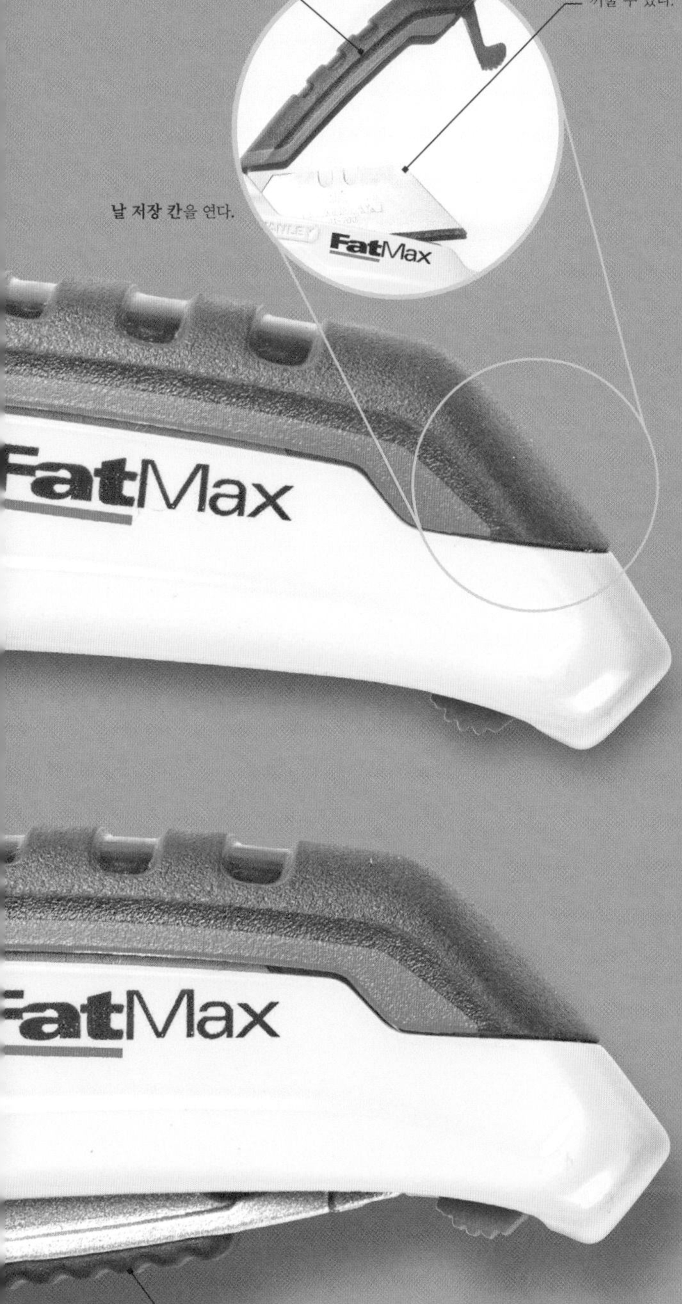

STRUCTURE OF A UTILITY KNIFE

만능 칼의 구조

만능 칼이라는 이름에서 알 수 있듯이, 로프 자르기에서 가죽 벗기기, 공예품 제작 등 못 하는 게 없는 칼이다. 접으면 제품의 날이 숨기 때문에 안전하다. 사용하지 않을 때 날과 사람 모두 보호할 수 있다. 더구나 다이캐스팅 금속 본체는 반으로 접히기 때문에 포켓이나 공구 상자에 넣어 쉽고 안전하게 운반할 수 있다.

폭신한 촉감의 **손바닥 닿는 면**이 날 저장 칸의 윗면이 된다.

날에 눈금을 새겨 칼 내부에 단단히 끼울 수 있다.

날 저장 칸을 연다.

편 상태의 측면도

접은 상태의 측면도

부드러운 고무 재질의 엄지 버튼으로 날을 누른다.

FOCUS ON…

날의 종류

만능 칼은 대개 탄소강 소재의 날을 쓰며, 상부에 눈금을 새겨 칼 앞부분 안쪽에 안전하게 끼울 수 있게 만든 것이 일반적이다. 내구성이 향상된 바이메탈 칼날에는 스프링강을 덧대 탄성을 보강했기 때문에 사실상 사용하다가 부러지는 일이 없다. 무뎌진 날은 모두 버려야 한다.

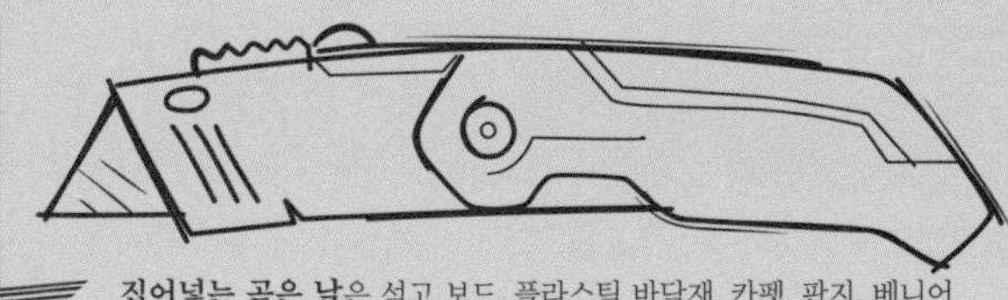

집어넣는 곧은 날은 석고 보드, 플라스틱 바닥재, 카펫, 판지, 베니어판, 공작 재료 등을 자른다.

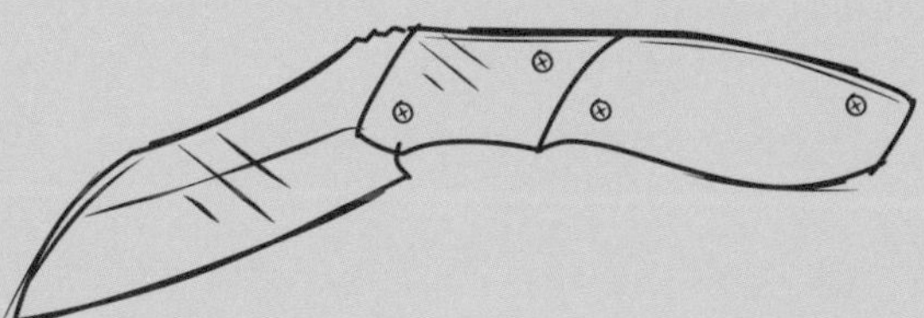

접는 날은 조금 더 튼튼하다. 캠핑, 낚시, 사냥 같은 야외 활동에 일반적으로 쓰이는 칼이다.

꺾으면서 쓰는 집어넣는 날은 공예 작업 전반, 종이, 전등갓, 얇은 판지, 발사나무 등과 같은 얇은 재료를 자르는 데 쓴다.

USING A UTILITY KNIFE

만능 칼 사용하기

집마다 한두 개씩은 있음 직한 만능 칼은, 가볍고 휴대가 간편하다. 그러나 결코 하찮게 봐서는 안 될 중요한 도구다. 작은 본체 속에 매우 날카로운 날이 숨어 있으므로 반드시 손가락을 절단 선상에서 멀리해야 한다. 물건을 원하는 크기로 썰기 위해 칼에 힘을 줄 때는 특히 조심해야 한다.

작업 순서

시작하기 전에

- ➤ **날 상태 확인** : 시작하기 전에 먼저 날이 서 있는지 확인한다. 물건을 자를 때는 무딘 날이 날카로운 날보다 더 위험하다.
- ➤ **적합한 날 선택** : 주어진 일에 맞는 종류와 길이의 날인지 확인한다.
- ➤ **주변 환경 점검하기** : 작업 공간이 정돈된 상태인지 확인한다. 미끄러지거나 물건에 발이 걸려 넘어질 만한 상황을 미리 방지한다.

1 로프 제자리에 놓기

필요할 경우에는 로프 길이를 잰다. 그런 뒤 잘라야 할 곳에 표시한다. 책상, 테이블, 작업대 등 작업하기 좋은 안정된 면을 선택한다. 칼로 자를 때는 항상 자국이 남지 않는 절단용 매트를 깔아 작업대 표면을 보호한다.

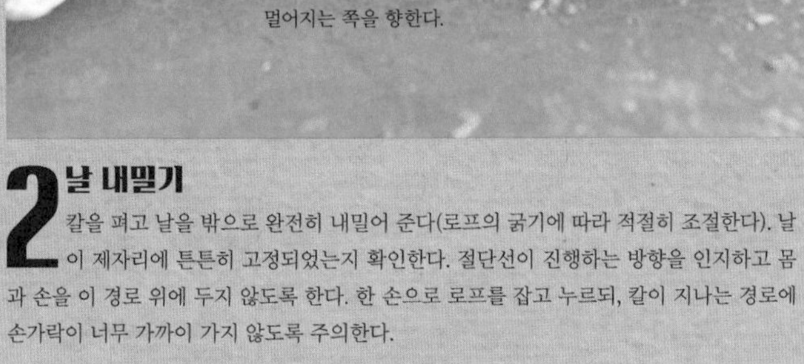

자를 때 **날의 각도**는 손가락과 신체로부터 멀어지는 쪽을 향한다.

2 날 내밀기

칼을 펴고 날을 밖으로 완전히 내밀어 준다(로프의 굵기에 따라 적절히 조절한다). 날이 제자리에 튼튼히 고정되었는지 확인한다. 절단선이 진행하는 방향을 인지하고 몸과 손을 이 경로 위에 두지 않도록 한다. 한 손으로 로프를 잡고 누르되, 칼이 지나는 경로에 손가락이 너무 가까이 가지 않도록 주의한다.

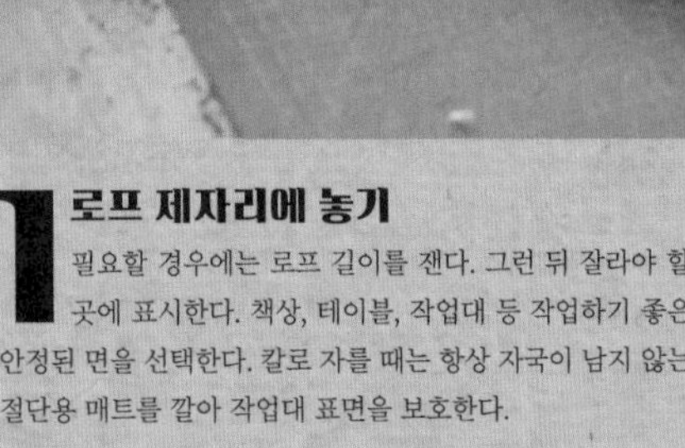

“공구 상자 안에 날 안전 보관함을 넣어 둔다. 이렇게 하면 날이 무뎌질 일이 아예 없어진다.”

FOCUS ON…

자르기의 원리

칼날 끝은 날의 양면을 미세한 사선으로 갈아서 만든다. 칼을 사용하면서 날에 압력을 가하면, 그 힘이 날 끝의 작은 표면에 집중되어, 예각의 사선으로 섬유나 분자를 잘라 서로 떨어지게 만드는 것이다. 날이 날카로워질수록 날 끝이 얇아진다. 날을 간다는 것은 날 끝을 얇게 만드는 것이고, 강철이 얇을수록 날 끝이 얇아진다. 면도날을 떠올리면 알 수 있다.

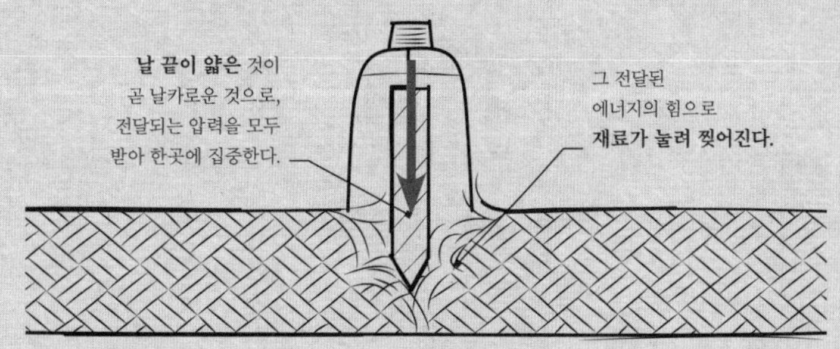

고른 힘으로 눌러, 날이 제 역할을 하도록 한다.

절단용 매트에 **손가락을 걸치면** 로프를 더 꽉 쥘 수 있다.

3 올바르게 자르기

다른 손으로 칼을 쥐고, 조심스럽게 로프 가닥을 가로지르며 고르게 날을 눌러 준다. 톱질하듯이 하지 말고 날을 당기면서 날에 전달되는 압력으로 자른다. 이 과정을 필요한 만큼 반복해서 작업한다.

자르고 난 끝부분이 풀릴 수도 있으므로, 필요하다면 불에 그슬리거나 묶어 준다.

4 마무리하기

자르기를 마친 뒤에는 다치지 않도록 날을 손잡이 속으로 완전히 집어넣는다. 주변에 어린이가 돌아다닐 수 있다면 만능 칼과 다른 모든 칼을 언제나 잠글 수 있는 선반이나 안전 보관함에 넣어 보관한다.

마친 뒤에

- **로프 끝 묶어 주기** : 폴리프로필렌 로프가 풀리지 않도록 절단면을 성냥불에 그슬려 준다.
- **날은 안전하게 버리기** : 날을 교체한 뒤에는 다치지 않도록 무뎌진 날을 마스킹 테이프로 싸서 버린다.
- **칼 검사하기** : 날을 완전히 집어넣었는지 확인한 뒤 칼을 한곳에 치워 둔다. 손잡이는 때가 남지 않도록 깨끗이 닦아 둔다.

CHOOSING A SCYTHE OR SICKLE

낫 고르기

낫, 시클 낫, 잡초 치기 낫 등 낫의 종류는 엄청나게 다양하다. 저마다 특수한 쓰임새에 맞게 만들어 유용할 뿐만 아니라, 아직 그 어떠한 기계도 이를 능가하기 어렵다. 구식 낫이 가장 좋은 이유는 날을 잘 벼린데다 튼튼한 자루로 인체공학적으로 만들었기 때문이다. 구부러진 날은 아직도 많은 공예인에게 사랑을 받고 있다.

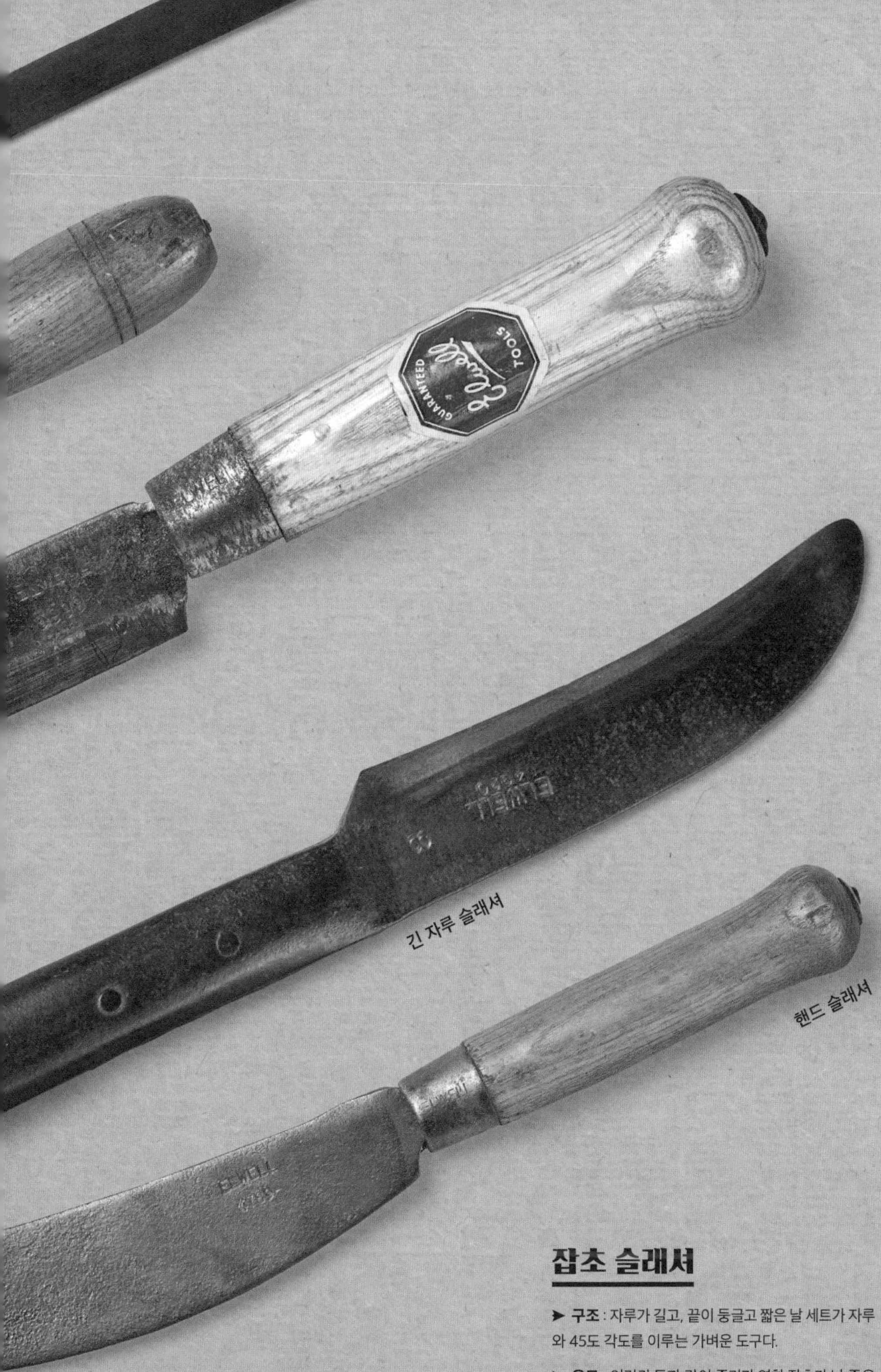

시클 낫

➤ **구조** : 한 손에 잡히는 짧은 자루와 구부러진 날이 달린 절단 도구다.

➤ **용도** : 웃자란 식물을 정리하거나 아주 가까이 있는 작물을 수확할 때 쓴다.

➤ **사용법** : 장갑을 끼고 한 손으로 낫을 휘둘러 식물을 베어 낸다. 낫을 들지 않은 손은 멀리 치우고, 자르려는 식물을 붙잡는 데는 막대기를 사용한다.

➤ **참고 사항** : 날은 고품질 단조강인지, 자루는 단단하고 잘 고정되었는지 확인한다. 쥐기에 편한지 무게는 적당한지도 살펴본다.

사탕무 칼

➤ **구조** : 원래 사탕무를 수확하기 위해 만든, 자루가 짧은 절단 도구다.

➤ **용도** : 일반적으로 자르고 수확하는 일에, 작은 말뚝을 가로 켤 때, 땔감을 팰 때 쓴다.

➤ **사용법** : 끝에 달린 이빨로 사탕무 등을 찍어 올려 모은 뒤, 윗부분을 날로 잘라낸다. 또는 손도끼처럼 땔감이나 말뚝 등을 패는 데 쓴다.

➤ **참고 사항** : 날 상태가 좋은지 확인한다. 날 끝에 구멍이나 틈, 파인 곳이 너무 많지는 않은지 살핀다.

긴 자루 슬래셔

➤ **구조** : 곧거나 약간 구부러지고 거친 날에, 길고 튼튼한 자루가 달린 도구다.

➤ **용도** : 팔을 뻗으면 닿는 거리에 있는 굵은 식물성 재료를 썰거나 길게 벨 때 쓴다.

➤ **사용법** : 두 손으로 꽉 쥔다. 식물의 밑동을 겨누고 힘차게 휘두른다.

➤ **참고 사항** : 무거운 단조강 헤드인지, 구식 제품이라면 자루가 잘 관리되었는지 확인한다.

핸드 슬래셔

➤ **구조** : 자루가 짧은 잡초 슬래셔라고 생각하면 되지만, 두 손으로 잡아도 될 만큼 길다.

➤ **용도** : 잡초 슬래셔보다는 자르는 물건에 좀 더 가까이 대고 쓰며, 시클 낫보다는 조금 더 빽빽하고 우거진 식물을 벨 때 사용한다.

➤ **사용법** : 강하고 능숙한 동작으로 휘둘러 벤다. 안전을 위해 자루는 항상 두 손으로 잡는다.

➤ **참고 사항** : 스타일, 모양, 감촉이 자신에게 맞는지 확인한다.

잡초 슬래셔

➤ **구조** : 자루가 길고, 끝이 둥글고 짧은 날 세트가 자루와 45도 각도를 이루는 가벼운 도구다.

➤ **용도** : 엉겅퀴 등과 같이 줄기가 연한 잡초가 난 좁은 구역을 정리하는 데 쓴다. 유기농 텃밭을 가꾸는 데 적합하다.

➤ **사용법** : 한 손이나 두 손으로 휘둘러 땅바닥에 난 잡초를 벤다.

➤ **참고 사항** : 무거운 단조강 헤드인지, 구식 제품일 경우에는 자루가 잘 관리되었는지 확인한다.

“낫은 엄청나게 효율적인 정리 도구로서, 소리 없이 오래 간다.”

다음 페이지에 계속 ➔

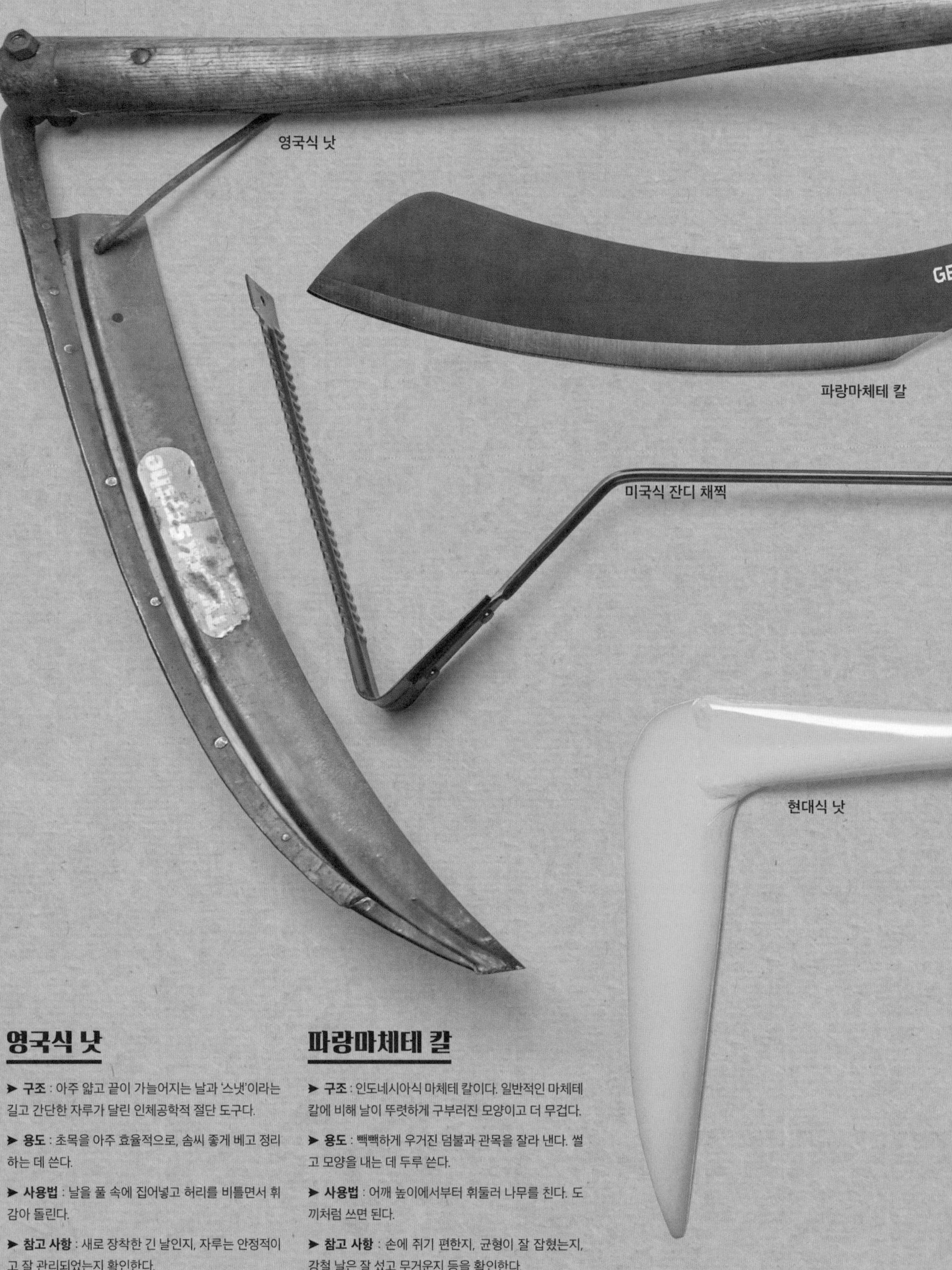

영국식 낫

➤ **구조** : 아주 얇고 끝이 가늘어지는 날과 '스냇'이라는 길고 간단한 자루가 달린 인체공학적 절단 도구다.

➤ **용도** : 초목을 아주 효율적으로, 솜씨 좋게 베고 정리하는 데 쓴다.

➤ **사용법** : 날을 풀 속에 집어넣고 허리를 비틀면서 휘감아 돌린다.

➤ **참고 사항** : 새로 장착한 긴 날인지, 자루는 안정적이고 잘 관리되었는지 확인한다.

파랑마체테 칼

➤ **구조** : 인도네시아식 마체테 칼이다. 일반적인 마체테 칼에 비해 날이 뚜렷하게 구부러진 모양이고 더 무겁다.

➤ **용도** : 빽빽하게 우거진 덤불과 관목을 잘라 낸다. 썰고 모양을 내는 데 두루 쓴다.

➤ **사용법** : 어깨 높이에서부터 휘둘러 나무를 친다. 도끼처럼 쓰면 된다.

➤ **참고 사항** : 손에 쥐기 편한지, 균형이 잘 잡혔는지, 강철 날은 잘 섰고 무거운지 등을 확인한다.

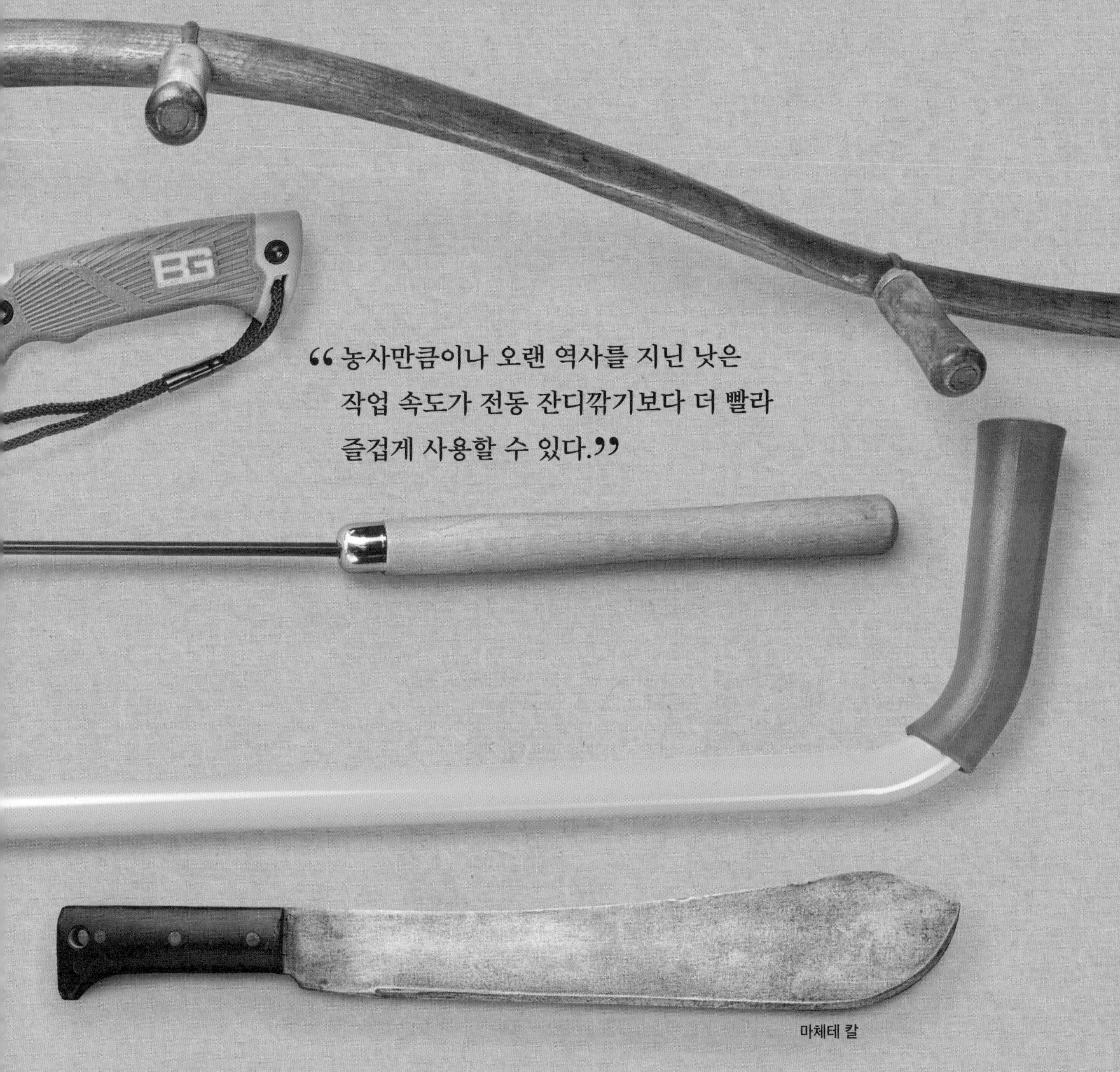

> "농사만큼이나 오랜 역사를 지닌 낫은 작업 속도가 전동 잔디깎기보다 더 빨라 즐겁게 사용할 수 있다."

마체테 칼

미국식 잔디 채찍

➤ **구조** : 활엽목 자루와 톱니 모양의 양날이 달린 길고 가벼운 절단 도구다.

➤ **용도** : 도랑 등에 자라난 키 큰 풀을 정리할 때 쓴다.

➤ **사용법** : 한 손으로 자루를 쥐고 몸과 다리에서 멀찍이 띄어 앞뒤로 휘두르며 벤다.

➤ **참고 사항** : 손에 쥐기 편한지, 균형이 잘 잡혔는지, 담금질한 강철 날을 썼는지 등을 확인한다.

현대식 낫

➤ **구조** : 전통식 낫과 유사하나 자루가 짧고 금속 소재이다.

➤ **용도** : 좁은 구역에 자라난 약한 잡초와 긴 풀을 벨 때 쓴다.

➤ **사용법** : 한 손으로 쥐고 몸에서 멀리 떨어뜨려 땅바닥 가까이에서 날을 휘두른다.

➤ **참고 사항** : 자루 길이가 사용자의 키에 맞는지, 무게와 균형이 잘 잡혔는지 확인한다.

마체테 칼

➤ **구조** : 짧은 자루에 칼 모양의 긴 날을 가진 낫이다.

➤ **용도** : 가시나무나 묘목 같은 덥수룩한 물체를 자르고 정리할 때 쓴다.

➤ **사용법** : 한 손으로 쥐고 어깨에서 아래쪽으로 내려친다. 잘라 낼 줄기의 높이와 각도에 따라 손목에 위아래로 스냅을 준다.

➤ **참고 사항** : 자루 길이가 사용자의 키에 맞는지, 무게와 균형이 잘 잡혔는지 확인한다.

STRUCTURE OF AN ENGLISH SCYTHE

영국식 낫의 구조

낫은 유형과 모델에 상관없이 긴 잔디를 깎을 때는 아직도 강력한 성능을 발휘한다. 심지어 현대식 잔디깎기와 견주어도 손색이 없다. 낫은 신속하고 조용하며, '스냇'이라고 부르는 긴 자루와, 사용자의 키에 맞춰 위치를 이동할 수 있는 손잡이가 있다. 자루 끝에는 길게 구부러진 날을 달아 놓았다.

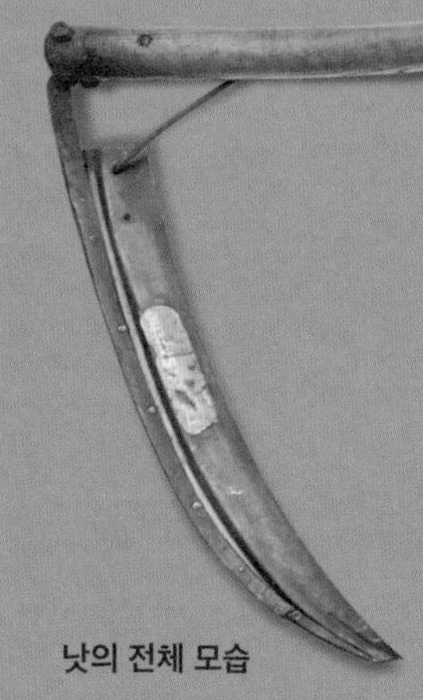

낫의 전체 모습

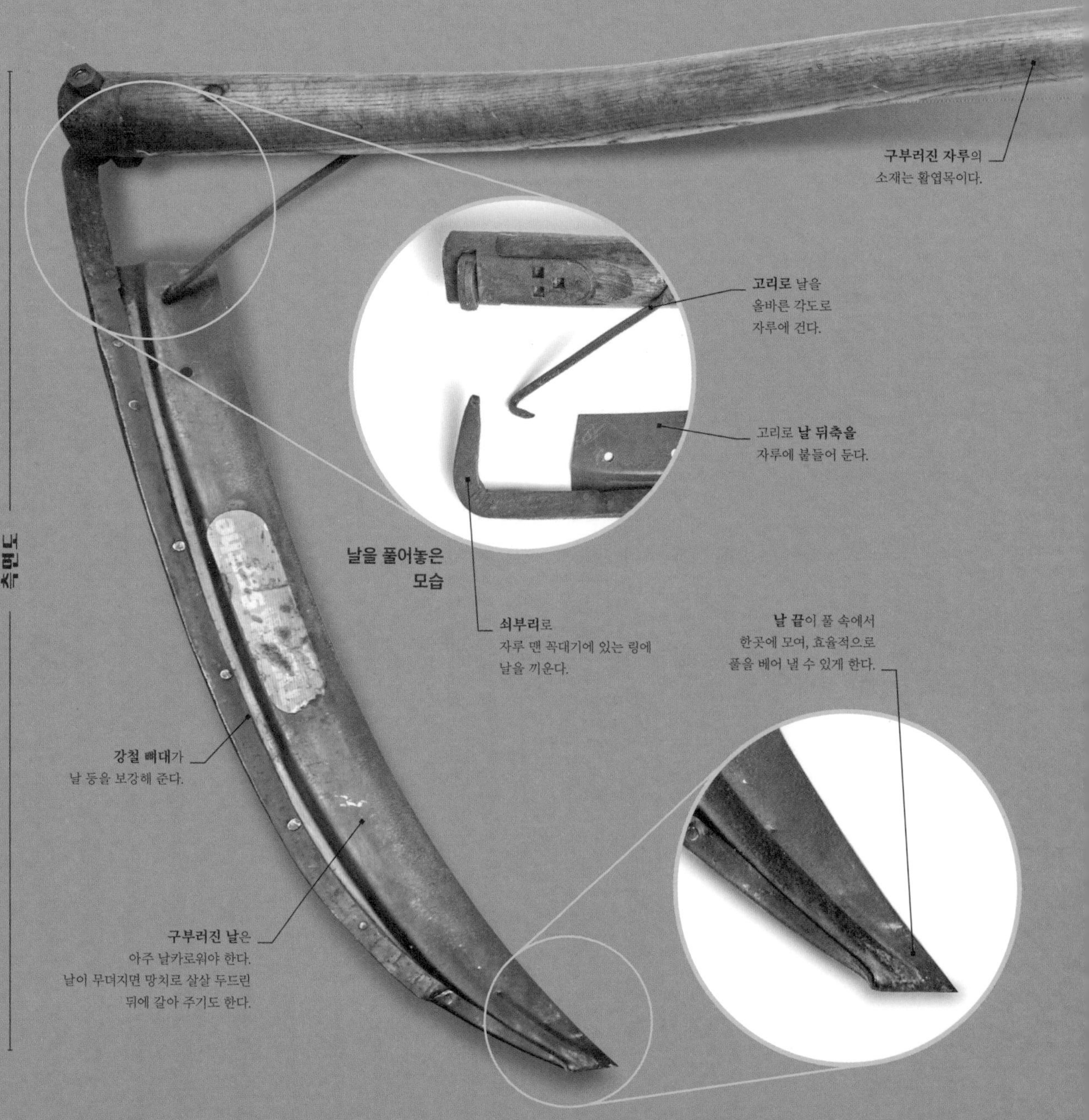

구부러진 자루의 소재는 활엽목이다.

고리로 날을 올바른 각도로 자루에 건다.

고리로 **날 뒤축을** 자루에 붙들어 둔다.

날을 풀어놓은 모습

쇠부리로 자루 맨 꼭대기에 있는 링에 날을 끼운다.

날 끝이 풀 속에서 한곳에 모여, 효율적으로 풀을 베어 낼 수 있게 한다.

강철 뼈대가 날 등을 보강해 준다.

구부러진 날은 아주 날카로워야 한다. 날이 무뎌지면 망치로 살살 두드린 뒤에 갈아 주기도 한다.

측면도

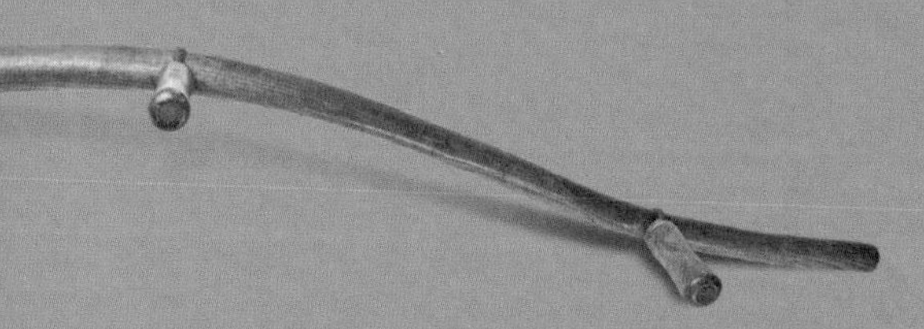

> “낫은 긴 풀을 자를 때 엄청난 효율을 발휘한다. 현대 기계 문명 속에서도 그 위상은 꿋꿋하다.”

FOCUS ON…

절단의 세부 작동 방식

낫의 구부러진 모양은 수 세기에 걸쳐 완성되었다. 시간을 거치면서 손잡이도 최적의 위치에, 날의 각도도 가장 적합하게 자리 잡았다. 낫은 수평으로 베는 것이 아니라 사용자가 자신의 오른쪽에서부터 낫을 움직여 비로 쓸듯이 원호를 그리며 자른다. 날을 왼쪽으로 움직여 풀과 긴 잡초의 아래쪽을 훑으면서 줄기를 깨끗하게 잘라 내고, 이것을 작업자의 왼쪽에 옮겨 놓는다.

USING AN ENGLISH SCYTHE

영국식 낫 사용하기

낫을 편하게 써서 최고의 성능을 발휘하려면 손잡이의 위치를 사용자에게 맞게 조절해야 한다. 낫을 잘 쓰는 요령은 몸통을 제대로 회전하여 날의 궤적을 매끄럽게 그려 내면서 발걸음을 앞으로 천천히 옮기는 데 있다. 유지 관리는 필수다. 날을 자주 갈아 주는 것은 기본이다.

작업 순서

시작하기 전에

- **주변 점검하기** : 작업할 장소에 큰 돌이나 기타 방해물이 없는지 확인한다. 작업하는 동안 사람과 동물이 접근하지 못하도록 조치한다.
- **낫 조절하기** : 날이 잘 서 있는지, 손잡이 위치는 자신의 키에 맞고 쥐기 편한지 확인한다.

1 천천히 시작하기

처음이 가장 어렵다. 날을 낮게 잡고 오른쪽 뒤로 돌린 다음, 엉덩이에서부터 몸을 회전시킨다. 가볍게 낫을 휘둘러 본다. 이 동작이 편해질 때까지 반복 연습한다. 한 번 휘두를 때마다 앞으로 천천히 한 걸음씩 나아간다. 날은 반드시 몸 앞에 두고, 날 궤적이 좁은 범위의 띠를 그리며 베도록 한다.

2 궤적을 크게 그리기

발을 조금씩 굴러 주면서 날 궤적을 크게 그리며 나아간다. 서두르지 말고, 날이 지면에 닿지 않게 약간 위를 향해 기울인다. 자주 멈추어 날을 갈아 준다. 억센 풀을 벨 때는 특히 더 그렇다. 올바른 습관을 들이면 금세 일이 즐거워질 것이다.

마친 뒤에

- **청소하기** : 날을 깨끗이 닦고 손상된 곳이 없는지 살핀다. 자루에 남아 있는 찌꺼기를 말끔히 닦고 깨지거나 갈라진 곳이 없는지 확인한다.
- **날 세우기** : 날을 갈아 주고 녹슬지 않도록 식물성 기름으로 가볍게 닦은 다음에 낫을 보관한다. 날 집을 교체해 준다.

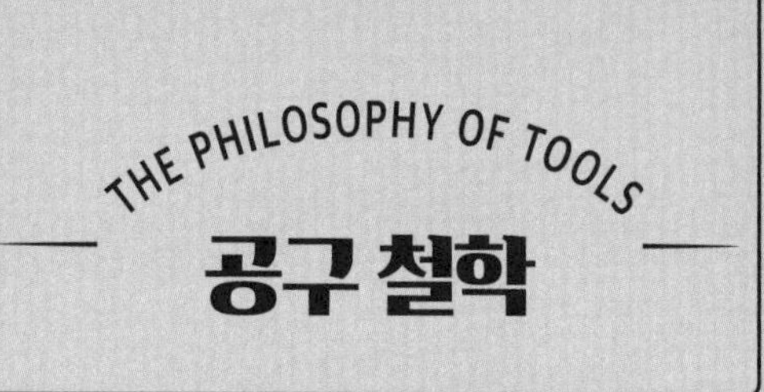

“가장 좋은 칼은

필요할 때 손에 들고 있는 칼이다.”

작자 미상

CHOOSING SHEARS

깎는 가위 고르기

잔디 가위

깎는 가위는 다양한 쓰임새에 따라 수많은 종류가 있지만, 공통으로 적용되는 원칙이 있다. 품질 좋은 가위는 오래 가고 결과물도 훌륭하지만, 나쁜 가위는 속만 상하게 하고 곧 잘 부러진다는 것이다. 수동식 깎는 가위는 마무리가 깔끔해, 기계식 가위보다 더 나은 결과를 내놓는 경우가 많다. 단조강으로 만든 날은 언제든지 갈 수 있고, 튼튼한 자루는 평생 쓸 수 있다.

> "전문 정원사들은 일본식 깎는 가위를 써서 완벽한 마무리를 수행한다."

풀 깎는 가위

장식용 전지가위

일본식 깎는 가위

테두리 잔디 가위

일본식 깎는 가위

➤ **구조** : 최고 품질의 일본제 강철과 긴 나무 자루로 만든 전지가위다. 심플하고, 날카로우며, 효율적이다.

➤ **용도** : 정밀한 장식용 다듬기부터 구름 모양 가지치기, 울타리 치기, 본격적인 정원 전지 작업까지 광범위하게 사용한다.

➤ **사용법** : 두 손으로 자루를 잡고 가위를 쓰듯이 자른다. 날을 깨끗하고 날카로운 상태로 유지한다.

➤ **참고 사항** : 날 길이가 해당 작업에 맞는지 확인한다. 정밀한 장식용으로만 쓴다면 짧은 날을, 일반적 목적이라면 긴 날을 선택한다.

잔디 가위

➤ **구조** : 자루가 매우 길고 가위처럼 움직이는 평평한 날이 자루와 45도를 이루는 전지가위다.

➤ **용도** : 쑥 뻗어 나온 나뭇가지의 아래쪽과 같이, 잔디 깎기가 잘 닿지 않는 곳의 잔디를 다듬을 때 쓴다.

➤ **사용법** : 날 방향을 몸 반대쪽으로 둔다. 잔디 높이로 가위를 놀리듯이 풀을 깎는다.

➤ **참고 사항** : 날을 갈 때가 됐는지, 접었다 펴는 움직임을 조절할 수 있는지 등을 살핀다. 자루 길이가 자신의 키에 맞는지를 확인한다.

풀 깎는 가위

➤ **구조** : 조금 더 튼튼하고 무거운 가위라고 할 수 있다. 두 날 중 하나는 고정되었고 하나는 움직인다.

➤ **용도** : 구석에 있는 잔디를 깎을 때, 초본 식물을 자를 때, 일반적인 정리 작업에 쓴다.

➤ **사용법** : 가위처럼 한 손에 쥐고 쓰면 된다. 단, 반대편 손은 멀리 떼어 놓는다.

➤ **참고 사항** : 가위를 접고 펴는 동작이 부드럽고 원활한지, 크기와 무게가 손에 잘 맞는지 확인한다.

장식용 전지가위(쪽가위)

➤ **구조** : 아주 작고 날카로운 수동 전지가위로, 간단한 '가위'에서 보다 복잡한 디자인까지 다양한 제품이 있다.

➤ **용도** : 회양목이나 주목 같은 장식용 식물의 모양을 낼 때, 초본 식물을 가지치기할 때 등에 쓴다.

➤ **사용법** : 한 손으로 쥐고 가위 쓰는 동작으로 천천히 조심스럽게 모양을 내며 자른다. 반대편 손은 멀리 떼어 놓는다.

➤ **참고 사항** : 강철 날을 갈 수 있는지, 손잡이 크기는 손에 쥐었을 때 편안한지 확인한다.

테두리 잔디 가위

➤ **구조** : 자루가 길고, 날 모양은 자루와 직각을 이루어 한쪽으로 쏠린 채 땅바닥을 쓸면서 자르는 전지가위다.

➤ **용도** : 잔디를 다듬어 아주 깔끔하게 마무리할 때 쓴다.

➤ **사용법** : 가위를 최대한 똑바로 세운 채 윗 날과 연결된 자루만 움직여서 왼쪽에서 오른쪽으로 잘라 나간다. 발끝을 조심해야 한다!

➤ **참고 사항** : 소재의 품질과 제조 상태가 우수한지, 자루 길이가 키에 맞는지 확인한다. 자신의 키가 아주 크거나 그 반대라면 자루 길이는 더욱 중요하다.

STRUCTURE OF TOPIARY SHEARS

장식용 전지가위의 구조

장식용 전지가위는 상세하고 정밀한 장식용 가지치기와 마무리 작업에 쓰는 간단한 공구다. 또한 정교한 정리 및 유지 관리에도 쓴다. 가장 간단한 제품은 일체형 고품질 스프링강을 사용한 모델로, 매우 날카로우면서도 내구성이 탁월하다. 날을 크게 벌릴 수 있어 다듬기 작업을 효율적으로 할 수 있다.

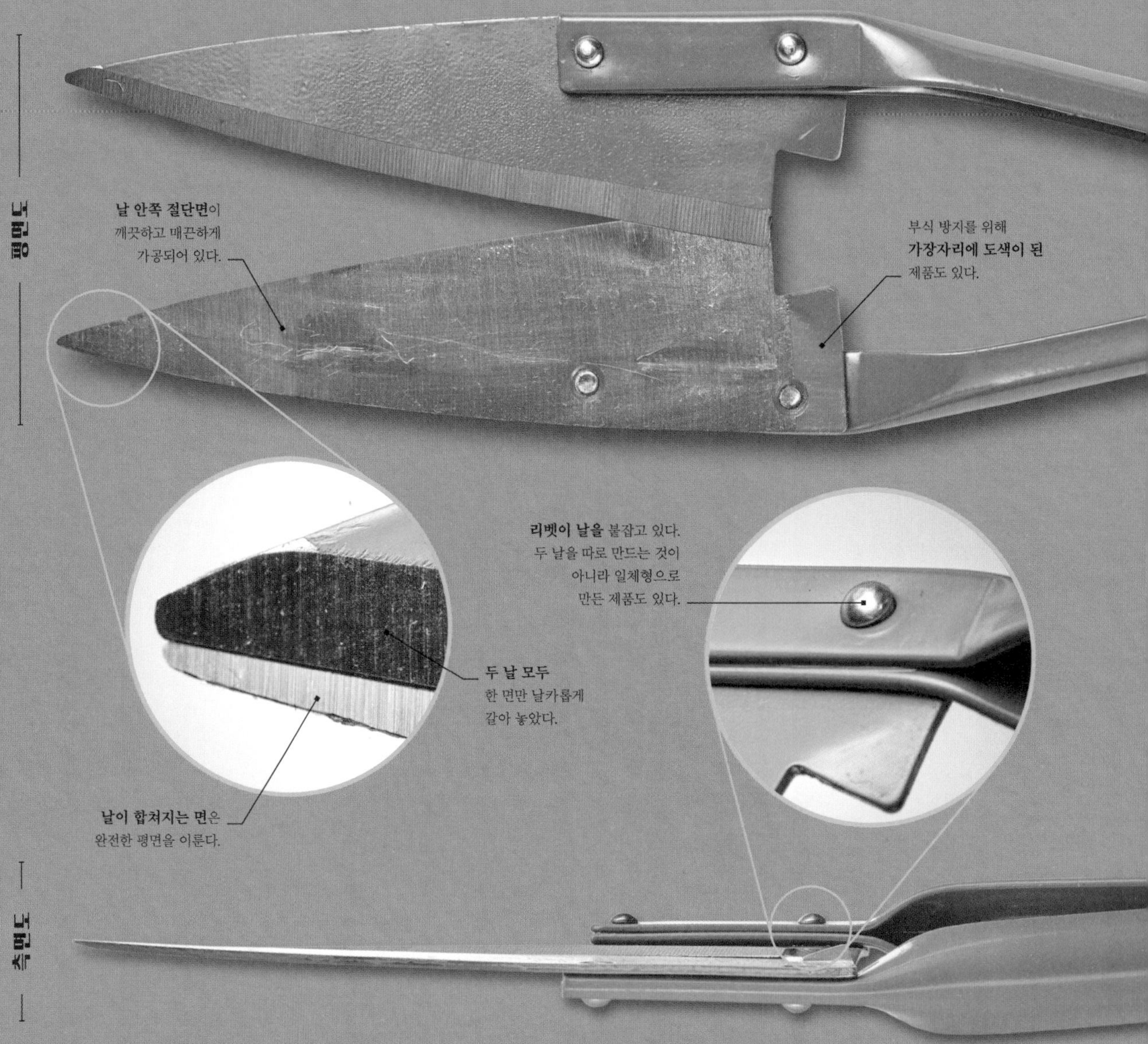

FOCUS ON…

스프링

장식용 전지가위는 구조상 간단해 보이지만 실제로 작동되는 과정에서는 꽤 복잡한 힘이 작용한다. 손잡이에 포함된 고리 스프링이 가위 작동을 담당할 뿐 아니라, 2차 스프링의 힘으로 납작한 날 끝을 서로 겹쳐 준다. 이로 인해 절단면이 뿌리부터 날 끝까지 밀착할 수 있어 최소한의 힘으로 말끔하고 일관된 절단면을 얻을 수 있다.

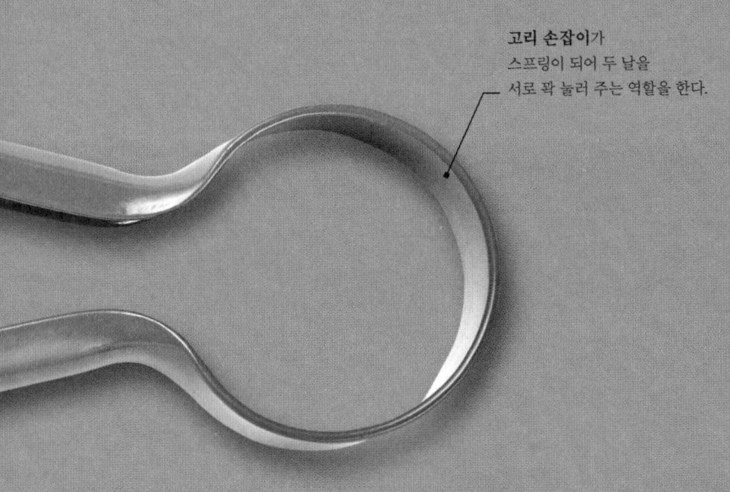

고리 손잡이가 스프링이 되어 두 날을 서로 꽉 눌러 주는 역할을 한다.

"장식용 전지가위는 정밀한 마무리와 연례적인 유지관리 업무에 탁월한 성능을 발휘한다."

손잡이는 일체식 형강으로 이루어져 있다.

USING TOPIARY SHEARS

장식용 전지가위 사용하기

장식용 전지가위는 회양목이나 주목 같은 가느다란 나뭇잎을 관리하기에 좋다. 반복되는 정돈 작업이나 좁은 장소에서 미세한 작업을 할 때도 많이 쓰인다. 관상식물, 라벤더, 부드러운 초본 식물의 테두리를 다듬을 때도 유용하다.

작업 순서

시작하기 전에

- **날 검사하기** : 종이를 살살 잘라 보면 날이 잘 섰는지 알 수 있다. 필요시에는 날을 갈아 준다. 손상이 있는지도 살펴본다. 가위를 접었다 폈다 해보며 움직임이 부드러운지 확인한다.
- **손 보호하기** : 이 가위는 매우 날카롭기 때문에 촉감이 좋은 장갑을 끼고, 반대편 손의 위치를 항상 의식해야 한다.

1 작업 계획하기

장식용 식물을 전지하는 시간은 차갑고 이슬 맺힌 아침이 좋다. 습기로 인해 나뭇잎이 부드럽고 더 잘 휘어지기 때문이다. 전체 과정을 머릿속에 찬찬히 그려 본 뒤 최종 모양이나 형태를 염두에 두고 작업을 시작한다.

2 모양 내기

확신을 가지고 작업한다. 처음에 생각했던 틀에서 크게 벗어나지 않도록 한다. 웃자란 곳들을 체계적으로 잘라 주며 서서히 계획했던 형상을 만들어 간다. 가끔 한발 물러서서 진행 과정을 확인하면서 작업을 수정해 나간다. 작업하면서 생기는 찌꺼기는 바로바로 치워 준다.

마친 뒤에

- **청소하기** : 찌꺼기를 깨끗이 치우고 가위가 손상된 곳은 없는지 살핀다. 필요하면 날을 갈고, 조심스럽게 식물성 기름을 한 겹 입혀 날을 보호한다.
- **보관하기** : 두꺼운 천으로 날을 안전하게 감싼 다음, 스프링은 풀어서 보관한다.

CHOOSING A PRUNER OR LOPPER

절단 가위 및 전지가위 고르기

가지치기 가위는 매우 다양하지만 모두 식물을 자르기 위해 만들어졌다는 공통점이 있다. 절단 가위는 굵은 가지치기용으로, 전지가위는 세밀한 가지치기와 다듬기용으로 만든 것이다. 그 외에 전문가용으로 제작된 것도 있다. 일반적인 가지치기는 한두 가지 가위만 있으면 훌륭하게 해낼 수 있다.

바이패스 전지가위

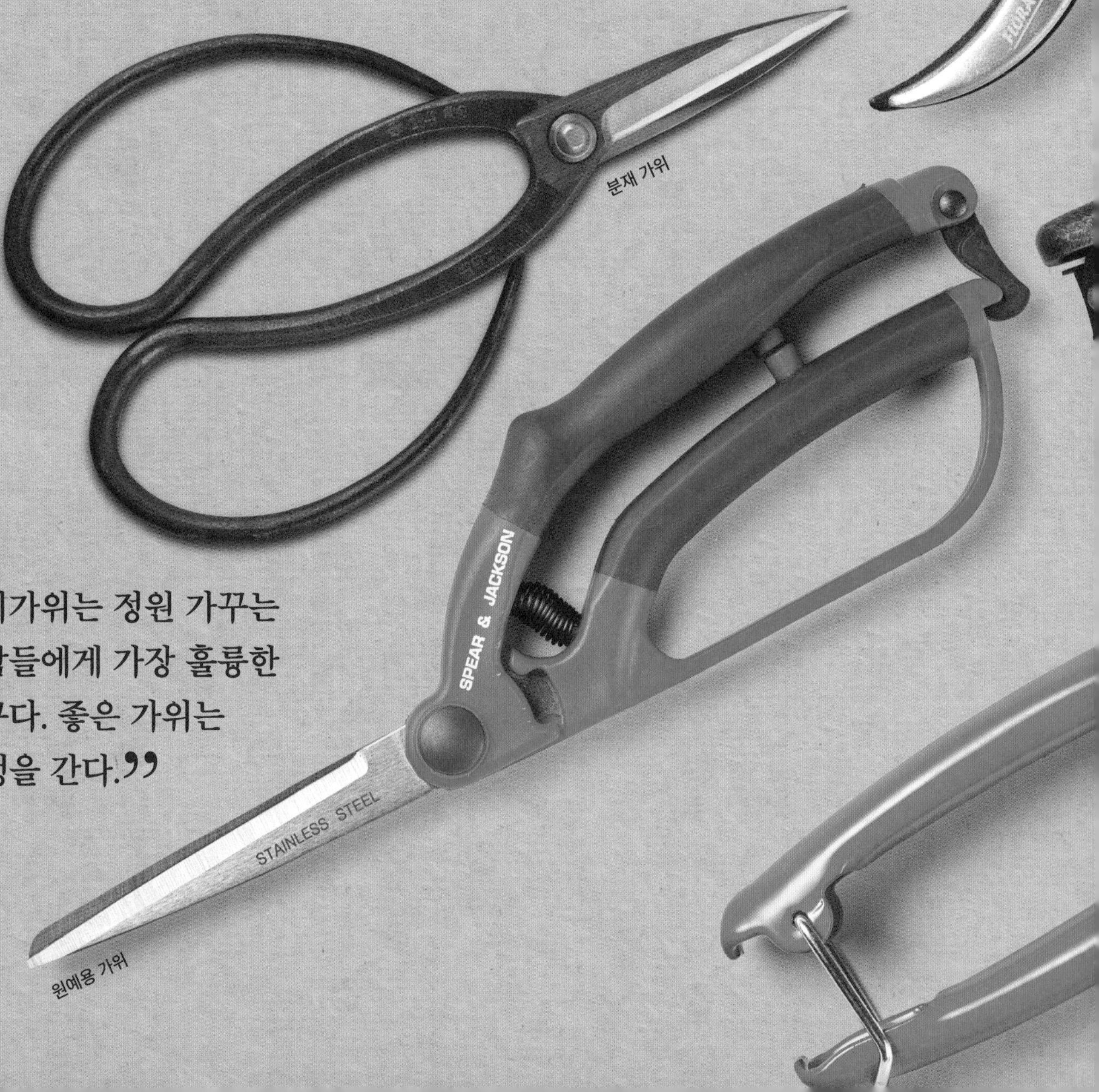

분재 가위

원예용 가위

“전지가위는 정원 가꾸는 사람들에게 가장 훌륭한 친구다. 좋은 가위는 평생을 간다.”

"가지치기의 목적은 덤불을 해치려는 것이 아니라 장미꽃을 더 훌륭하게 가꾸려는 것이다." - 플로렌스 리타우어

크리스천 심리 상담가, 작가

분재 가위

➤ **구조** : 손잡이가 커다란 고리 모양으로 된 가위다. 스프링은 없고 날이 날카롭게 서 있다.

➤ **용도** : 분재 전문가용 가지치기와 섬세한 다듬기, 일반적인 원예 작업에 쓴다.

➤ **사용법** : 가위를 쓰는 것과 똑같이 사용한다. 손잡이의 큰 고리 때문에 가위를 정밀하게 다룰 수 있다.

➤ **참고 사항** : 손잡이가 크고 날이 정밀하며, 작동 방식이 간단하다.

원예용 가위

➤ **구조** : 일반적인 가위를 원예용으로 보강한 것으로, 대개 톱니가 달려 있다.

➤ **용도** : 노끈, 플라스틱, 플리스 직물 등을 자를 때 쓴다. 화초를 벌채하고 시든 꽃을 잘라 낼 때 유용하다.

➤ **사용법** : 일반적인 가위처럼 쓰면 되지만, 전지가위 대용으로 과도하게 쓰면 안 된다.

➤ **참고 사항** : 몸체는 스테인리스강이고 비바람으로부터 보호하기 위해 플라스틱 덮개로 씌워 놓았다. 회전 동작이 강력하며 손잡이가 큰 것이 특징이다.

화초 가위

➤ **구조** : 가위처럼 움직이고 절단 날이 뾰족하게 튀어나온 정밀 수공구이다.

➤ **용도** : 전문가용 화초 자르기, 시든 원예 식물 자르기, 분재 식물의 정밀한 가지치기 등에 쓴다.

➤ **사용법** : 매우 날카롭게 잘리고 가위와 거의 비슷하게 작동한다. 가지치기할 때는 전지가위를 쓸 때와 같은 요령으로 한다.

➤ **참고 사항** : 작동 방식이 깔끔하고 간단하다. 단조 품질이 매우 높은 수준이다. 일본 제품을 최고로 친다.

모루 전지가위

➤ **구조** : 날카로운 날 하나로 식물을 평평한 모루에 대고 자르는 일반적인 전지가위다.

➤ **용도** : 정원에서 일반적인 가지치기용으로, 우거진 수풀을 자르는 용도로 쓴다. 비용 대비 효과가 아주 훌륭한 도구다.

➤ **사용법** : 날을 크게 벌려 가위 동작으로 식물을 뭉텅 자른다. 날을 비틀면 안 된다.

➤ **참고 사항** : 플라스틱보다는 금속제 몸체가 좋다. 날 전체가 모루에 완전히 닿아야 깨끗한 절단면이 나온다.

바이패스 전지가위

➤ **구조** : 곡선 날과 갈고리 모양의 모루가 서로 교차하면서 식물을 잘라 내는 전문가용 전지가위다.

➤ **용도** : 정원에서 일반적으로 하는 가지치기나 접붙이기, 그 외에 다양한 절단 및 다듬기 작업에 쓴다.

➤ **사용법** : 바이패스 동작 때문에 정밀하고 깨끗한 절단면이 나온다. 날을 완전히 벌려 자른다. 다만 줄기가 굵다고 날을 이리저리 흔들면 안 된다.

➤ **참고 사항** : 최고 품질의 제품을 고른다. 몸체는 금속이며 동작은 조절할 수 있고, 날도 교체할 수 있다.

다음 페이지에 계속 ➔

모루 절단 가위

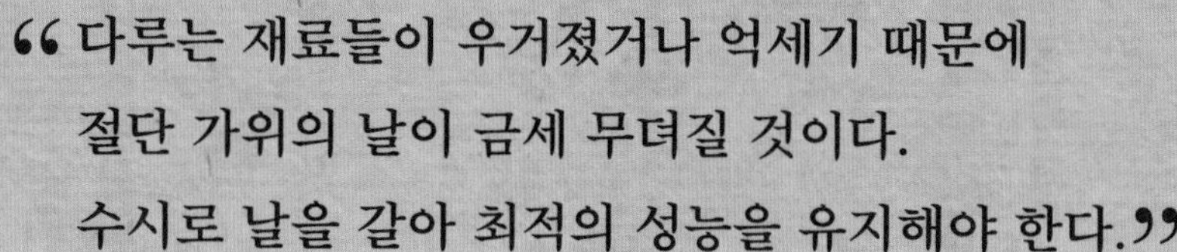

"다루는 재료들이 우거졌거나 억세기 때문에
절단 가위의 날이 금세 무뎌질 것이다.
수시로 날을 갈아 최적의 성능을 유지해야 한다."

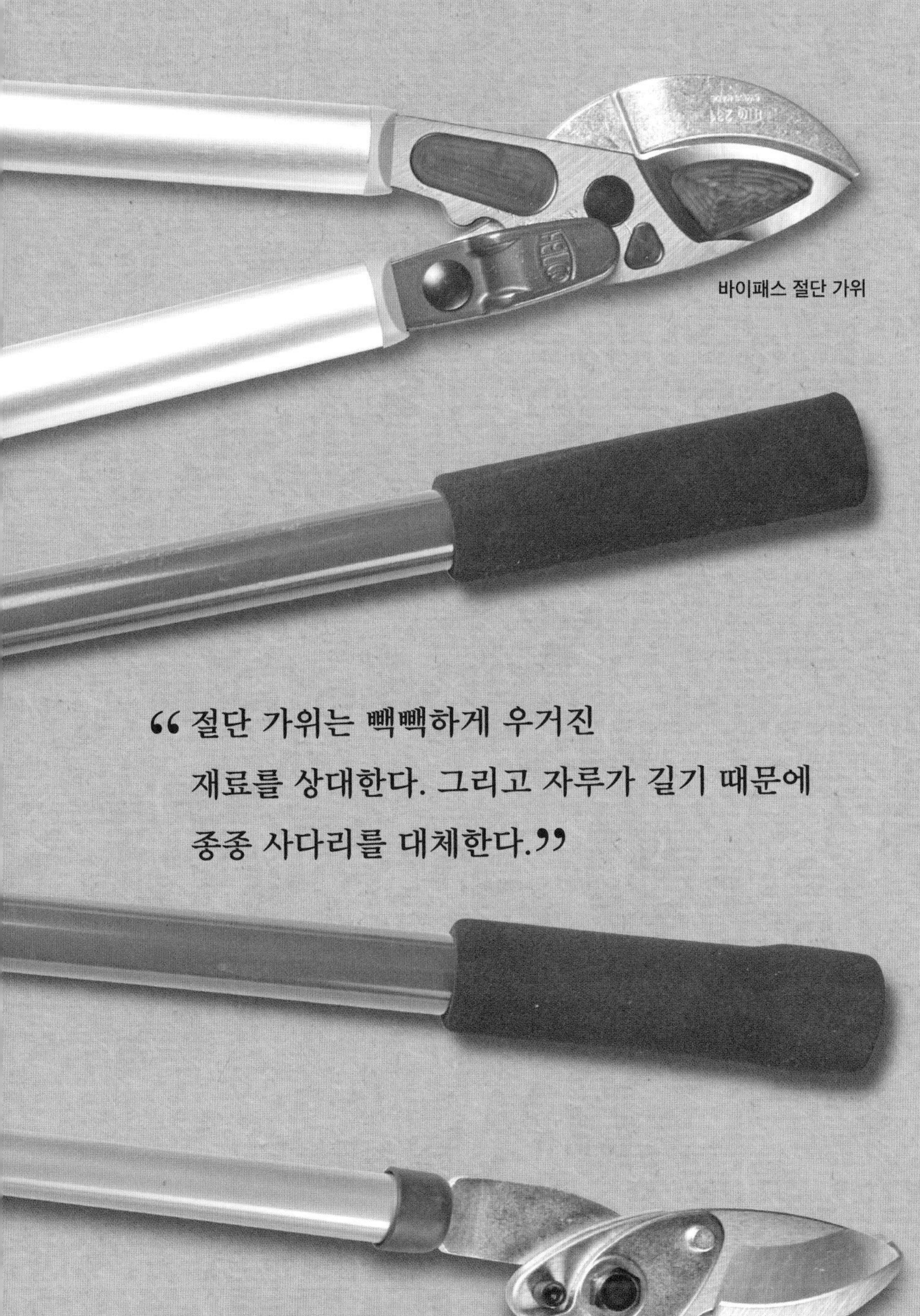

바이패스 절단 가위

> 절단 가위는 빡빡하게 우거진 재료를 상대한다. 그리고 자루가 길기 때문에 종종 사다리를 대체한다.

긴 자루 절단 가위

바이패스 절단 가위

➤ **구조 :** 자루가 길고 바이패스 절단 헤드가 달린 절단 가위다. 크기별로 다양한 제품이 나온다.

➤ **용도 :** 굵고 우거진 식물을 가지치기하면 깔끔하고 훌륭한 절단면이 나온다.

➤ **사용법 :** 자를 식물의 줄기를 두 날 사이에 깊이 집어넣고, 자루를 꾹 누른다.

➤ **참고 사항 :** 단조강으로 헤드와 날을 만들었고, 여기에 긴 자루를 리벳 혹은 단조로 연결해 놓았다.

모루 절단 가위

➤ **구조 :** 절단 가위의 주력 제품이다. 모루 전지가위처럼 이 도구 역시 날카로운 날 한 개로 식물을 모루에 놓고 자르는 구조다.

➤ **용도 :** 거칠고 지저분하고 힘든 일에 쓴다. 아주 튼튼하므로 뿌리, 울타리 줄기, 웃자란 가지 등을 자르기에 좋다.

➤ **사용법 :** 자루를 크게 벌려 식물을 날 끝까지 밀어 넣는다. 절대로 날을 옆으로 비틀면 안 된다!

➤ **참고 사항 :** 작동 방법이 아주 간단하다. 그래서 시간이 지날수록 공구에 마모가 적어지고 무리도 덜 받는다.

긴 자루 절단 가위

➤ **구조 :** 자루가 아주 길고, 다양한 절단 헤드와 작동용 손잡이를 갖춘 절단 가위 겸 전지가위다.

➤ **용도 :** 나무, 특히 과일나무의 높은 곳에 있는 잔가지를 칠 때 쓴다.

➤ **사용법 :** 원하는 가지에 닿도록 가위를 높이 올려 날 위치를 잘 잡고 자른다. 너무 굵은 가지를 자르려다 날이 끼지 않도록 조심한다.

➤ **참고 사항 :** 작동 방식이 간단하고 절단 헤드의 성능이 강력하다. 몸체가 가벼워 다루기 쉽다.

측면도

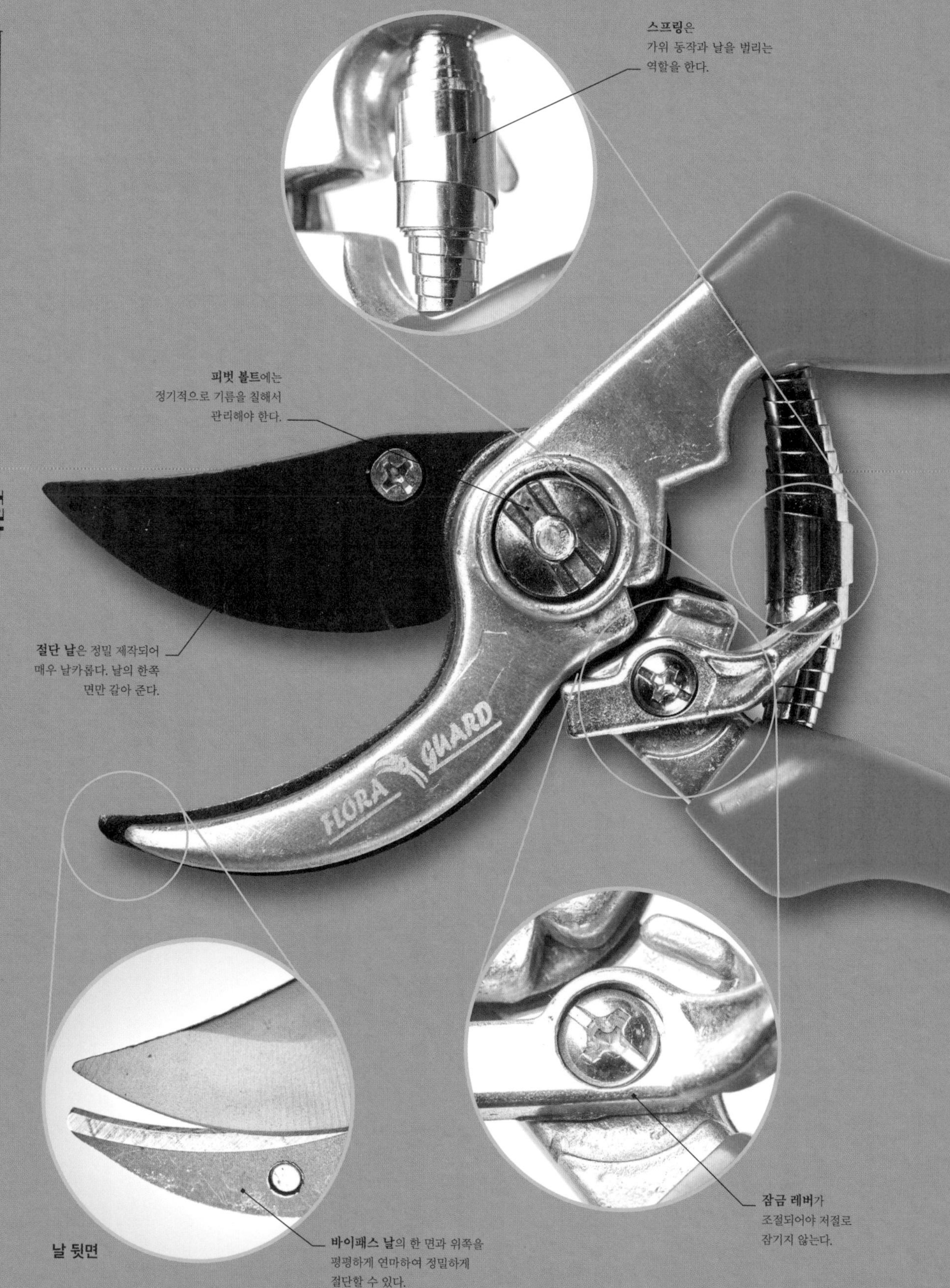
스프링은
가위 동작과 날을 벌리는
역할을 한다.
피벗 볼트에는
정기적으로 기름을 칠해서
관리해야 한다.
절단 날은 정밀 제작되어
매우 날카롭다. 날의 한쪽
면만 갈아 준다.
FLORA GUARD
날 뒷면
바이패스 날의 한 면과 위쪽을
평평하게 연마하여 정밀하게
절단할 수 있다.
잠금 레버가
조절되어야 저절로
잠기지 않는다.

STRUCTURE OF BYPASS SECATEURS

바이패스 전지가위의 구조

밝은 색상의 손잡이 덕분에 정원에서 잃어버리지 않는다.

바이패스 전지가위는 원예 애호가들이 선택하는 최고의 가지치기 도구이며, 다채로운 종류를 자랑한다. 날카로운 곡선 날이 곡선 모양의 모루 사이를 정확하게 관통하며 식물이 잘린다. 인체 공학적 손잡이는 쉽게 접히고 힘을 주지 않아도 펴지기 때문에 쉽게 사용할 수 있다.

“바이패스 전지가위는 깔끔한 절단면을 만들어 내기 때문에 나무나 관목을 정확하고 정밀하게 가지치기 위한 최고의 선택이 될 수 있다.”

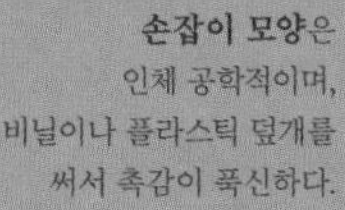

손잡이 모양은 인체 공학적이며, 비닐이나 플라스틱 덮개를 씌어서 촉감이 푹신하다.

FOCUS ON…

전지가위의 모양

전지가위에는 종류별로 다양한 헤드와 손잡이가 있다. 구매하기 전에 공구 상점이나 원예 용품점에서 시험해 보거나 혹은 이웃이 가지고 있는 제품을 부탁해서 한번 써 볼 것을 권한다. 엄밀한 작업을 위해 만들어진 것이 있고, 반복 작업에 적합한 제품이 있으며, 정확성보다는 내구성에 초점을 맞춘 제품도 있다.

바이패스형 : 바이패스 헤드는 전지가위 중에서 정확성이 가장 필요한 곳에 사용한다. 또 아주 강하다. 손잡이가 벌어지는 폭을 조절할 수 있는 제품도 있다.

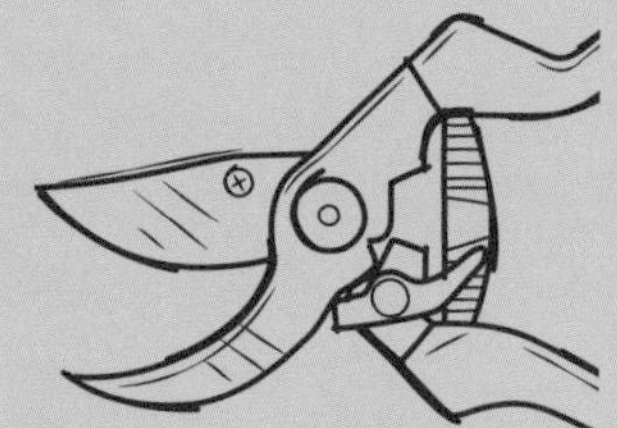

모루형 : 모루 헤드는 강인하고 내구성이 좋은 반면, 정확도는 다소 떨어진다. 마치 칼로 도마를 치듯이 절단 날로 금속제 모루를 내려친다.

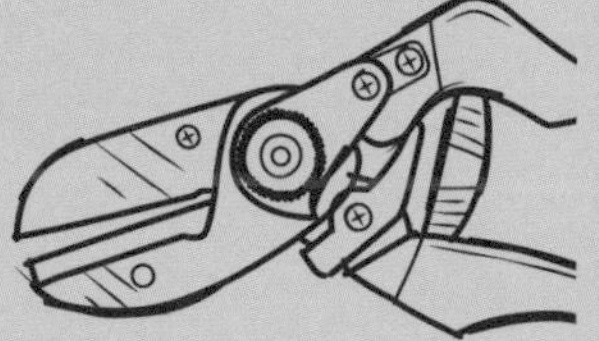

화초 가위 : 이 가위는 섬세한 줄기를 가지치기할 때 유용하다. 좁고 날카로운 날은 정밀한 가지치기나 시든 꽃을 잘라 낼 때 완벽한 실력을 발휘한다.

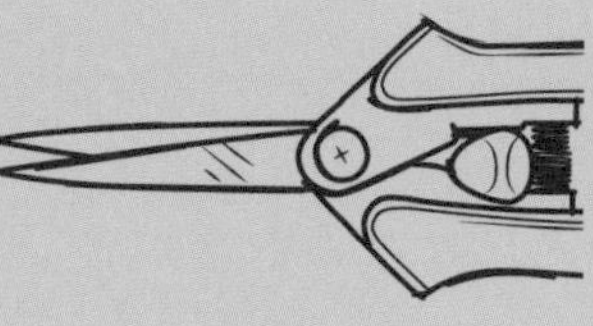

USING BYPASS SECATEURS

바이패스 전지가위 사용하기

굵기가 25밀리미터 이내인 식물을 정밀하고 정확하게 가지치기할 때 원예 애호가들이 선택할 수 있는 최고의 도구가 바로 바이패스 전지가위다. 심플하면서도 강력한 디자인 덕분에 식물을 깔끔하면서도 쉽게 잘라 낼 수 있다. 대개는 오른손잡이용이지만 왼손잡이용도 구할 수 있으며 손잡이 크기도 비교적 다양하다.

작업 순서

시작하기 전에

➤ **날 검사하기** : 날이 깨끗하고 날카로운 상태인지 확인한다. 만약 그렇다면 작업이 순조로울 것이다. 날이 깨끗하면 질병 전염 예방에도 도움이 된다.

➤ **움직여 보기** : 날이 부드럽게 움직이는지 확인한다. 또 잠금 상태가 느슨하지는 않은지 살펴본다. 필요하면 조절한다.

➤ **보관 수단 챙기기** : 가위 집이 있으면 정원에서 일할 때 전지가위를 소지하기가 무척 편하다. 전용 가위 집이 없을 때는 양동이나 공구 벨트, 앞치마 등을 이용한다.

1 식물을 파악하기

본격적으로 가지치기를 시작하기 전에, 해당 식물의 가지치기 특성을 파악해 볼 필요가 있다. 얼마나, 언제, 어디를 잘라 내야 하는지를 알아야 한다. 첫 칼자국을 어느 부위에 낼지 판단한다. 휴면기에 있는 싹 또는 뿌리 근처까지를 가지치기의 범위로 삼는다.

2 자세 잡기

싹이 숨어 있는 곳까지 가지치기할 때는, 날을 싹의 바로 위에 두고 약간 기울인다. 바이패스 날을 줄기 반대쪽에 두어 싹을 건드리지 않도록 한다. 줄기를 가위 턱 뒤쪽에 두어 지렛대 효과를 극대화한다. 이렇게 해야 최대한 팽팽하고 깨끗한 절단면을 얻을 수 있다.

FOCUS ON…

바이패스 작동 방식

좋은 전지가위는 훌륭한 제작 기술에 우수한 재료가 더해져 나온다. 가위처럼 하나의 날이 다른 날과 교차하면서 자르는 원리다. 절단 날과 곡선을 이루는 바이패스 날 사이의 홈에 식물이 자리 잡는다. 굉장히 날카로운 절단 날이 닫히면서 바이패스 날을 미끄러지듯이 지나가며 식물을 관통해서 잘라 낸다.

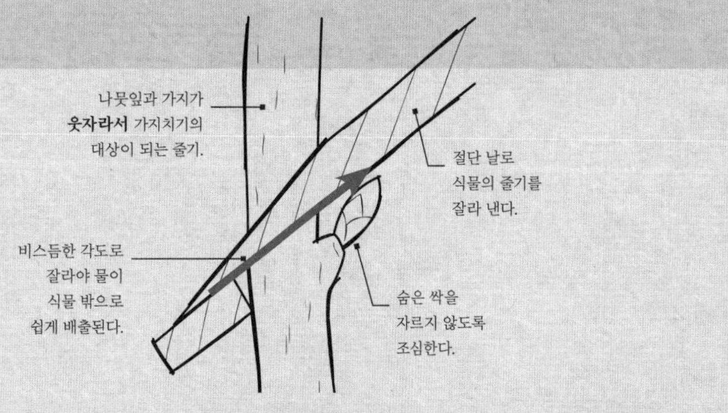

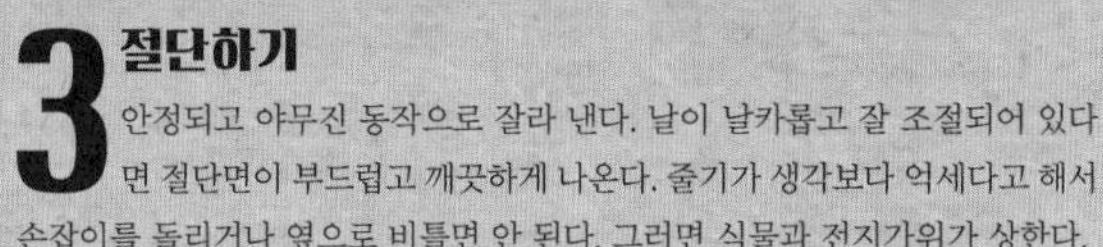

3 절단하기

안정되고 야무진 동작으로 잘라 낸다. 날이 날카롭고 잘 조절되어 있다면 절단면이 부드럽고 깨끗하게 나온다. 줄기가 생각보다 억세다고 해서 손잡이를 돌리거나 옆으로 비틀면 안 된다. 그러면 식물과 전지가위가 상한다.

4 닫고 잠그기

작업을 마치면 손잡이를 눌러 전지가위를 다시 닫는다. 거의 모든 제품에 날을 안전하게 닫을 수 있는 잠금장치가 있다. 잠금장치를 엄지로 눌러서 돌리면 날이 서로 닫힌 뒤에 잠긴다. 사용하지 않을 때는 날을 항상 닫아 둔다.

“살아있는 식물 섬유를 가지치기할 때는 절단 동작이 날카롭고 깨끗한 바이패스 전지가위가 최고의 선택이다.”

마친 뒤에

- ➤ **청소하기** : 날을 모두 닦고, 필요하다면 소독까지 해서 사용 뒤 청결을 유지한다. 식기세척기에 넣고 씻으면 가장 좋다. 식물성 기름을 한 방울 떨어뜨려 닦은 다음 날을 접고 잠근다.
- ➤ **치워 두기** : 안전한 곳에 보관한다. 단, 정원에 들고 가려고 다시 꺼낼 때 찾기 쉬운 곳이어야 한다.

MAINTAIN TOOLS FOR CUTTING & CHOPPING

썰기 및 자르기 공구의 유지 관리

무뎌진 날로는 깔끔하게 자를 수 없고 작업이 힘들어지며 심지어 위험해지기도 한다. 자르는 도구는 반드시 유지 관리가 필요하며 그래야 기분도 만족스럽다.

날 갈기

모든 도구에는 쉽게 갈 수 있는 간단한 날이 달려 있다. 올바른 방법으로 쓰면서 조금씩 자주 가는 것이 가장 좋다.

사용하기 전에 **칼날 끝이 날카로운지** 확인한다.

1 날 확인하기
톱니 가공을 하지 않은 외날은 날이 선 상태를 유지하기 쉽다. 다만 굽히거나 휘어진 곳이 없는지 잘 살펴야 한다. 한쪽이나 양쪽이 기울어진 날인지 확인한다.

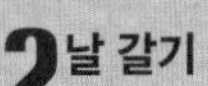

2 날 갈기
숫돌, 정밀한 줄, 다이아몬드 숫돌 등을 사용하여 날을 조심스럽게 간다. 날 끝의 각도를 유지하며 숫돌을 날 바깥에서 안쪽으로 움직인다.

3 마무리 손질
한 번 사용할 때마다 숫돌로 몇 번씩 갈기만 하면 된다. 나중에 줄질을 몇 번 더 해서 날의 각을 세워야 할 때에는 양쪽 면 모두 날 끝에 돋아난 거친 부스러기를 줄을 맨 마지막으로 밀면서 없앤다.

조심해서 다루기

톱은 많은 작업에서 매우 중요한 도구다. 톱니 끝이 날카로울수록 더 깔끔하고 정확하게 자를 수 있다. 톱니 하나하나를 가는 데는 시간이 아주 많이 걸리는 만큼, 조심해서 사용하면 관리 시간을 절약할 수 있다.

날을 깨끗하게 유지하기

톱니가 무뎌지는 원인은 먼지, 모래, 돌, 얇은 재료 때문이다. 뿌리 같은 더러운 물체를 자르거나, 톱을 바닥에 놓거나, 실수로 흙을 자르지 않도록 주의한다. 때가 묻으면 즉시 닦아 낸다.

날을 날카롭게 사용하기

물론 날카로운 톱을 다룰 때도 주의해야하지만 무딘 톱도 위험하다. 무딘 톱과 씨름하다가 오히려 사고가 난다. 날이 무디면 목공 작업할 때 잘 잘리지 않는다. 정원에서는 무뎌진 가지치기 톱을 쓰면 식물의 건강에 해를 끼치게 된다.

공구	점검
톱	• 사용 뒤에는 자루와 날에 묻은 모든 때와 찌꺼기를 닦아 낸다.
도끼	• 사용 뒤에는 자루에 갈라지거나 깨진 곳이 없는지 살핀다. • 헤드가 흔들리거나 미끄러져 빠지는지 등 전반적인 움직임을 확인한다. • 날 끝에 흠이나 자국이 없는지, 무뎌지지는 않았는지 확인한다.
칼	• 날이 제대로 서 있는지 확인한다. 무딘 칼은 위험하다. 사용하면서 칼이 말을 듣지 않는다는 느낌이 들면 무뎌진 것이다. • 날에 손상된 곳은 없는지 살핀다.
낫, 시클 낫	• 낫과 시클 낫은 사용하는 것이 가장 잘 유지하는 것이기 때문에 따로 관리할 일은 별로 없다. • 날에 손상이 없는지 확인한다. 조금 찌그러지거나 덩어리가 떨어져 나간 부분 등을 살핀다.
깎는 가위	• 이 도구는 원활한 가위 동작이 핵심이므로, 기능을 조절할 필요가 있는지 확인한다. • 날의 상태를 확인한다.
절단 가위, 전지가위	• 부드럽게 작동하는지 점검하고 필요하면 조절한다. • 날이 잘 섰는지 검사하고, 철사나 돌을 건드려 날이 상하지 않았는지 확인한다.

	청소/기름칠	날 갈기	연결부 관리	보관
	• 톱니에 묻은 때와 먼지를 물로 씻어 내고 말린다. • 살짝 녹슨 정도는 고운 철수세미로 닦아 낸다. • 래커 칠을 하지 않는 한, 나무 자루와 금속 날에 정기적으로 기름칠을 해야 한다. 특히 나무가 건조하면 반드시 기름칠을 한다.	• 전통식 손톱의 톱니만 다시 갈 수 있다. 쇠톱과 하드포인트 톱은 톱니를 갈아서 쓸 수 없다. • 톱니를 줄로 갈아서 끝을 날카롭게 한다. 톱니 하나하나의 각을 일정하게 유지한다.	• 전통식 톱의 자루가 느슨해지면 나사를 돌려 조이면 된다.	• 보관 장소는 청결하고 건조하게 유지하여 녹이 슬지 않도록 한다. • 톱을 걸어 둘 수 없다면 공구 상자나 서랍에 넣어 보관한다. 날에 다른 물건이 닿아 손상을 입지 않도록 한다. • 서랍 바닥에 코르크 또는 고무 소재의 매트를 깔아 금속 부위가 마찰을 일으키지 않도록 한다. • 사용하지 않을 때는 날 덮개를 씌운다.
	• 도끼는 자주 청소할 필요는 없고, 가볍게 씻거나 솔로 털기만 하면 된다. • 축축한 환경에서는 식물성 기름으로 문질러서 표면에 녹이 슬지 않게 한다.	• 모양 내기용 또는 베기용 도끼를 갈 때는 납작한 줄이나 숫돌을 사용한다.	• 헤드와 자루가 흔들리는 원인은 나무 자루가 바짝 말라 뒤틀렸기 때문이다. 우선 헤드를 위로 향한 채 자루를 바닥에 대고 툭툭 친다(헤드를 자루에 바짝 끼워 넣는다). 그런 다음 헤드와 자루를 물에 담가 헤드를 불린다.	• 도끼는 날카롭기 때문에 도끼 집에 넣어 보관한다. • 건조하고 바람이 잘 드는 창고에 보관하되, 뜨겁거나 햇볕에 노출된 장소는 피한다. 공기 중의 습도로 나무의 함수율을 유지할 수 있다. • 보관 도중 헤드가 떨어져 사고를 유발할 수 있는 위치는 피한다.
	• 깨끗한 칼을 쓰고, 사용 중에도 청결을 유지하여 날이 무뎌지지 않도록 한다. • 철수세미로 가벼운 녹이나 들러붙은 때를 제거한다. • 식물성 기름을 먹여 날을 보호한다.	• 최고의 결과를 얻기 위해 숫돌 또는 다이아몬드 숫돌로 간다. • 날을 조금씩 자주 갈아 예리한 상태를 유지한다. • 주방용 숫돌도 급할 때는 훌륭히 한 몫 해낸다.	• 접는 칼은 부드럽게 열려야 하고 너무 쉽게 접히지 않아야 한다. 작동이 원활하도록 기름칠을 하고 청결하게 유지한다. • 잠김 장치가 원활하게 작동하게 하여 갑자기 닫히지 않도록 한다.	• 접는 칼의 청결 상태를 확인하고 사용하지 않을 때는 항상 접어 둔다. • 단단한 칼을 보호하기 위해 칼집에 넣어 둔다. • 외부에서 작업할 때 칼을 주머니에 넣어 두면 필요할 때 항상 꺼내 쓸 수 있기 때문에 편리하다. • 칼을 사용하지 않을 때는 건조한 장소에 날을 잘 싸서 안전하게 보관한다.
	• 작업 중에는 무딘 날에 풀을 한 움큼씩 뿌려 더는 무뎌지지 않게 하면 날을 깨끗하게 유지할 수 있다. • 젖은 걸레나 두꺼운 가죽 장갑, 또는 뻣뻣한 솔로 닦는 것도 좋은 방법이다.	• 구부러진 날의 둥근 날 끝을 숫돌로 간다. 작업 중에 조금씩 수시로 갈아서 날 끝을 면도날처럼 날카롭게 유지한다.	• 낫이 자신의 체형에 맞는지 확인한다. 조금이라도 불편한 점이 있으면 자신의 체형에 딱 맞지 않는 것이다	• 낫은 자주 사용하는 도구가 아니므로, 깨끗이 닦아 식물성 기름을 바른 뒤에 보관하는 것이 좋다. 보호용 덮개가 있으면 거기에 넣어 보관한다. • 낫은 보관하기가 까다롭다. 높은 곳에서 떨어지면 매우 위험하다. 건조한 장소에 전용 걸이를 마련해 놓고 걸어 둔다. • 시클 낫과 기타 낫 종류는 전용 보관함에 넣거나 전용 벽걸이에 걸어 둔다.
	• 깨끗한 물로 자주 씻어 날 끝을 청결하게 하고 절단이 부드럽게 이루어지도록 관리한다. • 고운 철수세미나 와이어 브러시를 사용하여 단단한 찌꺼기를 제거한다.	• 깎는 가위는 올바로 사용하기만 하면 따로 갈 필요가 없다. 그러나 날이 무뎌진다면 납작한 줄 또는 숫돌로 날을 갈아 준다.	• 가끔 기름칠을 한다. • 값싼 가위는 가끔 말을 듣지 않고 '접철'이 삐걱거릴 때가 있다. 이럴 때는 나사를 단단히 조이거나 풀면서 조절한다.	• 식물성 기름을 발라 닦아 주고 날이 상하지 않게 보호용 가위 집에 넣어 안전하게 보관한다. • 테두리 깎기 가위처럼 큰 가위는 보관하기가 까다로우므로 창고에 전용 걸이를 설치하여 걸어 두는 것이 좋다. • 깎기용 손가위는 선반이나 공구 상자에 넣어 보관하되, 날이 제대로 접혔는지 꼭 확인한다.
	• 물로 씻는다. 작은 사이즈라면 가끔 식기세척기를 사용한다. • 끈끈하게 묻은 때는 고운 철수세미로 떼어 낸다.	• 한쪽 날만 사용하도록 제작된 가위는 그 한쪽만 간다. • 날을 가는 도구는 납작한 줄, 숫돌, 특수 제작된 연마기 등이다. • 고품질의 날 중에는 교체 가능한 것도 있다.	• 대부분의 절단 가위와 전지가위의 접철 기구는 세밀하게 조절할 수 있다. 이 기능을 사용하면 가위 날이 삐걱거리지 않으면서도 마찰이 별로 크지 않게 사용할 수 있다. • 잠금 기능 때문에 계속 잠금 상태로 사용하는 일이 없도록 한다.	• 전지가위는 가위 집에 넣어 사용하면 편리하고 안전하다. • 가위 날을 닫고 잠가 놓으면 안전할 뿐 아니라 날을 보호할 수 있다. • 절단 가위는 걸어 두거나 날을 아래로 향하게 하여 공구 보관용 양동이에 넣어 둔다.

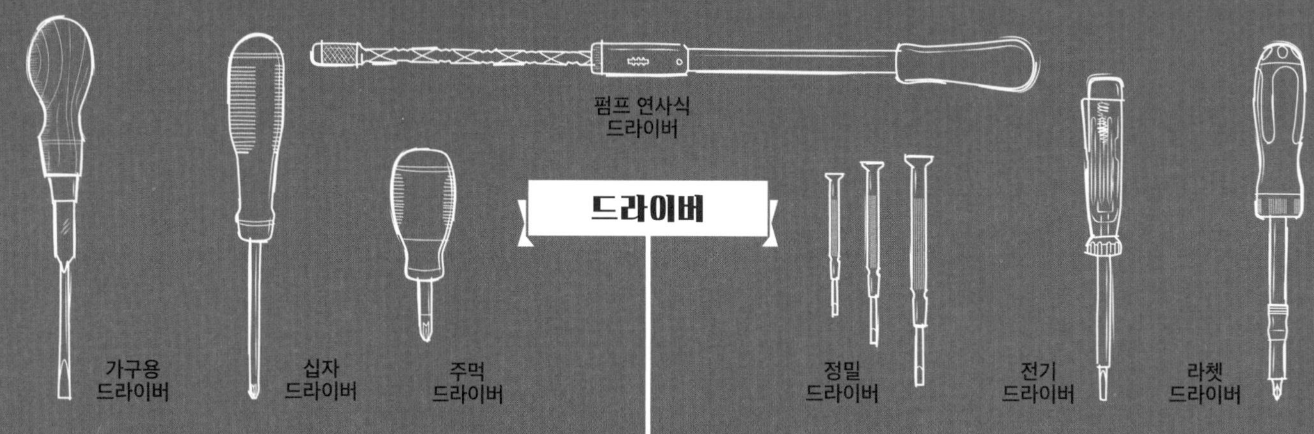

THE TOOLS FOR FIXING & FASTENING

3
고정 및 잠금 공구

공구 상자마다 드라이버가 한 세트쯤은 들어 있고, 작업장에는 작업물을 고정할 바이스나 클램프가 있기 마련이다. 선반 걸기에서 타이어 교체에 이르기까지, 고정 및 잠금 공구는 일상생활의 필수품이라 할 수 있다.

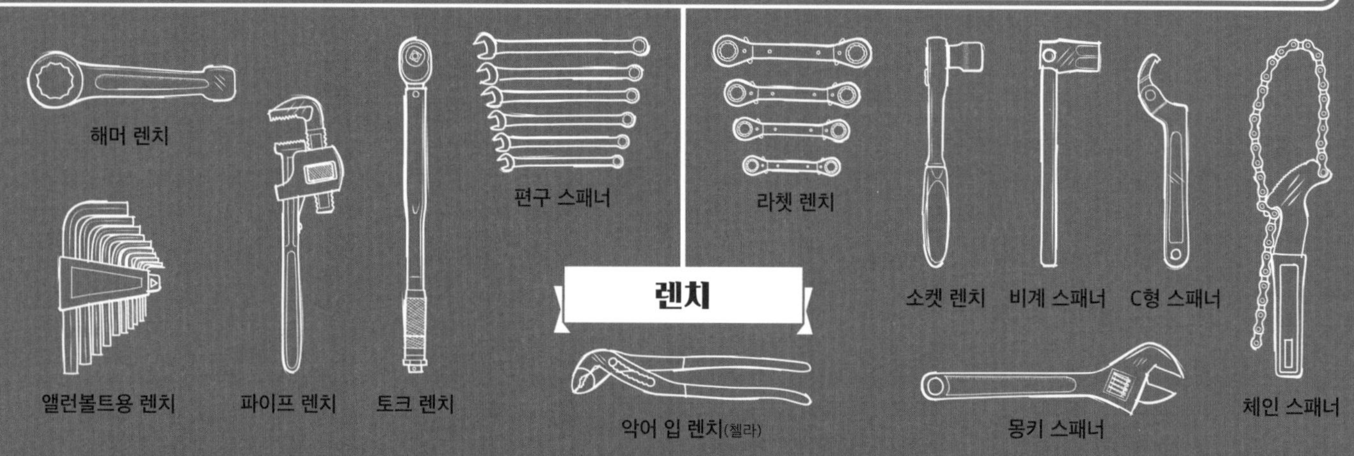

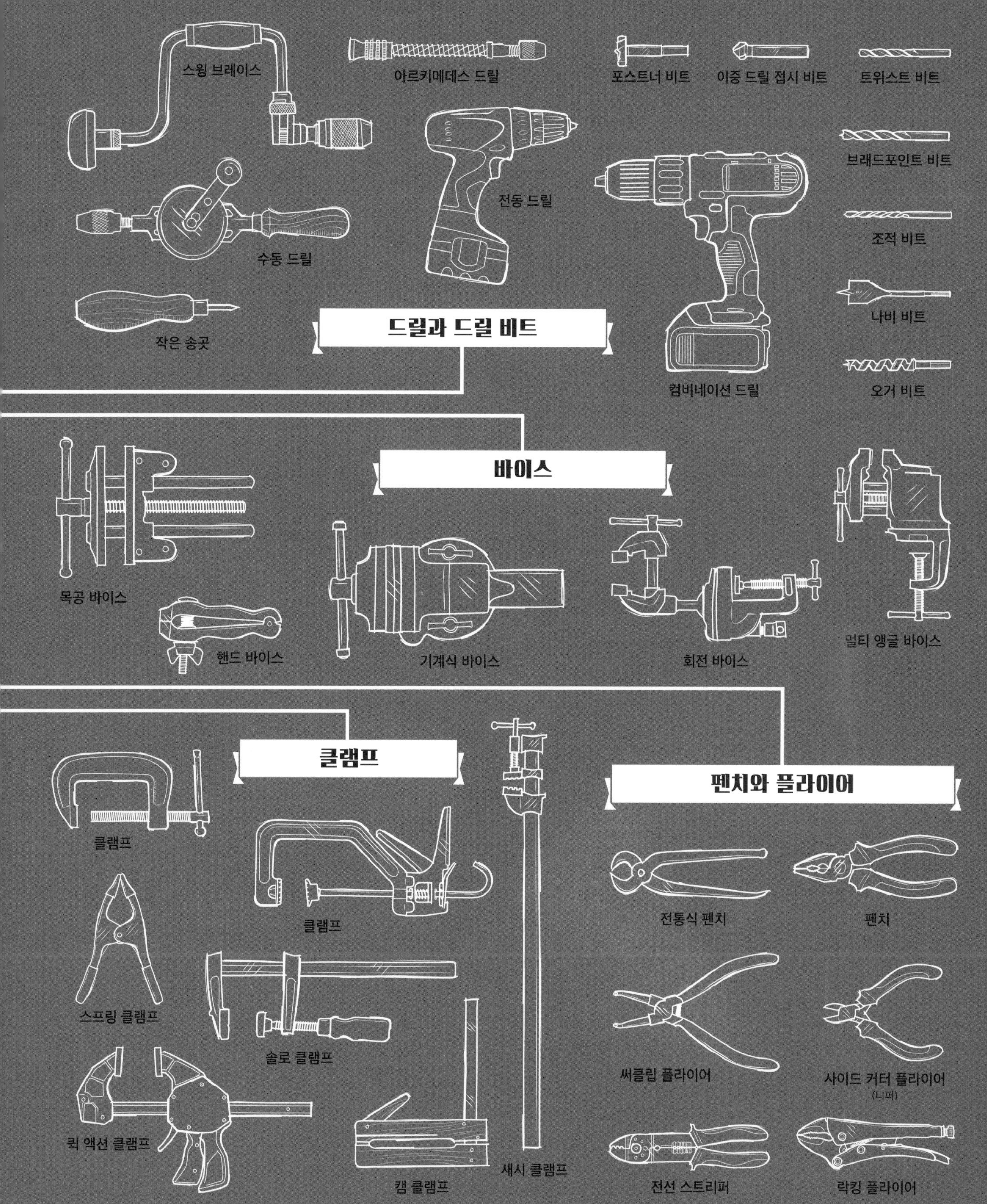
스윙 브레이스
아르키메데스 드릴
포스트너 비트
이중 드릴 접시 비트
트위스트 비트
브래드포인트 비트
전동 드릴
수동 드릴
조적 비트
나비 비트
작은 송곳
드릴과 드릴 비트
컴비네이션 드릴
오거 비트
바이스
목공 바이스
핸드 바이스
기계식 바이스
회전 바이스
멀티 앵글 바이스
클램프
펜치와 플라이어
클램프
클램프
전통식 펜치
펜치
스프링 클램프
솔로 클램프
써클립 플라이어
사이드 커터 플라이어
(니퍼)
퀵 액션 클램프
캠 클램프
새시 클램프
전선 스트리퍼
락킹 플라이어

HISTORY OF FIXING & FASTENING

고정 및 잠금의 역사

약 40,000년 전

활꼴 드릴

활꼴 드릴은 구석기 시대에 발전했다. 우선 늘어진 활시위로 곧은 막대기를 감싼다. 그런 다음 활을 앞뒤로 빠른 속도로 움직이면 시위가 막대기를 돌리고, 막대기와 밑받침 사이에 발생하는 마찰열에 의해 불씨가 생기면 밑받침에 마른 풀을 공급해 불을 붙인다.

기원전 3000 ~ 1900년경

초창기 펜치

청동기 시대가 되면 제련법이 발명되어 새롭게 개선된 수많은 도구가 나타난다. 그중 최초의 핀셋도 있는데, 이것은 어찌 보면 펜치의 초기 형태라고도 할 수 있다.

나무 막대 대신 청동이 쓰였다.

물체를 잡기 쉽게 끝이 넓은 모양이다.

초창기 핀셋

기원전 7000년에

인더스 계곡(지금의 파키스탄 서부)에서는 소형 활꼴 드릴을 치과 치료에 사용하였다.

기원전 3000년경

초창기 플라이어

집게의 최초 형태는 아마도 막대기겠지만, 청동기 시대에 나무집게 대신 나타난 청동 막대기가 원시 형태의 플라이어라고 할 수 있다. 이것은 아마도 석탄처럼 뜨거운 물건을 집어 들 수단을 찾으면서 발전했을 것이다.

기원전 1000년경

기본적인 나사송곳

구멍을 확장하는 데 쓰는 나사송곳의 초기 형태는 철기 시대에 등장하였다. 수직 방향으로 갈라진 파이프가, 두 손으로 돌릴 수 있는 가로대와 연결된 구조였다. 파이프의 끝은 반원 또는 숟가락 모양이고 여기에 날을 세워 놓은 형태이다.

기원전 735년 ~ 서기 500년

펌프 드릴

로마인들은 더욱 발전된 펌프 드릴을 선보였다. 이것은 활처럼 생긴 가로대가 굴대를 회전시키며 위아래로 미끄럼 운동을 한다. 가로대 양 끝에 매 놓은 끈이 굴대를 휘감는다. 가로대를 아래로 눌러 굴대를 돌리고, 굴대에 끼운 플라이휠의 무게로 회전 운동이 계속된다. 끈의 회전 방향이 반대가 되면 가로대는 위로 올라가고 드릴 속도가 늦춰진다.

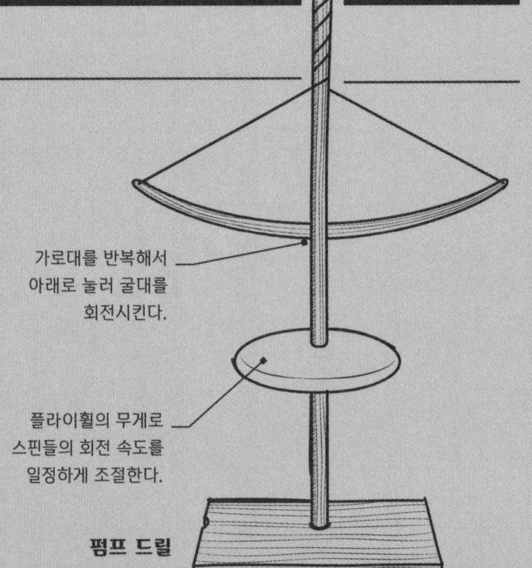

펌프 드릴

"내게는 전동 드릴 하나가 있었을 뿐이다. 내가 가진 기계는 그것이 전부였다."

제임스 다이슨

다이슨 대표이사, 산업 디자이너

500 ~ 1500년경 초창기 바이스

중세 시대의 장인들은 작업물을 강철 가대나 작은 탁자에 끈으로 묶었다. 작업물을 묶고 남은 끈을 작업자가 테이블 아래 자신의 발로 눌러 고정했다.

1400년대 너트와 나사

이 시기에 금속제 너트와 나사가 출현했다. 사각 및 육각 모양의 너트와 볼트 헤드를, 헤드 크기에 딱 맞게 제작된 특수 복스 렌치로 돌려 잠갔다.

스크류 드라이버 26가지

나사 또는 잠금장치의 종류는 여러 가지다. 포지 십자 드라이버에 맞는 구멍에서부터, 데스크톱 컴퓨터에 사용되는 오각형의 보안용 별 모양 나사에 이르기까지 수없이 많다.

1500년대 나사 바이스

금속공들이 작업물을 고정하는 데 소형 나사 바이스를 사용하기 시작했다. 바이스는 너트와 볼트로 조이는 하나의 경첩으로, 한쪽 턱을 탁자에 고정하고 다른 쪽을 크게 벌려 작업물을 물어 고정한다.

1500년대 소켓 렌치

16세기에 T자 모양의 손잡이가 달린 초창기 소켓 렌치가 나타났다. 그러나 발견된 제품마다 특정 규격의 너트나 볼트에만 맞았다. 이 소켓 드라이버의 쓰임새는 주로 초창기 시계의 태엽을 감는 것이었다.

1800년대 몽키 렌치

턱을 밀어서 쓰는 렌치가 발전하여 19세기에 몽키 렌치가 나타났다. 쐐기를 사용하지 않는 대신, 조절 가능한 턱을 나사로 제자리에 고정한다. 이 공구를 선구자로 삼아 뒷날 훨씬 날씬한 모습의 현대식 몽키 렌치가 등장한다.

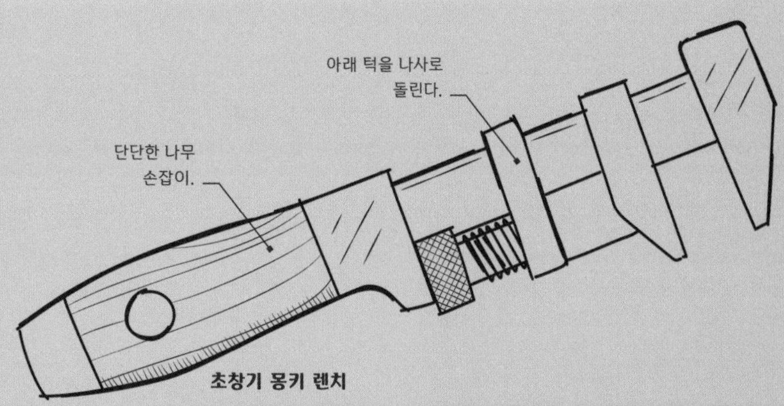

초창기 몽키 렌치

1805년 기어 드릴

최초의 기어 달린 핸드 드릴은 활 꼴 드릴과 펌프 드릴을 개선한 것이다. 원래 일 방향 날이 달려 있던 이들 제품은 기어 덕분에 훨씬 쉽게 방향을 바꿀 수 있게 되었다.

1860년 철제 크랭크

상업용 철제 크랭크가 등장하여 직경 2.5센티미터까지의 구멍은 드릴로 뚫을 수 있게 되었다. 이보다 큰 구멍은 여전히 오거를 두 손으로 돌려 뚫어야 했다.

전동 드릴의 과거와 현재

1916년 블랙앤데커 드릴, 무게 약 10킬로그램, 가격 230달러(현재 환산 5,390달러, 약 580만 원)

2017년 무선 충전 드릴, 무게 약 1킬로그램, 가격 100달러(약 11만 원)

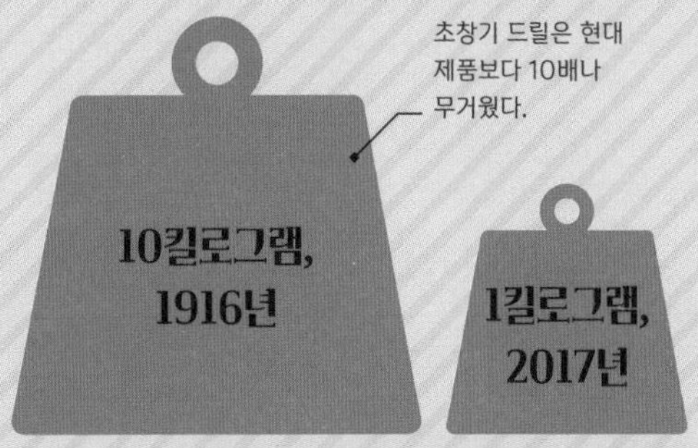

1917년 전동 드릴

최초의 전기 드릴은 1889년 오스트레일리아의 아서 제임스 아르놋이 발명했다. 그러나 1916년에 블랙앤데커 사가 최초로 권총 손잡이가 달린 휴대형 드릴의 특허를 등록했다. 이 드릴에서 선보인 방아쇠 스위치는 현대의 무선 충전 드릴에 널리 적용되고 있다.

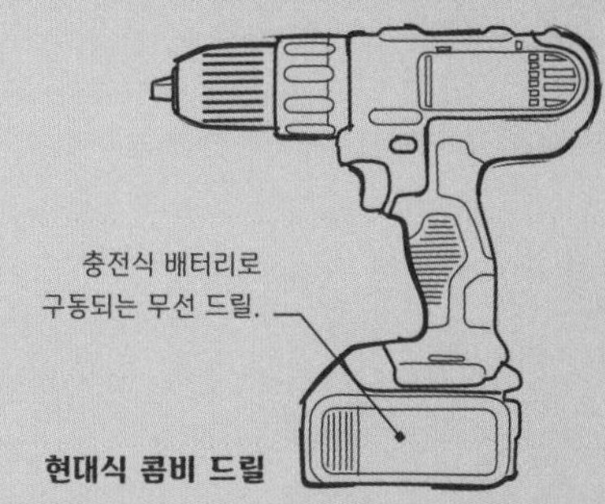

현대식 콤비 드릴

CHOOSING A SCREWDRIVER

드라이버 고르기

날이 갈수록 다양한 모양의 나사가 시장에 나오기 때문에 드라이버 끝과 나사 헤드의 짝을 맞추는 일이 그 어느 때보다 중요해졌다. 날 크기도 중요한 고려 요소다. 날이 제대로 맞지 않으면 드라이버 헤드가 상하기 때문이다. 몇 가지 드라이버를 연장 세트에 갖춰 두고 다양한 일상의 DIY 작업에 효율적으로 대처하는 것이 좋다.

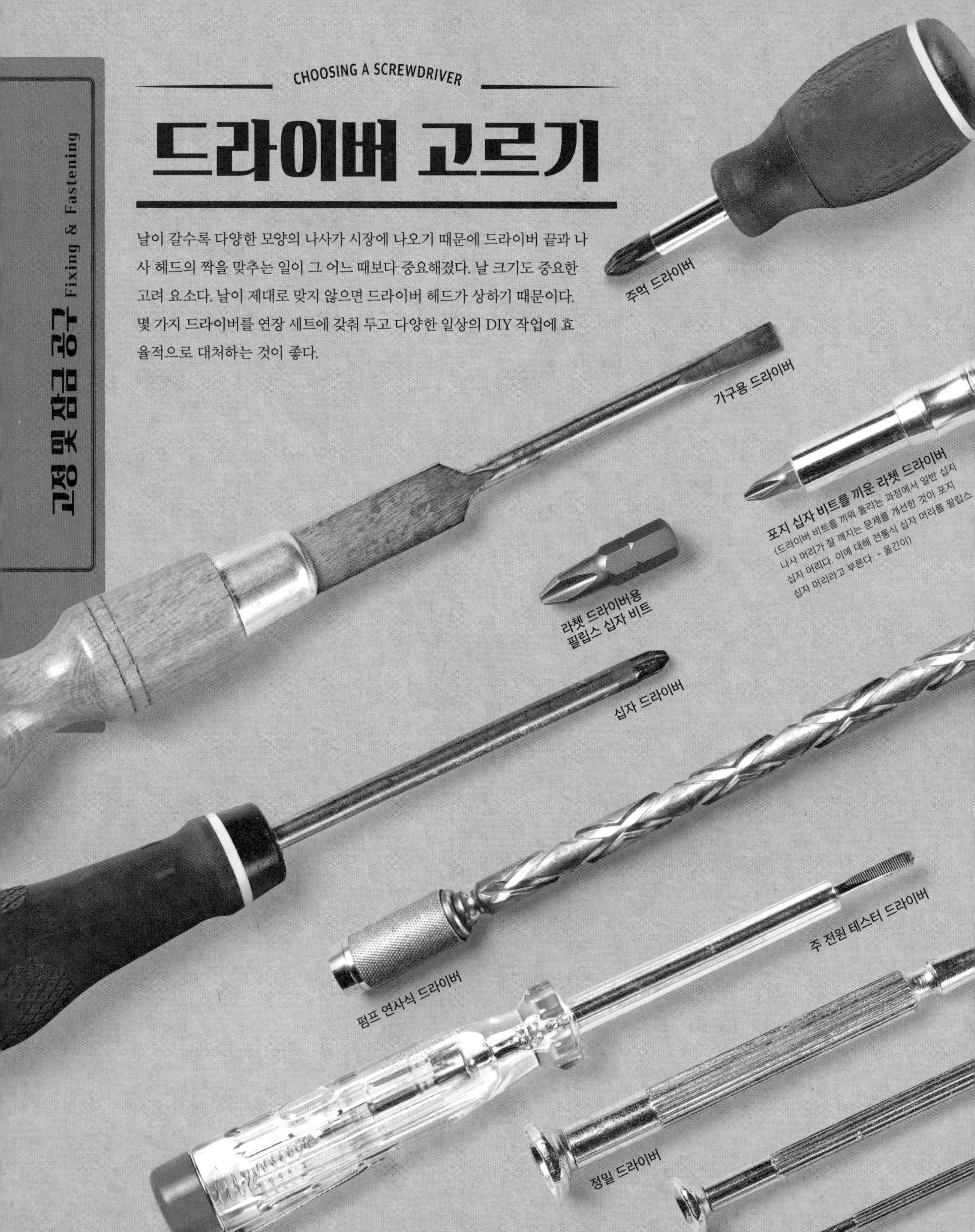

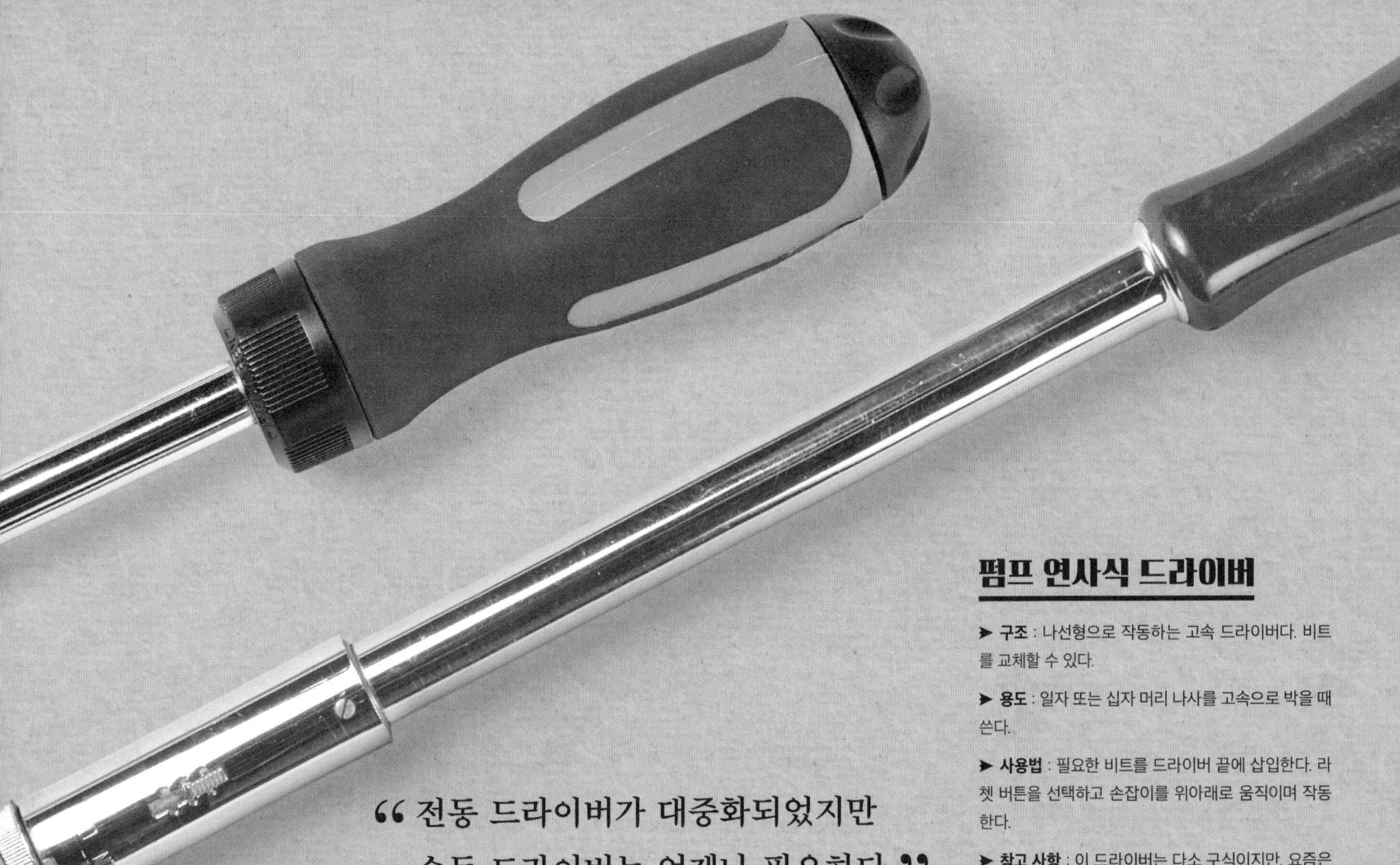

펌프 연사식 드라이버

▶ **구조** : 나선형으로 작동하는 고속 드라이버다. 비트를 교체할 수 있다.

▶ **용도** : 일자 또는 십자 머리 나사를 고속으로 박을 때 쓴다.

▶ **사용법** : 필요한 비트를 드라이버 끝에 삽입한다. 라쳇 버튼을 선택하고 손잡이를 위아래로 움직이며 작동한다.

▶ **참고 사항** : 이 드라이버는 다소 구식이지만, 요즘은 현대식 육각 비트를 사용할 수 있는 어댑터가 나온다.

“전동 드라이버가 대중화되었지만 수동 드라이버는 언제나 필요하다.”

가구용 드라이버

▶ **구조** : 일자와 십자 날이 있는 전통식 드라이버다. 나사 헤드에 맞게 몇 가지 크기가 나온다.

▶ **용도** : 가구에 나사를 박거나 뺄 때, 가구를 제작할 때 쓴다.

▶ **사용법** : 날 끝을 나사에 집어넣고 오른쪽이나 왼쪽 방향으로 돌린다. 손잡이 디자인은 토크를 향상하는 데 맞춰져 있다.

▶ **참고 사항** : 손잡이가 타원형이어서 바닥을 굴러다니지 않는다. 일자 날 끝이 나사 홈의 폭에 맞는지 확인한다.

주먹 드라이버

▶ **구조** : 짧은 날이 달린 간단한 드라이버다. 날은 바꿔 끼울 수 있는 일자, 또는 십자 날이다. 손잡이 소재는 플라스틱 또는 고무다.

▶ **용도** : 일반적인 관리 업무에 쓴다. 주방 선반처럼 비좁은 공간에서 쓰기에 적합하다.

▶ **사용법** : 날 끝을 나사 헤드에 맞춘다. 시계 또는 시계 반대 방향으로 돌린다.

▶ **참고 사항** : 쥐는 힘을 극대화하기 위해 손잡이에는 푹신한 고무를 쓴다.

라쳇 드라이버

▶ **구조** : 활엽목 또는 플라스틱 손잡이와 일자 또는 십자 날을 갖춘 드라이버다. 보통 십자 또는 필립스 육각 비트를 끼울 수 있게 되어 있다.

▶ **용도** : 방향을 쉽게 바꿔가며 나사를 조이거나 풀 때 쓴다.

▶ **사용법** : 날 끝을 나사 헤드에 삽입한다. 조이는 방향을 시계나 시계 반대 중 한쪽으로 선택한 다음 손잡이를 돌린다.

▶ **참고 사항** : 컴비네이션 드릴에는 육각 비트 보관함이 있다.

십자 드라이버

▶ **구조** : 십자 나사에 맞는 십자 날이 달린 드라이버다. 크기는 여러 가지가 있다.

▶ **용도** : 십자 나사를 박거나 뺄 때 쓴다.

▶ **사용법** : 날 끝을 나사 헤드에 맞춰 돌린다.

▶ **참고 사항** : 십자 날과 구식 필립스 드라이버의 날 끝이 비슷하다고 혼동하면 안 된다.

주 전원 테스터 드라이버

▶ **구조** : 가늘고 절연된 일자 날과 플라스틱 손잡이로 이루어진다. 내장 램프로 250볼트까지의 전압을 감지한다.

▶ **용도** : 전기 플러그와 소켓을 풀고 잠글 때, 그 외에 일반적인 유지 관리 작업에 쓴다. 주 전원 회로가 살아 있는지 점검할 때 쓴다.

▶ **사용법** : 날 끝을 조심스럽게 전기 장치에 올려 둔다. 회로가 작동하면 램프에 불이 들어온다.

▶ **참고 사항** : 취급 가능한 전압 등급이 공구에 분명하게 표시되어 있다.

정밀 드라이버

▶ **구조** : 아주 작은 날과, 금속 또는 플라스틱 손잡이를 갖추어 정밀 작업에 적합하다. 손잡이 헤드를 돌릴 수 있어 다루기가 쉽다.

▶ **용도** : 전자 기기, 컴퓨터, 시계 등에 쓰이는 매우 작은 나사를 다룰 때 쓴다.

▶ **사용법** : 검지로 헤드를 누른다. 엄지와 나머지 손가락으로 샤프트를 쥐고 돌린다.

▶ **참고 사항** : 세트로 파는 제품에는 여러 종류의 날이 들어 있으므로 더 경제적이다.

“나사에 맞는 올바른 크기의 드라이버 비트를 사용한다. 그렇지 않으면 미끄러져 표면이 망가진다.”

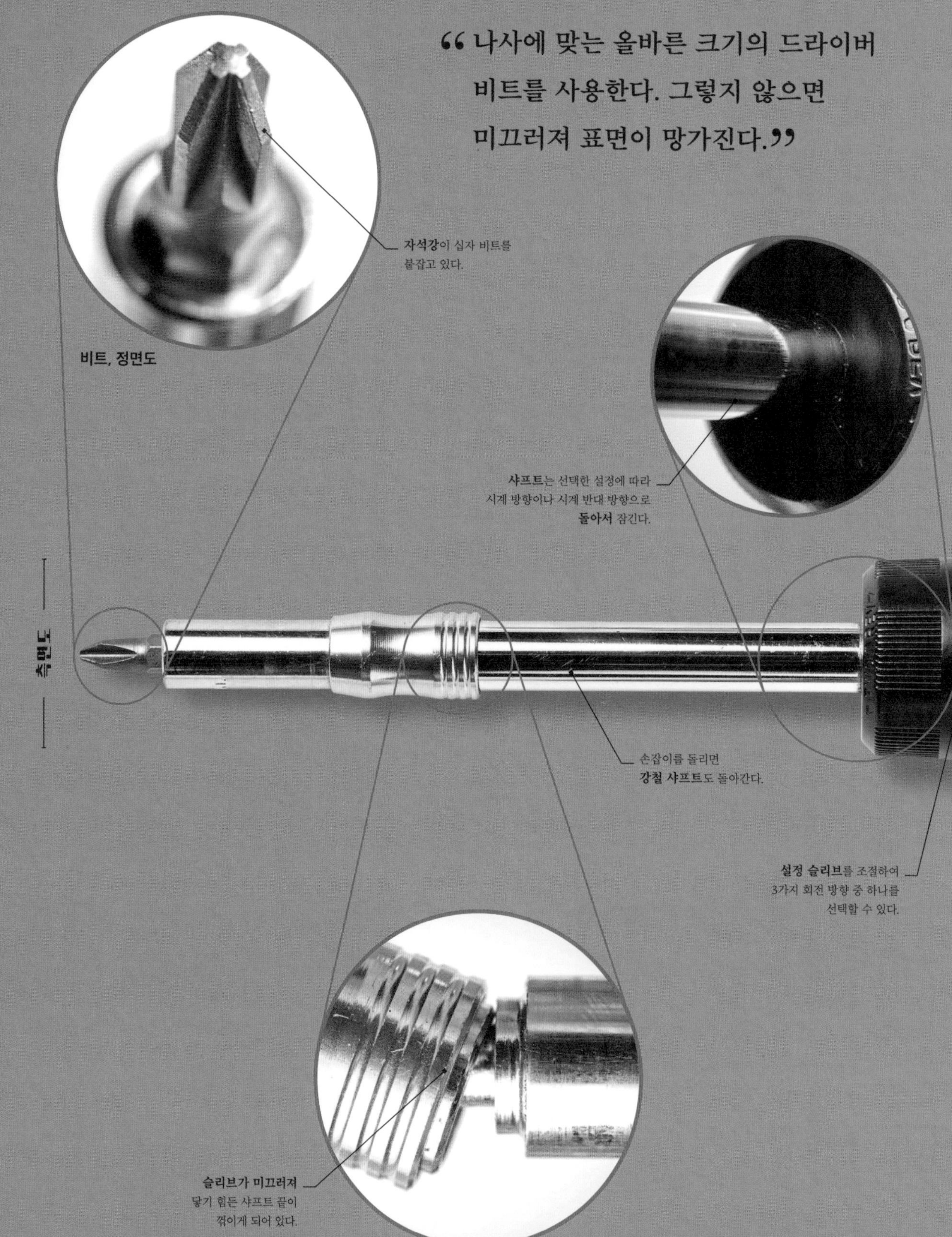

STRUCTURE OF A RATCHET SCREWDRIVER

라쳇 드라이버의 구조

라쳇 드라이버는 전통식 가구용 드라이버에 비해 손목을 덜 써도 되는 구조라 작업 속도가 빠르다. 구식 제품의 디자인은 활엽목 손잡이에 고정식 날이 달린 모습이지만, 오늘날 대중화된 컴비네이션 드라이버는 표준 육각 자루 홀더에 교체형 비트를 끼워 다양한 크기의 나사에 맞춰 쓸 수 있다.

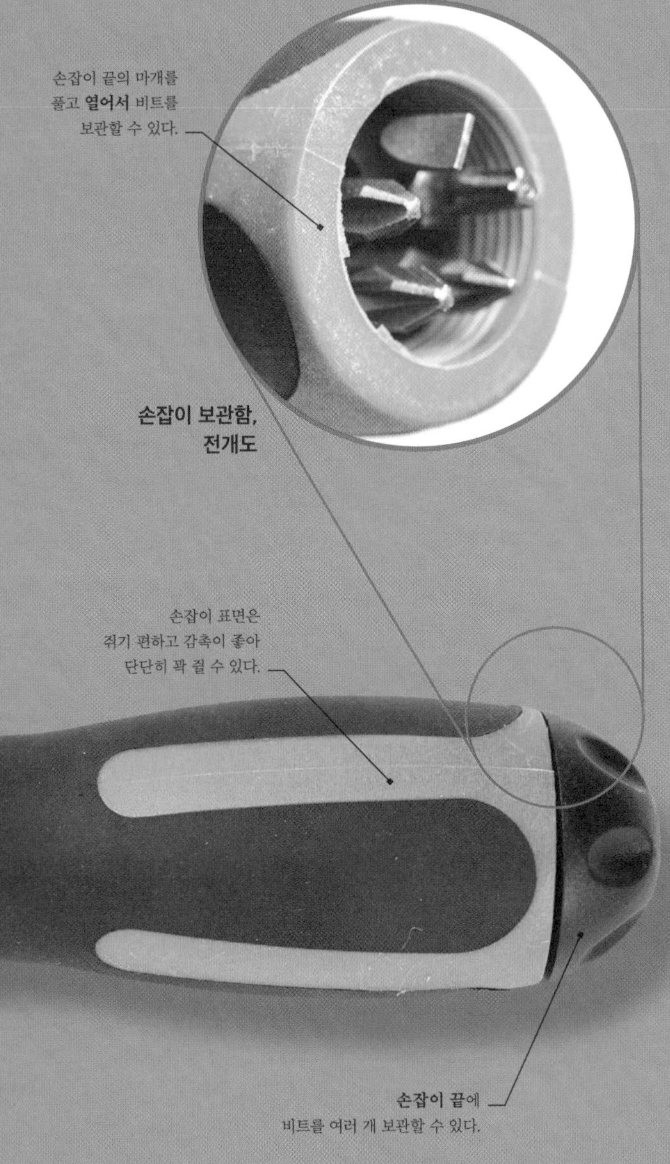

"비트만 잘 고르면 저렴한 라쳇 드라이버 하나로 훨씬 비싼 드라이버 세트를 대신할 수 있다."

FOCUS ON…

나사의 몸체와 머리

일자 머리 나사 한 가지 형태밖에 없었던 예전에는 드라이버 끝이 홈에서 쉽게 미끄러져 빠지는 문제가 있었다. 십자 머리 나사의 출현으로, 나사 머리를 깨 먹지 않고도 나사를 쉽게 잠그거나 풀 수 있게 되었다. 오늘날에는 더 많은 나사 머리 모양이 등장하여 선택할 수 있다. 물론 그것들을 쓸 때는 제대로 들어맞는 특수한 드라이버 비트가 필요하다.

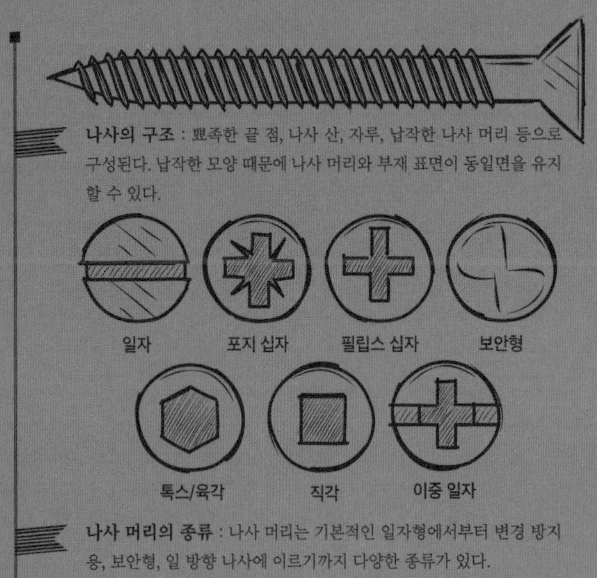

나사의 구조 : 뾰족한 끝 점, 나사 산, 자루, 납작한 나사 머리 등으로 구성된다. 납작한 모양 때문에 나사 머리와 부재 표면이 동일면을 유지할 수 있다.

나사 머리의 종류 : 나사 머리는 기본적인 일자형에서부터 변경 방지용, 보안형, 일 방향 나사에 이르기까지 다양한 종류가 있다.

USING A RATCHET SCREWDRIVER

라쳇 드라이버 사용하기

조합형 라쳇 드라이버의 쓰임새는 매우 다양하다. 다양한 나사 머리에 적용할 수 있기 때문이다. 샤프트 끝에 달린 자석 홀더에 표준 육각 비트를 끼울 수 있다. 손잡이 마개를 풀면 열리는 공간에는 대개 몇 가지 비트를 보관할 수 있다. 보관 장소도 마련하고 비트도 안전하게 지킬 수 있어 일거양득이다.

작업 순서

시작하기 전에

- **➤ 나사 선택하기** : 가지고 있는 나사 게이지와 길이가 작업에 적당한 것인지 확인한다. 목재를 서로 맞춰 고정하려면 가장 얇은 두께의 나무보다 나사 길이가 3배 정도 길어야 한다.
- **➤ 예비 구멍을 파야 하나?** : 예비 구멍 없이 사용할 수 있는 나사도 있다. 그러나 먼저 예비 구멍을 파 놓으면 나무가 갈라지지 않는다.
- **➤ 나사 머리의 면 처리는?** : 접시 비트를 써서 나사 머리 면을 표면과 동일 선상에 맞출 것인지 결정한다.

자석 소켓 덕분에 표준 육각자루 비트를 대부분 끼울 수 있다.

육각자루가 달린 포지 **십자 비트**.

1 비트 선택하기

사용하고자 하는 나사 종류에 맞게 드라이버 소켓과 비트를 선택한다. 예를 들면, 포지 십자 머리와 일자 머리의 크기는 각각 6종류(P0에서 P5까지)가 있다. 아울러 필립스 십자 머리의 종류는 5가지(0에서 4, 0이 가장 작은 크기)다.

2 비트 끼우기

육각 자루 포지 십자 비트를 드라이버 샤프트 끝에 달린 자석 홀더에 끼운다. 비트 측면에 치수가 새겨져 있다. 비트가 마모된다는 느낌이 들면 바로 교체한다. 그렇지 않으면 나사를 잘 돌릴 수 없을 뿐 아니라 심하면 나사를 벗겨 내게 된다.

FOCUS ON…

나사산

나사에는 길이 방향을 따라 나선형의 나사산이 이어져 있다. 나사를 시계 방향으로 돌리면 부재에도 자신과 똑같은 모양의 나사산을 새긴다. 나사 기둥이 회전하면 주위의 물질을 뒤로하며 축 방향으로 진행한다. 이 회전 방향을 바꾸지(그러면 시계 반대 방향이 된다.) 않는 한 나사는 후퇴하지 않는다. 이런 원리에 따라 나사로 한데 묶어 놓은 두 물체를 쉽게 떼어 낼 수 없는 것이다.

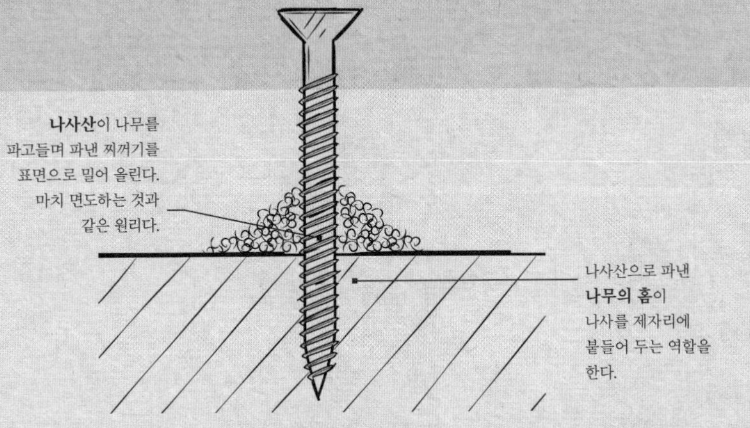

3 준비 완료

필요하다면 나사를 집어넣기 전에 이중 구멍을 내 준다. 이렇게 하면 나사 머리 면을 주위의 나무 표면과 동일 선상에 유지할 수 있다. 나사 끝을 구멍에 집어넣고 드라이버의 회전을 시계 방향에 맞춘다. 혹은, 잠금 상태에 맞추면 라쳇 기능이 없는 일반 드라이버로 쓸 수 있다.

4 나사 돌리기

드라이버를 수직으로 세운 채 주먹을 비틀어 나사를 돌린다. 손동작을 크게 할수록 나사가 빨리 박힌다. 필요한 경우에는 드라이버 회전을 시계 반대 방향으로 맞추고 반대로 돌리면 나사를 뺄 수 있다.

마친 뒤에

➤ **표면 확인하기** : 필요하다면 손가락으로 표면을 조심스럽게 만지면서 모든 나사 머리가 나무 표면과 동일 선상에 있는지 확인한다.

➤ **정돈하기** : 비트를 분리해서 다시 손잡이 보관함에 넣는다. 깨끗하고 부드러운 헝겊으로 드라이버를 닦은 뒤 보관한다.

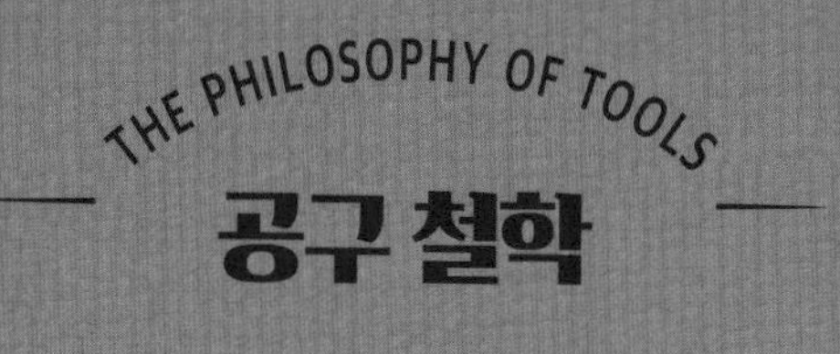

“자신의 손이 닳은 공구나,

자신의 목공 기술이 없다 해도,

목수는 **자신이 만든 상자나 집이 자신보다 더**

중요한 것이라는 말에 미소 짓지 않겠는가?”

바르톨

미국의 목사

CHOOSING A WRENCH

렌치 고르기

이미 15세기에 수레바퀴와 장갑판에 너트 같은 잠금장치를 조이는 용도로 아주 기초적인 형태의 렌치와 스패너가 사용되었다. 현대에 와서는 렌치와 스패너가 볼트, 너트 등 돌릴 수 있는 온갖 종류의 잠금장치를 조이는 데 쓰인다. 자전거 브레이크에 조그만 육각 볼트를 채우는 일에서부터 거대한 풍력 발전용 터빈을 너트로 잠그는 데까지 말이다.

소켓 렌치

C형 스패너

“스패너와 렌치의 정기 점검을 잊지 말자. 고장 난 공구는 잠금장치를 상하게 한다.”

라쳇 렌치

C형 스패너

➤ **구조** : C자 형태의 이빨이나 핀, 또는 고리가 한쪽이나 양쪽 끝에 달린 스패너다.

➤ **용도** : 커다란 링 모양의 잠금장치 또는 잠금 링을 조이거나 조절할 때 쓴다.

➤ **사용법** : 이빨, 핀, 고리 모두 잠금장치에 제대로 걸려 꼭 맞는지 확인한다.

➤ **참고 사항** : 공구의 크기가 맞아야 한다. 크기가 다르면 잠금장치가 상한다.

라쳇 렌치

➤ **구조** : 양쪽 모두 라쳇 기능이 있는 링 또는 박스형 스패너다.

➤ **용도** : 렌치를 45도 정도 회전할 여유가 없을 정도로 협소한 환경에서 잠금장치를 조일 때 쓴다.

➤ **사용법** : 링을 잠금장치에 끼운다. 손잡이 레버를 앞뒤로 움직일 때마다 최소 한 번씩 딸깍 소리가 나야 한다.

➤ **참고 사항** : 정확한 크기의 공구를 사용하여 잠금장치 머리에 꼭 맞게 끼워야 한다.

파이프 렌치

➤ **구조** : 톱니 모양의 턱 간격을 조절하여 연질 배관을 물게 된 렌치다.

➤ **용도** : 구리 또는 연철 등과 같은 연질 금속 파이프를 붙잡거나 돌리는 데 쓴다.

➤ **사용법** : 움직이는 턱을 파이프에 물린다. 자루를 누르면 지렛대 효과가 발생해 턱이 파이프를 더 단단히 붙들게 된다.

➤ **참고 사항** : 파이프는 깨끗하고 그리스가 묻어 있지 않아야 한다.

소켓 렌치

➤ **구조** : 원통형 소켓의 한쪽 구멍은 6에서 12 범위의 내각을 가지고, 반대쪽의 4각 구멍에 라쳇 기능이 있는 손잡이를 연결하는 렌치다.

➤ **용도** : 볼트나 너트를 잠근다.

➤ **사용법** : 정확한 크기의 소켓을 선택하여 라쳇 드라이버에 끼운다. 레버로 잠금장치를 돌려서 딸깍 소리가 최소 한 번 이상 난 다음 다시 레버를 되돌린다.

➤ **참고 사항** : 6에서 19밀리미터 사이의 네 가지 드라이버 크기에 맞는 소켓을 고른다.

편구 스패너

➤ **구조** : 한쪽에는 스패너, 반대쪽에는 링이나 박스가 달린 공구다.

➤ **용도** : 45도 정도 회전이 가능한 공간에서 잠금장치를 돌려야 할 때 쓴다.

➤ **사용법** : 양쪽 중 어느 쪽이든 노출된 너트에 끼우고 돌린다.

➤ **참고 사항** : 잠금장치에 꼭 맞아야 한다.

몽키 스패너

➤ **구조** : 나사를 돌려 다양한 크기의 잠금장치에 맞게 턱을 조절하는 스패너다.

➤ **용도** : 표준 또는 육각형이 아닌 잠금장치를 열거나 잠그는 데 쓴다.

➤ **사용법** : 잠금장치에 턱을 끼워 조인다. 움직이는 턱을 회전 방향으로 밀어주어야 한다. 반대쪽으로 밀어지면 안 된다.

➤ **참고 사항** : 스패너 턱을 잠금장치의 평평한 면에 꼭 끼워야 한다. 그렇지 않으면 볼트 머리가 무너질 수 있다.

다음 페이지에 계속 ➔

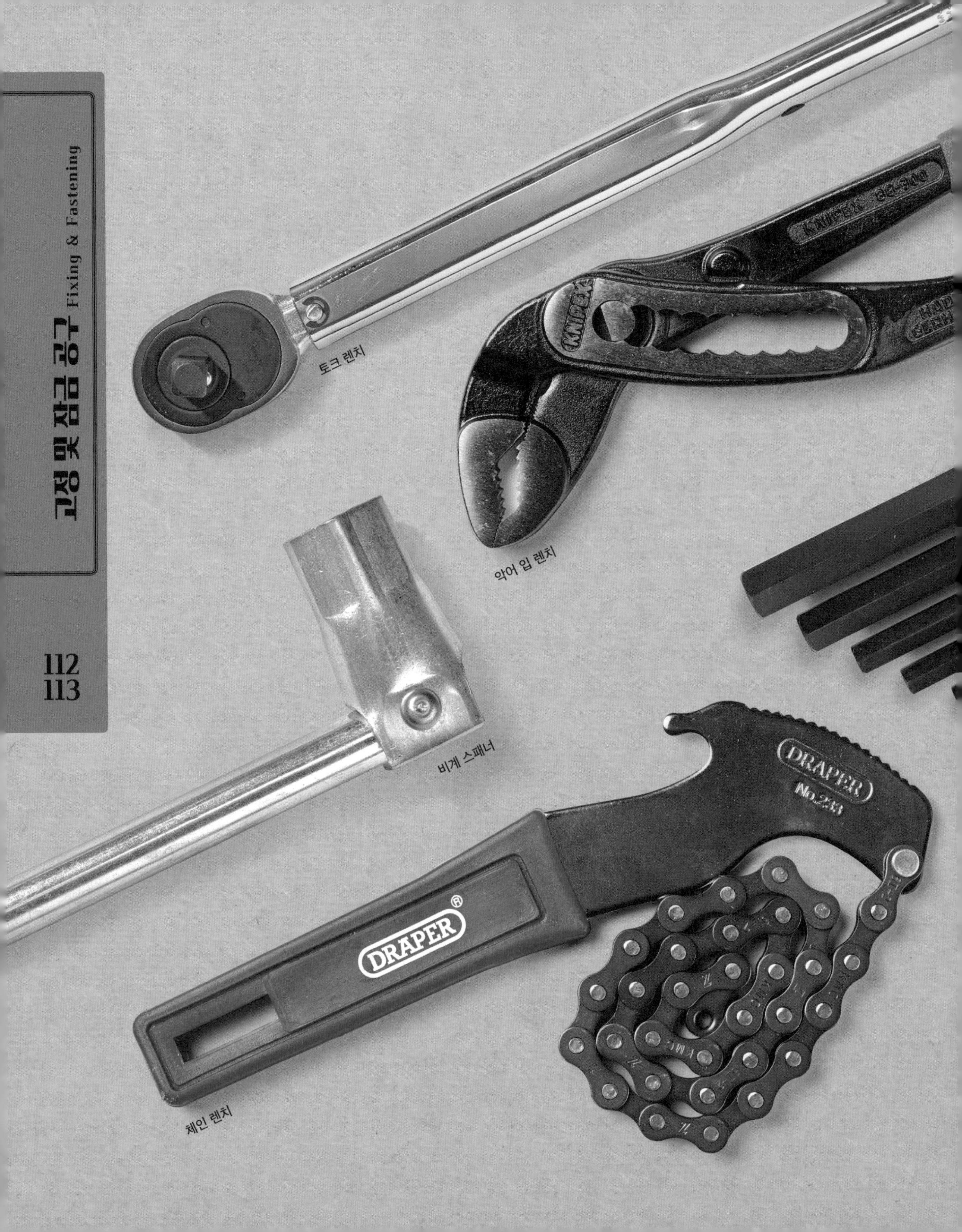

토크 렌치

악어 입 렌치

비계 스패너

체인 렌치

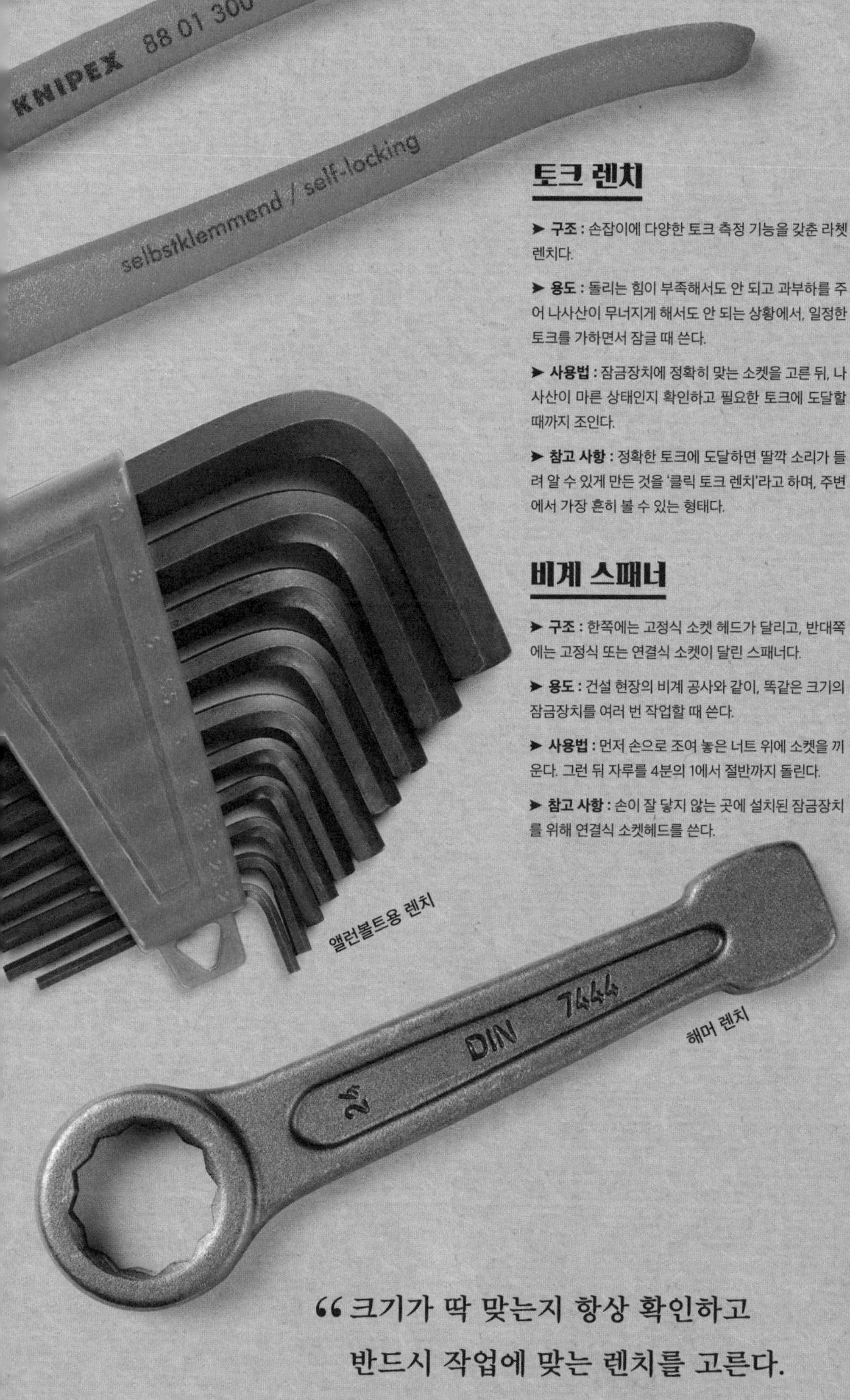

앨런볼트용 렌치

해머 렌치

토크 렌치

➤ **구조 :** 손잡이에 다양한 토크 측정 기능을 갖춘 라쳇 렌치다.

➤ **용도 :** 돌리는 힘이 부족해서도 안 되고 과부하를 주어 나사산이 무너지게 해서도 안 되는 상황에서, 일정한 토크를 가하면서 잠글 때 쓴다.

➤ **사용법 :** 잠금장치에 정확히 맞는 소켓을 고른 뒤, 나사산이 마른 상태인지 확인하고 필요한 토크에 도달할 때까지 조인다.

➤ **참고 사항 :** 정확한 토크에 도달하면 딸깍 소리가 들려 알 수 있게 만든 것을 '클릭 토크 렌치'라고 하며, 주변에서 가장 흔히 볼 수 있는 형태다.

비계 스패너

➤ **구조 :** 한쪽에는 고정식 소켓 헤드가 달리고, 반대쪽에는 고정식 또는 연결식 소켓이 달린 스패너다.

➤ **용도 :** 건설 현장의 비계 공사와 같이, 똑같은 크기의 잠금장치를 여러 번 작업할 때 쓴다.

➤ **사용법 :** 먼저 손으로 조여 놓은 너트 위에 소켓을 끼운다. 그런 뒤 자루를 4분의 1에서 절반까지 돌린다.

➤ **참고 사항 :** 손이 잘 닿지 않는 곳에 설치된 잠금장치를 위해 연결식 소켓헤드를 쓴다.

악어 입 렌치

➤ **구조 :** 턱이 열린 구조로 된 다용도 렌치로, 한쪽 턱은 평평하고, 다른 쪽 턱은 계단식으로 연결된 톱니 구조로 되어 있다.

➤ **용도 :** 사각형의 너트 또는 볼트 헤드가 있는 기초적 기계와 공구에 사용한다.

➤ **사용법 :** 턱으로 물었을 때 잠금장치에 가장 단단하게 걸린 이빨을 이용하여 원하는 만큼 렌치를 돌린다.

➤ **참고 사항 :** 이것은 가장 기초적인 '구식' 공구다. 실제 쓰임새가 있다기보다는 전시용인 경우가 많다.

체인 렌치

➤ **구조 :** 저절로 꽉 조여지는 체인 또는 끈과, 라쳇 기능이 있는 드라이버를 함께 쓴다.

➤ **용도 :** 자동차용 원통형 오일 필터를 단단히 그러쥘 때 쓴다.

➤ **사용법 :** 필터 중간 부분에 체인을 감고 단단히 조여질 때까지 드라이버를 돌린다. 그런 다음 라쳇 기능으로 필터를 돌린다.

➤ **참고 사항 :** 체인을 감기 전에 필터에서 기름과 때를 청소한다.

앨런볼트용 렌치(육각 렌치)

➤ **구조 :** 오목한 육각 잠금장치에 맞는 L자 모양의 비트다.

➤ **용도 :** 기계나 가구에 설치된 작은 크기의 잠금장치를 잠그거나 풀 때 쓴다.

➤ **사용법 :** 잠금장치 오목부에 렌치를 깊숙이 집어넣고 돌린다.

➤ **참고 사항 :** 전동 공구와 함께 쓰기 위해 만든 종류를 '톡스형'이라고 한다.

해머 렌치

➤ **구조 :** 한쪽 끝에는 열린 스패너가 있고, 다른 쪽 끝에는 해머로 칠 수 있는 블록이 설치된, 튼튼한 렌치다.

➤ **용도 :** 해머로 렌치를 쳐야 할 정도로 볼트나 너트가 무겁게 잠겨 있을 때 쓴다.

➤ **사용법 :** 잠금장치에 정렬 선이 있으면 우선 손으로 나사를 돌려 내린 뒤, 선이 정렬될 때까지 해머로 렌치를 때린다.

➤ **참고 사항 :** 잠그거나 풀 때는 가능한 한 직각을 유지하면서 타격한다.

> "크기가 딱 맞는지 항상 확인하고 반드시 작업에 맞는 렌치를 고른다. 그렇지 않으면 잠금장치, 파이프, 심지어 사람까지 다친다."

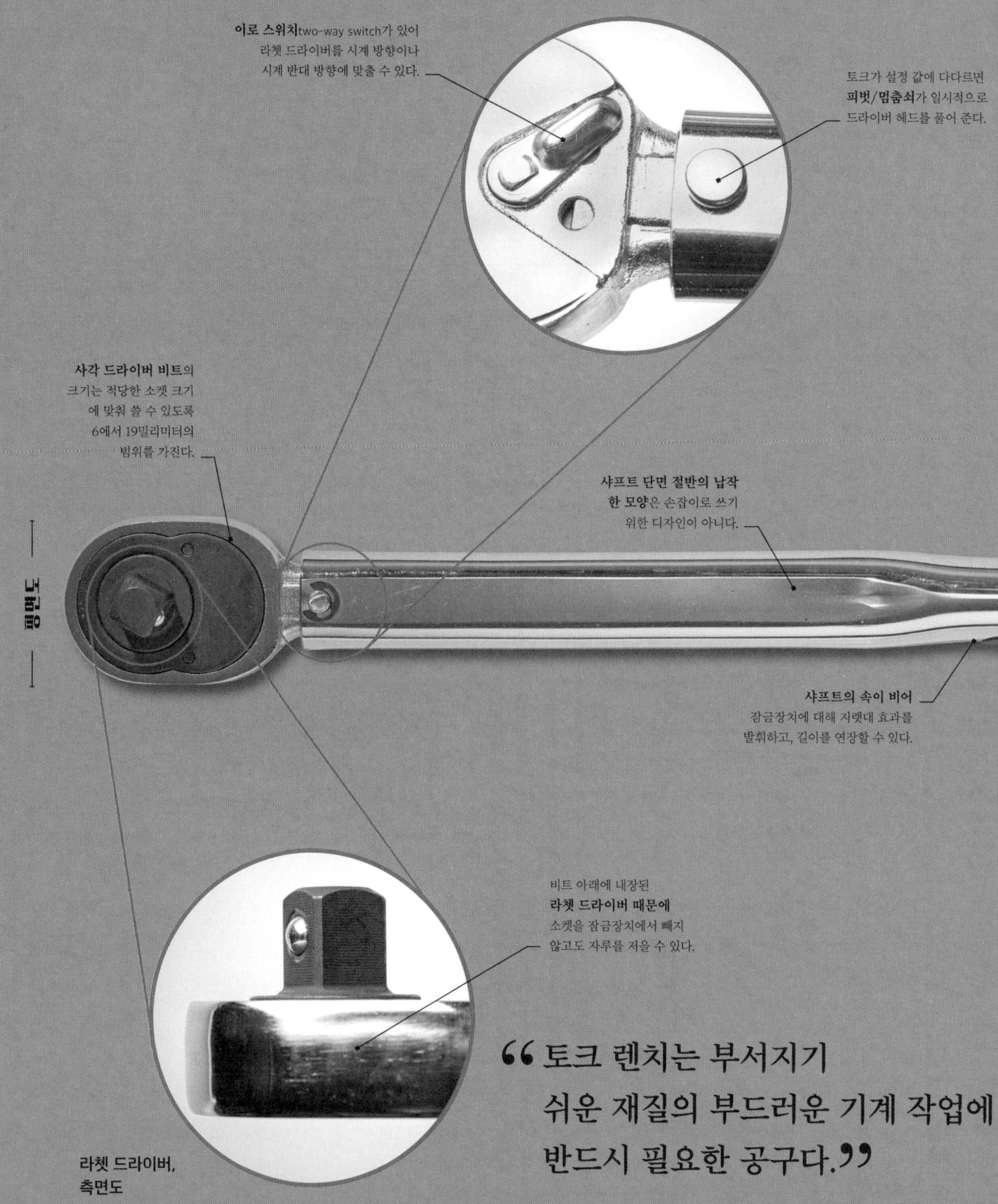

라쳇 드라이버, 측면도

“토크 렌치는 부서지기 쉬운 재질의 부드러운 기계 작업에 반드시 필요한 공구다.”

STRUCTURE OF A TORQUE WRENCH

토크 렌치의 구조

일정한 토크를 유지하는 렌치로 잠금장치에 예비 부하를 가하는 것은, 나사산이나 부품이 상하지 않으면서도 잠금장치를 꽉 조일 수 있는 좋은 방법이다. 탄소 섬유 같은 깨지기 쉬운 연질 재료나, 높은 토크를 설정해야 하는 핵심 부품을 대상으로 작업할 때는 토크 렌치가 반드시 필요하다.

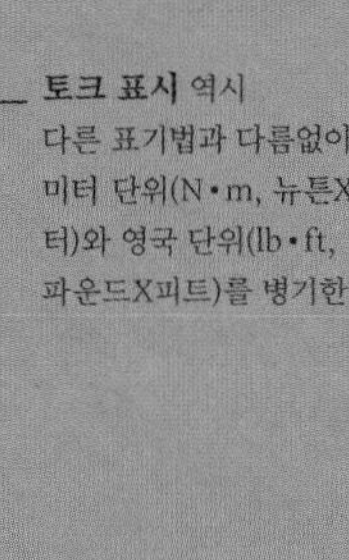

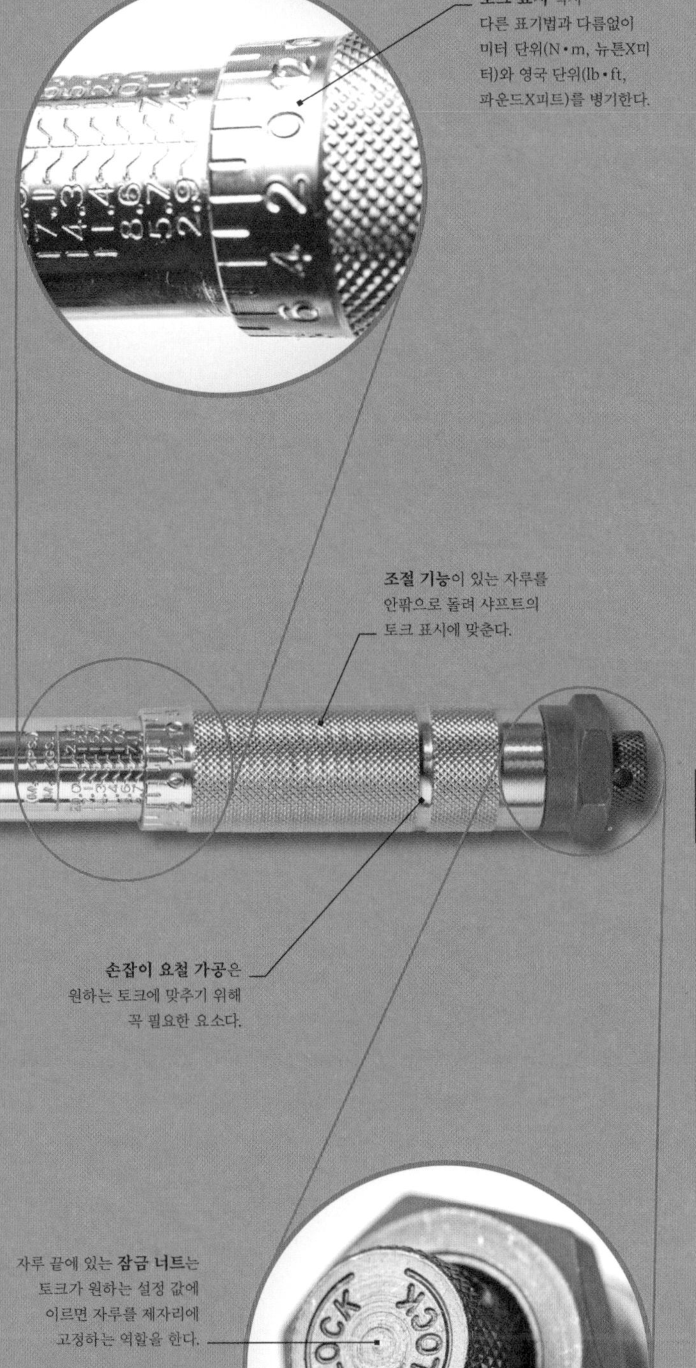

토크 표시 역시 다른 표기법과 다름없이 미터 단위(N • m, 뉴튼X미터)와 영국 단위(lb • ft, 파운드X피트)를 병기한다.

조절 기능이 있는 자루를 안팎으로 돌려 샤프트의 토크 표시에 맞춘다.

손잡이 요철 가공은 원하는 토크에 맞추기 위해 꼭 필요한 요소다.

자루 끝에 있는 **잠금 너트**는 토크가 원하는 설정 값에 이르면 자루를 제자리에 고정하는 역할을 한다.

렌치 끝에 달린 **분해용 너트**는 유지 관리 목적으로만 사용한다.

FOCUS ON…

토크 렌치 유형

손으로 보정하고, 스프링 장력을 이용하는 토크 렌치가 가장 널리 사용되지만, 다른 종류의 토크 렌치도 있다. 즉, 빔형, 전자식(디지털), T자 손잡이, 라쳇 기능이 없는 방식 등이다. 마지막의 라쳇 기능이 없는 방식은 토크 설정값이 5N • m 정도로 아주 낮은 단일값일 때 쓰는 소형 토크 렌치로서, 깨지기 쉬운 탄소 섬유 부품을 서로 맞대어 고정할 때 많이 사용한다.

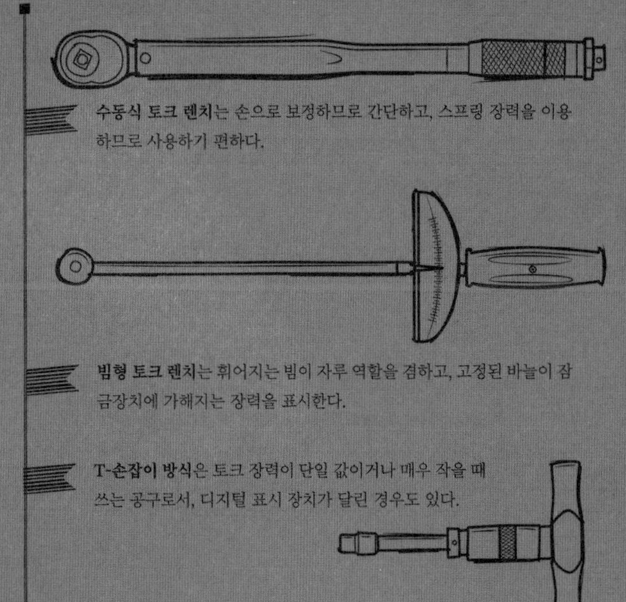

수동식 토크 렌치는 손으로 보정하므로 간단하고, 스프링 장력을 이용하므로 사용하기 편하다.

빔형 토크 렌치는 휘어지는 빔이 자루 역할을 겸하고, 고정된 바늘이 잠금장치에 가해지는 장력을 표시한다.

T-손잡이 방식은 토크 장력이 단일 값이거나 매우 작을 때 쓰는 공구로서, 디지털 표시 장치가 달린 경우도 있다.

USING A TORQUE WRENCH

토크 렌치 사용하기

토크가 특정한 설정값에 이를 때까지만 잠금장치에 부하를 가해야 하는 상황은, 정밀 부품을 작업할 때, 부품이 파손되어 위험한 상황, 볼트나 너트가 풀리거나 손상될 가능성이 있을 때 등이다. 토크 렌치는 일반적인 라쳇 렌치와 작동 방식이 비슷하고 사용하기도 편하다. 다만 해당 작업에 필요한 토크 설정치는 알아야 한다.

작업 순서

시작하기 전에

➤ **장력 확인하기** : 해당 잠금장치에 필요한 토크 설정값을 꼼꼼히 기록한다. 설정값은 작업 매뉴얼에 적혀 있거나 잠금장치에 표시되어 있다.

➤ **토크 표시 단위 설정** : 토크 설정치는 뉴튼 미터 또는 파운드 피트로 표시되거나, 둘 다 표시되는 경우도 있다. 구체적인 수치는 +/- 양쪽으로 약간의 오차가 날 수 있다.

➤ **청결 유지하기** : 잠금장치에 정확한 장력을 가하기 위해서는 나사선이 깨끗하고 그리스나 기름 찌꺼기가 남아 있지 않아야 한다.

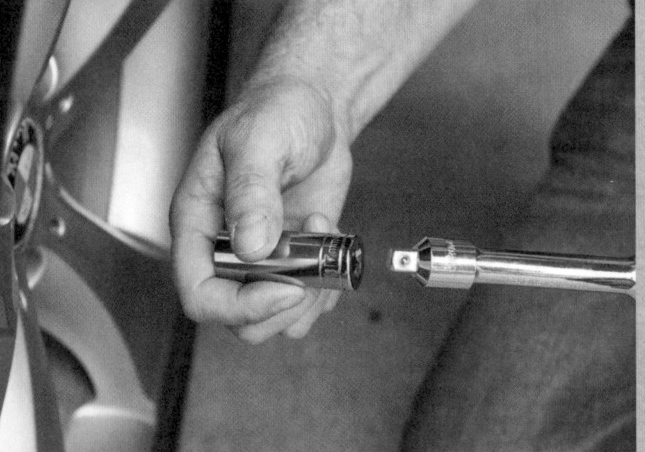

1 정확한 소켓 선택하기

6에서 19밀리미터 범위에 있는 드라이버를 찾고, 잠금장치에 맞는 소켓의 정확한 크기를 선택한다. 자동차용 볼트나 너트의 경우 육각/톡스 비트가 필요할 것이다. 소켓을 사각 드라이버에서 딸깍 소리가 날 때까지 단단히 끼워 넣는다.

뉴튼 미터나 파운드 피트 중 원하는 토크 단위에 **손잡이를 돌려 맞춘다.**

2 치수 조정하기

토크 렌치의 회전 손잡이를 밖으로 풀어서 보관해야 한다. 끝부분의 잠금 볼트를 풀어서 앞쪽 끝이 원하는 토크 설정값과 정확하게 일치할 때까지 손잡이에 돌려 넣는다. 자루에 표시된 토크 단위를 다시 한 번 확인한다.

손잡이를 다시 잠가 **설정값을 고정**한다.

FOCUS ON…

나사산

토크란 회전력을 측정한 값이다. 즉, 어떤 물체를 한 회전축을 중심으로 돌리는 데 어느 정도 힘을 가했는지 측정하는 것이다. 회전축은 너트나 볼트가 되고 힘은 작업자의 손과 팔에서 나와 토크 렌치에 전달된 것이다. 힘이 회전축에서 멀수록 가해지는 토크는 커진다. 꽉 끼인 너트를 돌릴 때 렌치 자루 중간을 잡는 것보다 끝을 잡는 것이 쉬운 이유가 바로 이것이다.

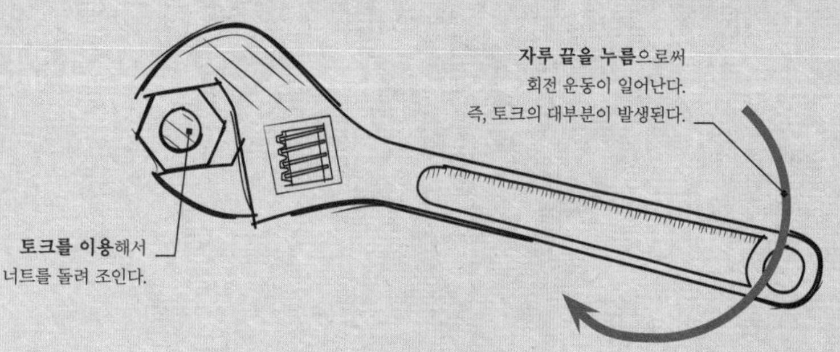

4 설정 토크까지 조이기

설정해 놓은 토크 값에 도달하면 렌치 헤드에서 둔탁한 소리가 난다. 그로 인해 약간 토크 손실이 발생한다. 잠금장치에서 렌치를 제거한다.

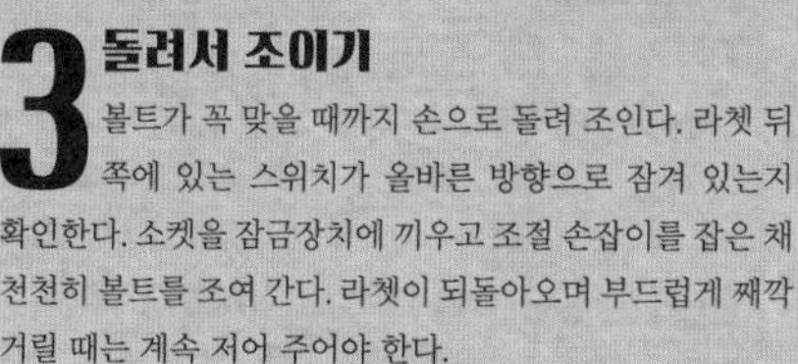

3 돌려서 조이기

볼트가 꼭 맞을 때까지 손으로 돌려 조인다. 라쳇 뒤쪽에 있는 스위치가 올바른 방향으로 잠겨 있는지 확인한다. 소켓을 잠금장치에 끼우고 조절 손잡이를 잡은 채 천천히 볼트를 조여 간다. 라쳇이 되돌아오며 부드럽게 째깍거릴 때는 계속 저어 주어야 한다.

볼트를 최대 토크까지 조이되, 그 이상은 조이지 않는다. 과도한 힘을 가하면 나사산이나 볼트가 상할 수 있으므로 조심해야 한다.

마친 뒤에

- ➤ **소켓 풀기** : 소켓을 풀어 보관함이나 공구 상자에 넣은 다음 원래 자리에 돌려놓는다.
- ➤ **너트 풀기** : 자루 끝에 있는 잠금 너트를 푼다.
- ➤ **나사 풀기** : 스프링 장력이 해제된 것을 느낄 때까지 손잡이 나사를 푼다. 이때 내부 스프링과 기구에 최소한의 압력만 남게 된다. 항상 이 상태로 보관해야 한다.

CHOOSING A DRILL & DRILL BIT

드릴과 드릴 비트 고르기

전통 방식의 드릴 비트는 현대의 발전된 전동 드릴보다 효율이 떨어질지 모르지만, 여전히 쓰임새가 있다. 따라서 구식 연장이 내는 윙-하는 소리를 경험해 보거나, 스윙 브레이스의 굉음을 느껴 보는 것도 괜찮을 것이다. 그러나 시간과 효율이 중요한 작업에서라면 무선 전동 드릴이 비용에 걸맞은 합리적인 선택이 될 것이다.

수동 드릴

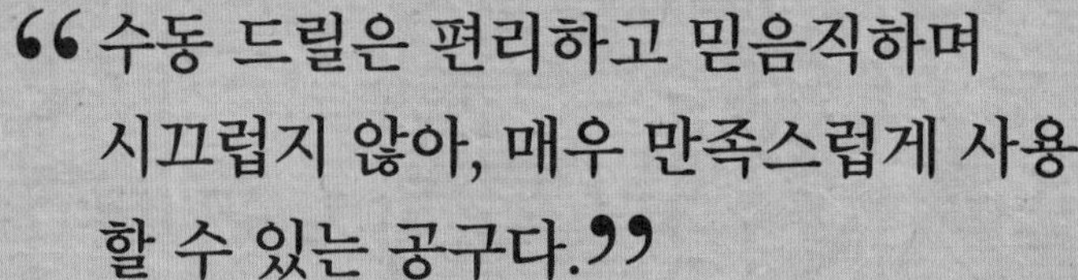

“수동 드릴은 편리하고 믿음직하며 시끄럽지 않아, 매우 만족스럽게 사용할 수 있는 공구다.”

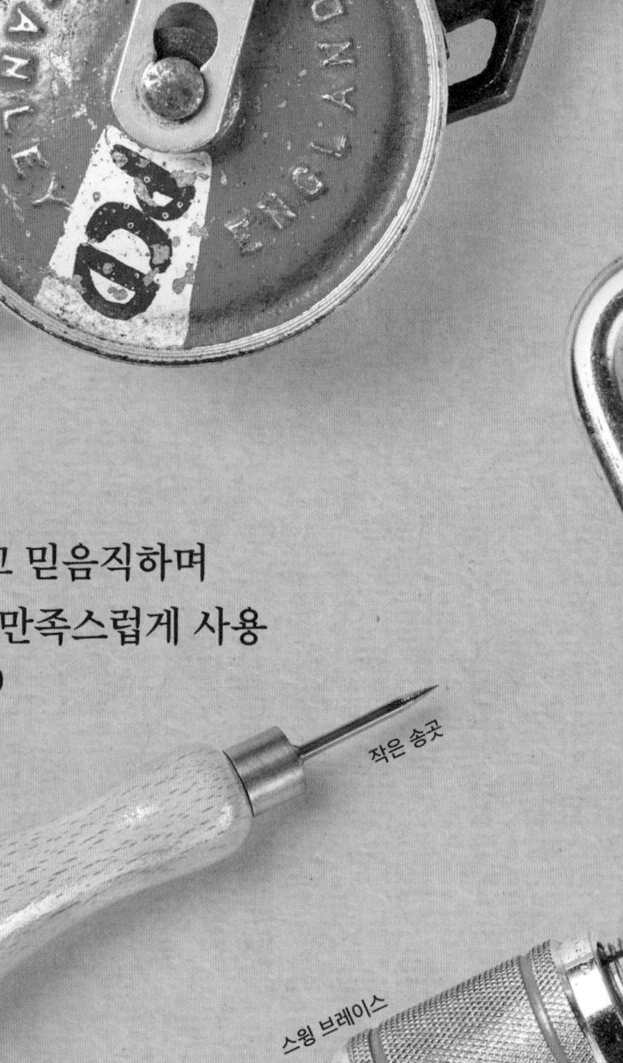

작은 송곳

스윙 브레이스

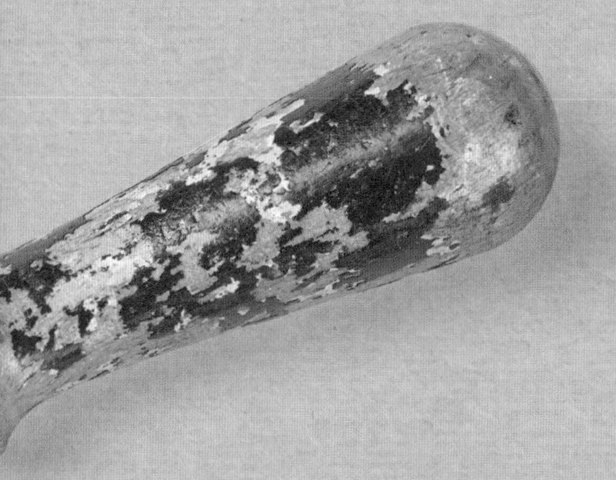

> "생각해 보라.
> 전선이 달린 모든 것은 결국에는
> 쓰레기가 되고 만다." – 존 사지
> 목조 건축가

아르키메데스 드릴

수동 드릴

▶ 구조 : 수동 휠의 톱니가 철제 또는 알루미늄 틀의 작은 기어와 딱 들어맞아서 척을 돌리는 공구다. 자동으로 중심에 모이는 척과 활엽목 손잡이를 갖추고 있다.

▶ 용도 : 대부분의 재료에 지름 9밀리미터까지의 구멍을 내는 데 쓴다. 세부 형상이 있는 표면에 작은 구멍을 뚫을 때 적합하다.

▶ 사용법 : 트위스트 비트를 턱에 끼우고 척을 조인다. 측면 손잡이를 돌려 척을 시계 방향이나 시계 반대 방향으로 돌린다.

▶ 참고 사항 : 3개의 척 턱이 모두 제대로 작동하는지 확인한다. 오래된 공구에는 측면 손잡이가 사라진 경우도 종종 있다.

작은 송곳

▶ 구조 : 사각 또는 뾰족한 철제 송곳이 고정되어 있고, 활엽목이나 플라스틱 소재의 손잡이가 달려 있다. 나무 섬유에 힘을 가해 쪼갠다.

▶ 용도 : 작은 나사 또는 더 큰 드릴 비트로 예비 구멍을 뚫을 필요 없이 시작하는 구멍을 만들 때 쓴다.

▶ 사용법 : 연필로 표시된 자리에 날 끝을 놓고 공구를 수직으로 세운다. 아래로 누르면서 몇 번 비틀어 구멍을 뚫는다.

▶ 참고 사항 : 송곳 끝은 날카로운 상태를 유지해야하므로, 필요하다면 기름숫돌의 모서리를 사용해서 끝을 갈아 준다.

스윙 브레이스

▶ 구조 : 떼었다 붙였다 할 수 있는 척이 있는 U자 모양의 강철 틀이다. 손잡이 소재는 활엽목이나 플라스틱이다. 척에는 대개 라쳇 기능이 있다.

▶ 용도 : 밀도가 높은 목재에 깊고 큰 지름의 구멍을 내는 데 쓰므로 엄청난 토크가 필요하다.

▶ 사용법 : 턱에 있는 V자 홈에 비트를 끼우고 슬리브를 조인다. 뒤쪽 손잡이를 쥐고 중간 손잡이를 시계 방향으로 돌려 척을 돌린다.

▶ 참고 사항 : 턱 모양을 확인한다. 어떤 제품에는 사각 테이퍼 자루로 된 비트만 끼울 수 있는 경우가 있기 때문이다.

아르키메데스 드릴

▶ 구조 : 나선형 샤프트와 용수철이 든 슬라이딩 이음 고리, 고리형 받침 척으로 구성된다.

▶ 용도 : 모형 제작 및 기타 소규모 작업에 쓴다. 나무나 깨지기 쉬운 재료에 지름 1밀리미터까지의 작은 구멍을 뚫는다.

▶ 사용법 : 받침 척에 비트를 끼우고 조인다. 검지로 공구 끝을 누르면서 샤프트의 아래위로 이음 고리를 왕복 운동한다.

▶ 참고 사항 : 드릴 비트의 여분을 확보한다. 크기가 너무 작아 쉽게 분실 또는 파손된다.

다음 페이지에 계속

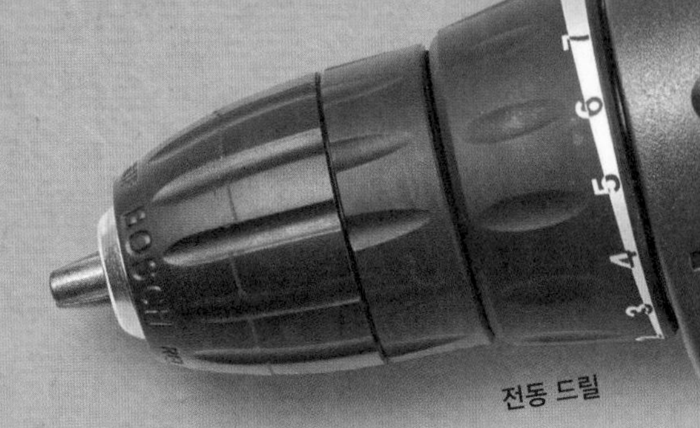
전동 드릴

"무선 공구는 마치 분노의 질주를 펼치듯이 속도를 낸다. 드릴이나 드라이버 작업 모두 속도만큼은 탁월하다."

콤비 드릴

무선 콤비 드릴

➤ **구조** : 배터리 구동식 공구로, 석재 파쇄 작업을 위한 해머 기능이 추가되었다.

➤ **용도** : 구멍 뚫는 공구다. 거의 모든 재료가 대상이며, 콘크리트와 석재도 포함된다. 나사를 박거나 뺄 때 쓴다.

➤ **사용법** : 척에 적합한 비트를 끼우고, 드릴, 해머, 드라이버 중 필요한 기능을 선택한 뒤, 적절한 속도를 결정한다.

➤ **참고 사항** : 속도 조절 방아쇠가 드릴 작업에 큰 도움이 된다.

무선 드릴/드라이버

➤ **구조** : 배터리 충전식 2단 변속 전동 공구다. 온·오프 방아쇠를 당겨 모터를 돌리면 척이 회전한다.

➤ **용도** : 목재, 금속, 플라스틱 같은 재료에 구멍을 뚫는 데 쓴다. 나사를 박거나 뺀다.

➤ **사용법** : 척에 적합한 비트를 끼우고 척을 조인 다음, 드릴 모드와 속도를 선택한다. 나사의 토크와 속도를 조절한다.

➤ **참고 사항** : 배터리를 교체할 수 있어 충전 속도가 빠르다. 배터리를 교체할 수 없는 저렴한 제품은 충전 시간이 많이 소요된다.

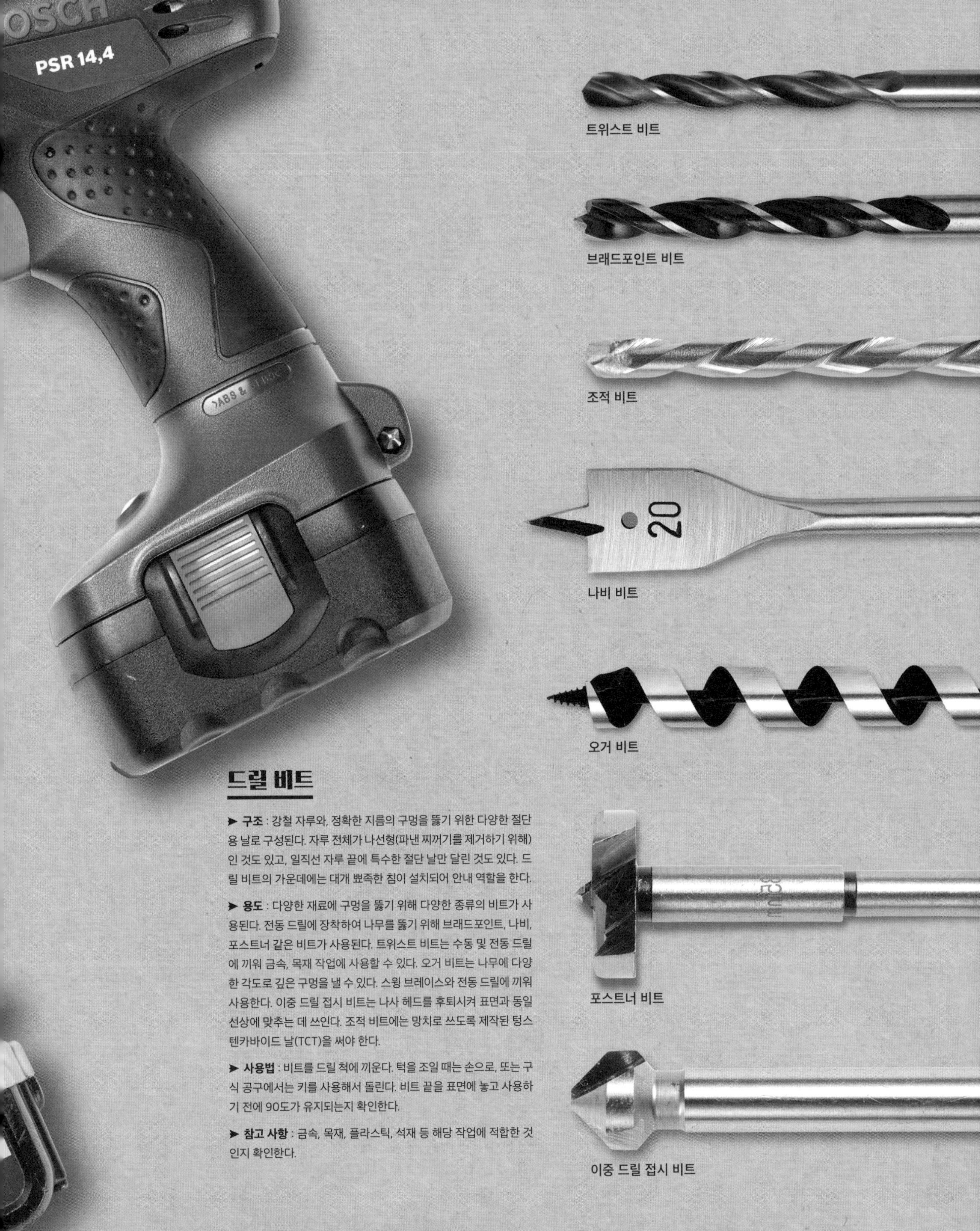

트위스트 비트

브래드포인트 비트

조적 비트

나비 비트

오거 비트

포스트너 비트

이중 드릴 접시 비트

드릴 비트

➤ **구조** : 강철 자루와, 정확한 지름의 구멍을 뚫기 위한 다양한 절단용 날로 구성된다. 자루 전체가 나선형(파낸 찌꺼기를 제거하기 위해)인 것도 있고, 일직선 자루 끝에 특수한 절단 날만 달린 것도 있다. 드릴 비트의 가운데에는 대개 뾰족한 침이 설치되어 안내 역할을 한다.

➤ **용도** : 다양한 재료에 구멍을 뚫기 위해 다양한 종류의 비트가 사용된다. 전동 드릴에 장착하여 나무를 뚫기 위해 브래드포인트, 나비, 포스트너 같은 비트가 사용된다. 트위스트 비트는 수동 및 전동 드릴에 끼워 금속, 목재 작업에 사용할 수 있다. 오거 비트는 나무에 다양한 각도로 깊은 구멍을 낼 수 있다. 스윙 브레이스와 전동 드릴에 끼워 사용한다. 이중 드릴 접시 비트는 나사 헤드를 후퇴시켜 표면과 동일 선상에 맞추는 데 쓰인다. 조적 비트에는 망치로 쓰도록 제작된 텅스텐카바이드 날(TCT)을 써야 한다.

➤ **사용법** : 비트를 드릴 척에 끼운다. 턱을 조일 때는 손으로, 또는 구식 공구에서는 키를 사용해서 돌린다. 비트 끝을 표면에 놓고 사용하기 전에 90도가 유지되는지 확인한다.

➤ **참고 사항** : 금속, 목재, 플라스틱, 석재 등 해당 작업에 적합한 것인지 확인한다.

평면도
슬리브를 돌려
척을 열고 닫는다.
몸체 위에 놓인
속도 선택 스위치로
기어를 변환한다.
측면도
모드 선택 스위치를
돌려 해머/드릴/나사
기능을 선택한다.
공기구멍으로
드릴 작업 중에
모터를 식혀 준다.
변속 방아쇠를 당겨
모터를 켠다.
최대 속도 :
분당 1,300회전
폭신한 고무 손잡이에
는 미끄럼 방지 기능이
있으며 진동을 줄여 준다.
척의 정면
열쇠 없는 척의 턱이
비트를 문다.
버튼을 풀면
배터리를 떼어 내
충전할 수 있다.
DEWALT
18V/XR LI-ION
4.0 AH

STRUCTURE OF A COMBI DRILL

콤비 드릴의 구조

“무선 콤비 드릴은 유선 장비에 비해 안전하고 편리하며 다재다능한 도구다.”

전동 드릴의 핵심은 바로 플라스틱 케이스 안에 들어 있는 브러시 또는 브러시리스 모터다. 금속이나 플라스틱 소재의 기어로 두세 단계의 속도 설정이 가능하며 방아쇠로 작동한다. 척은 스핀들을 축으로 회전하며 모터로 구동된다. 일반적인 로터리 작용으로 금속과 나무에 구멍을 뚫고, 나사를 돌린다. 해머로는 석재에 구멍을 뚫거나 파쇄 작업을 한다.

정면도

외부 케이스는 플라스틱으로 만들어 공구의 무게를 줄여 준다.

방아쇠를 당기면 **LED 작업등**이 드릴 작업 주변을 밝힌다.

척을 전후 방향으로 회전시키는 버튼이다.

버튼을 눌러 배터리 팩을 떼어 낼 수 있다.

FOCUS ON…

크기

소형 전동 공구는 제한된 공간에서 쓰기에 적합하며, 손이 작은 사람도 쓰기 편할 것이다. 그러나 콤비 드릴에 비해 해머 기능은 그리 강력하지 못한 편이다. 배터리 용량은 암페어시(Ah)로 표현되며 일반적으로 10.8볼트용 공구 기준으로 3.0Ah까지다. 리튬 배터리는 구형 니켈카드뮴이나 니켈수소전지보다는 더 친환경적이다.

10.8볼트형 콤비 드릴
경량 드릴과 전동 드라이버를 겸해 쓸 수 있으며, 2단 변속 기능이 있다. 간단한 작업에 적합하나, 무거운 석재나 콘크리트에는 맞지 않는다.

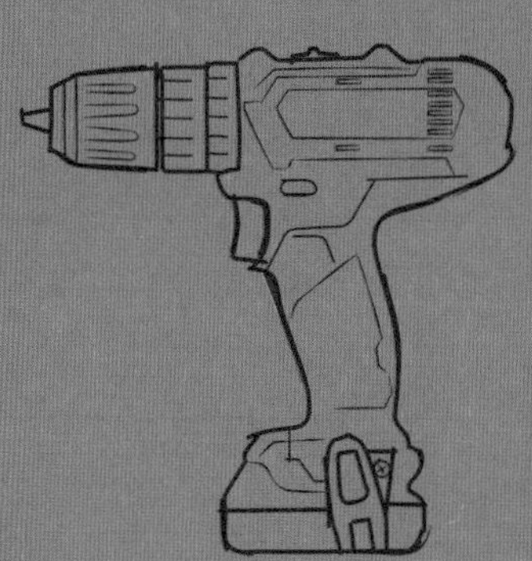

18볼트형 콤비 드릴
고전압형 콤비 드릴은 크고 무거운 단점이 있지만, 큰 나사를 돌리는 데 필요한 큰 토크를 발휘하고, 광범위한 재료를 작업 대상으로 삼는다. 또 5.0Ah까지, 혹은 그보다 더 큰 대용량 배터리를 쓸 수도 있다.

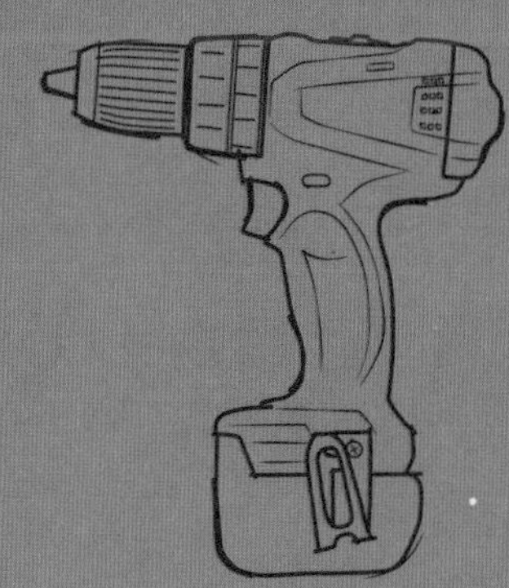

USING A COMBI DRILL

콤비 드릴 사용하기

컴비네이션 드릴, 또는 콤비 드릴이라고 하는 이 공구는 해머 기능이 더해져 거의 모든 드릴 기능을 다 구사할 수 있다. 텅스텐 카바이드 조적 비트를 끼우기만 하면 해머 기능을 발휘하여 콘크리트를 깰 수 있고, 일반 로터리 동작 모드로 전환하면 나무와 금속을 비롯한 대부분 재료 작업을 할 수 있다. 게다가 배터리로 구동되므로 야외에서도 안전하게 사용할 수 있다.

작업 순서

시작하기 전에

➤ **안전** : 항상 보안경과 방진 마스크를 낀다. 해머 드릴을 장시간 사용할 때는 귀마개를 착용하는 것이 좋다.

➤ **배터리** : 배터리가 완전히 충전되어 있는지 확인한다.

➤ **비트** : 구멍을 여러 개 팔 때는 급속 비트 탈거 홀더를 쓰면 쉽게 교체할 수 있으므로 시간을 아낄 수 있다. 비트 홀더를 척에 고정하고 필요한 만큼 비트를 바꿔 가며 쓴다.

1 가이드 표시하기

강철 펀치와 해머를 사용하여 금속에 표시한다. 이것이 드릴 비트의 가이드가 되어 드릴 작업 도중 미끄러지지 않게 한다. 금속 작업물이 튼튼하고 평평한 표면 위에 단단히 고정되었는지 확인한다.

2 비트 끼우기

정확한 지름의 트위스트 비트를 고른 다음, 척의 턱 사이에 끼우고 슬리브를 단단히 조인다. 급속 비트 탈거 홀더를 쓰는 경우에는 비트 자루가 척에 정확하게 물렸는지 확인하고 작업을 시작한다.

> “기계 하나로 사람 50명분의 일을 할 수는 있지만, 탁월한 한 사람의 능력을 대신할 수는 없다.” - 엘버트 허버드
>
> 미국의 철학자, 작가

FOCUS ON…

토크 설정치

언덕을 오르거나 짐을 끄는 자동차처럼, 전동 드릴로 특정 작업을 할 때 기어를 저단으로 감속할 필요가 있다. 속도를 떨어뜨리면 토크가 높아진다. 즉 지름이 큰 구멍을 뚫거나 나사를 박는 데 필요한 회전력을 얻는 것이다. 거꾸로 연질 목재에 드릴 작업을 할 때는 높은 속도와 낮은 토크가 필요하다. 고단 기어를 선택하면 큰 기어가 작은 기어에 토크를 전달하여 회전 속도는 높아지지만 힘은 약해진다.

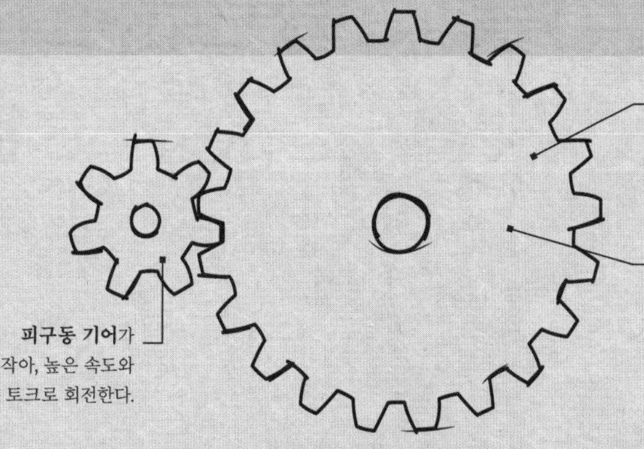

3 올바른 설정값 선택하기

적절한 드릴 기능을 선택하기 위해 토크 설정용 회전 고리를 돌려 원하는 설정값에 맞춘다. 작업에 맞는 회전 속도를 선택한다. 일반적으로 트위스트 비트는 고속에 맞추고 이보다 큰 비트는 이를 움직이기 위해 더 큰 회전력, 즉 토크가 필요하므로 저속을 선택한다.

4 구멍 뚫기

드릴 비트 끝을 표시해 둔 점에 대고 드릴이 금속 표면과 직각을 이루는지 확인한다. 방아쇠를 부드럽게 당기면서 회전을 시작해서 점차 속도를 높여 가며 드릴 작업을 완료한다.

절삭 부스러기,
또는 금속 찌꺼기.

마친 뒤에

➤ **줄로 다듬기** : 구멍 주변에 부스러기(금속 찌꺼기)가 생길 것이므로 납작한 줄 등으로 제거한다. 작업용 경량 장갑을 껴서 금속 부스러기를 맨손으로 집어 들지 않도록 한다.

➤ **청소하기** : 드릴에서 작업 부스러기를 조심스럽게 제거한다. 냉각 공조 장치에 부스러기가 들어가지 않도록 해야 한다.

CHOOSING A VICE

바이스 고르기

공구에 관심이 있거나 이제 막 공구를 사용하려는 사람에게 바이스는 필수품이다. 바이스는 나무, 금속, 플라스틱 같은 작업물을 고정하기 위해 작업대 위에 설치하는 튼튼한 장비다. 휴대용 소형 바이스는 어디에나 설치할 수 있어서, 전용 작업실이 없을 때 해결책이 될 수 있다.

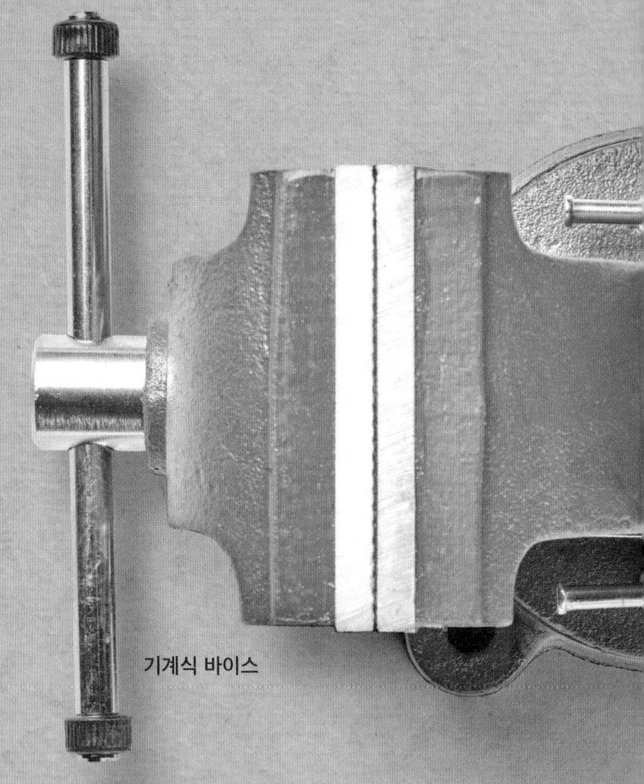

기계식 바이스

> “일직선 턱에는 취약한 표면이 상하지 않도록 활엽목을 대어 마감했다.”

목공 바이스

회전 바이스

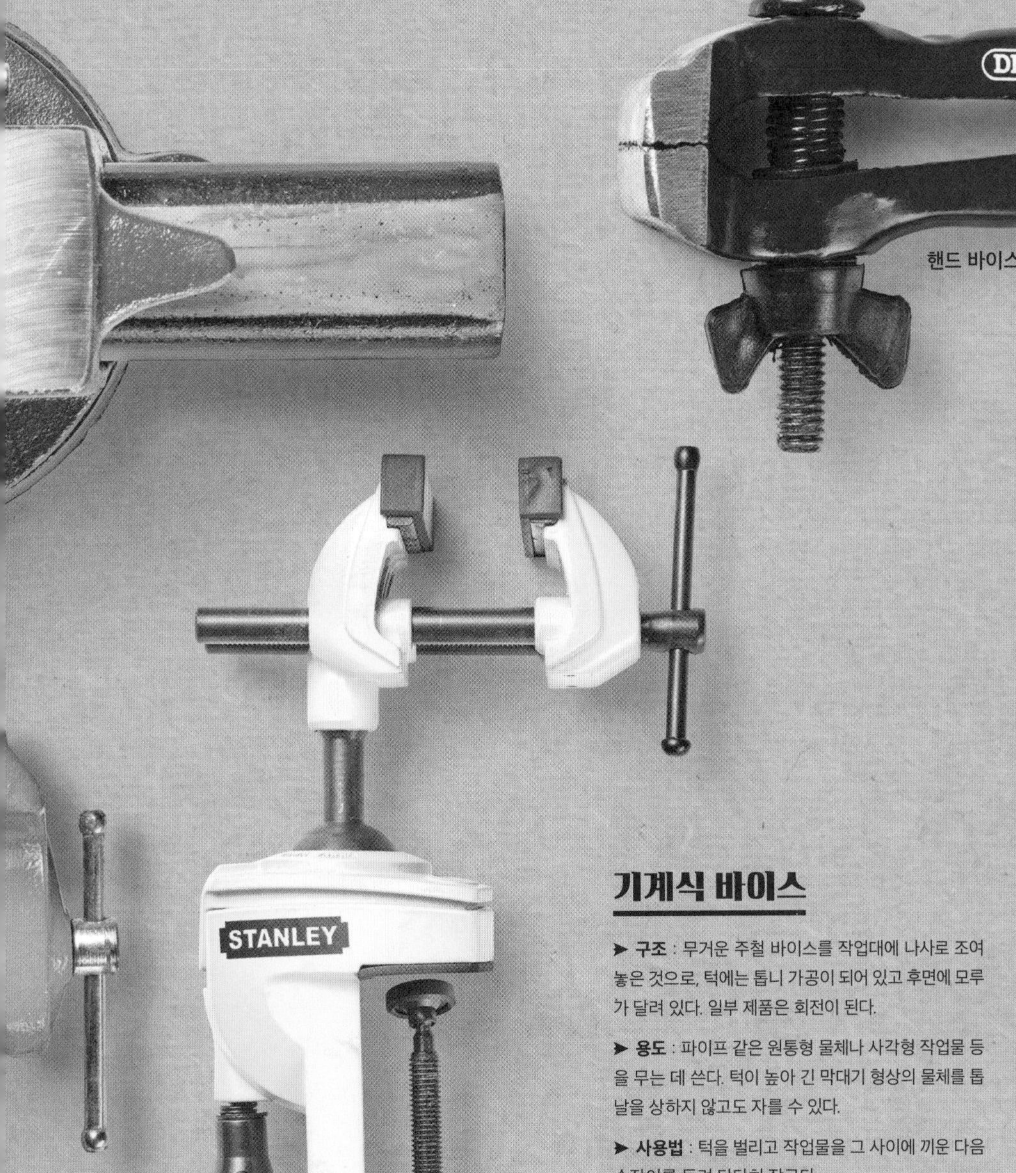

핸드 바이스

멀티 앵글 바이스

기계식 바이스

➤ **구조** : 무거운 주철 바이스를 작업대에 나사로 조여 놓은 것으로, 턱에는 톱니 가공이 되어 있고 후면에 모루가 달려 있다. 일부 제품은 회전이 된다.

➤ **용도** : 파이프 같은 원통형 물체나 사각형 작업물 등을 무는 데 쓴다. 턱이 높아 긴 막대기 형상의 물체를 톱날을 상하지 않고도 자를 수 있다.

➤ **사용법** : 턱을 벌리고 작업물을 그 사이에 끼운 다음 손잡이를 돌려 단단히 잠근다.

➤ **참고 사항** : 턱 위에 고무 보강대를 대서 바이스를 조일 때 취약한 표면을 보호한다.

목공 바이스

➤ **구조** : 튼튼한 주철 바이스를 작업대 아래쪽에 나사로 고정해 놓은 것이다. 대용량 턱은 표면적이 더 크다.

➤ **용도** : 나무에 대패질을 할 때, 또는 작업물을 수평이나 수직 방향으로 고정할 때 쓴다.

➤ **사용법** : 손잡이를 돌려 턱을 벌린다. 작업물을 제자리에 놓고 턱을 조인다.

➤ **참고 사항** : 급속 탈거 기능이 있어 턱을 열고 닫는 속도가 빠르다.

회전 바이스

➤ **구조** : 테이블에 고정하는 클램프가 달린 점은 기계식 바이스와 비슷하지만 이 바이스는 휴대할 수 있다. 턱은 90도로 회전한다.

➤ **용도** : 납땜, 배선 작업, 톱질, 모형 제작 같은 작업에서 작은 물건을 잡아 둘 때 쓴다. 작업 공간이 비좁을 때 유용하다.

➤ **사용법** : 바이스를 작업대에 물리고 회전대의 잠금 레버를 풀어 준다. 원하는 위치까지 회전한 뒤 다시 조인다.

➤ **참고 사항** : 클램프 턱 크기가 물려야 할 테이블의 두께보다 큰지 확인한다.

멀티 앵글 바이스

➤ **구조** : 경량 주조 알루미늄 바이스로서, 클램프 조절기를 써서 테이블에 고정한다. 턱은 어느 각도로든 기울일 수 있고 360도로 회전할 수 있다.

➤ **용도** : 납땜, 배선, 톱질, 모형 제작 같은 작업에서 작은 물건을 쉽게 다룰 수 있다.

➤ **사용법** : 바이스를 클램프로 작업대에 고정하고 뒤쪽의 손잡이를 돌려 턱을 벌린다. 턱을 회전시켜 원하는 위치에 놓고 앞쪽 바를 조인다.

➤ **참고 사항** : 플라스틱 소재의 턱 보강대가 쉽게 풀리는 경우가 종종 있다.

핸드 바이스

➤ **구조** : 경첩을 써서 단조강 턱을 고정대에 연결해 놓은, 폭이 좁은 바이스다. 나비너트의 스프링 장력을 이용해 조인다.

➤ **용도** : 보석 같은 아주 작은 물건을 붙잡고서 갈아 내기, 줄질, 드릴 작업 등을 한다. 일반 바이스의 턱에 설치할 수도 있다.

➤ **사용법** : 바이스를 손에 쥐고 각 부 요소의 위치를 잡은 뒤, 나비너트를 볼트에 끼우고 조인다.

➤ **참고 사항** : 턱에 수직 및 수평 방향의 V자 홈이 있어 둥근 물체를 붙잡을 수 있다.

STRUCTURE OF A MECHANICS VICE

기계식 바이스의 구조

바이스란 기본적으로 한 쌍의 경화강 턱을 레버로 조절하여 작업물을 단단하게 붙잡는 도구다. 고중량 제품은 주철로 만들고, 이보다는 작고 가벼운 휴대용 제품은 주조 알루미늄으로 만드는 추세다. 회전대가 있어 물건을 훨씬 다양한 방법으로 붙잡을 수 있기 때문에 유용하다.

"예산이 허락하는 한 가장 튼튼하고 무거운 바이스를 사서 튼튼한 작업대에 고정해 두는 것이 좋다."

모루, 평면도

고정턱 뒤에 달린 모루는 소규모 망치 작업에 쓴다.

U자형 채널은 몸체를 관통하며 왕복 운동을 한다.

고정대 주변에 설치한 **고정용 구멍**을 이용해 바이스를 작업대 위에 볼트로 고정한다.

잠금 볼트는 이동대를 회전시키고, 제자리에 고정하는 역할을 한다.

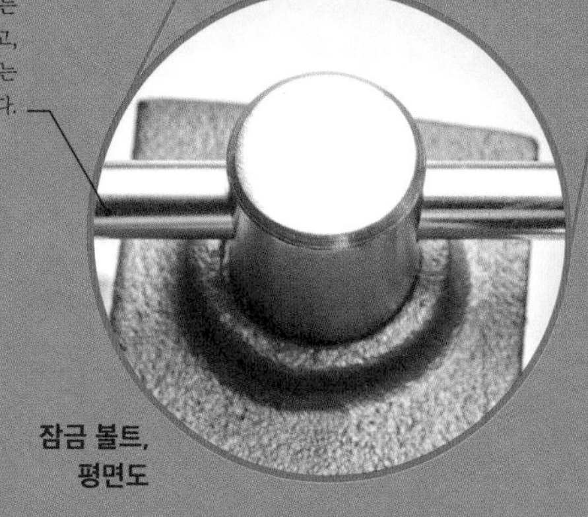

잠금 볼트, 평면도

FOCUS ON…

작동 방식

바이스마다 작동 방식이 조금씩 다르다. 목공 바이스에서는 중앙 나사선 양쪽의 이중 강철 바가 턱의 가이드 역할을 하여 두 턱이 뒤틀어지지 않고 서로 평행을 유지하게 해 준다. 기계식 바이스 역시 나사산을 이용하지만, 여기서는 상당히 두꺼운 사각형 U자 강철 채널을 사용하여 이동 턱을 가이드한다. 이 채널은 바이스의 주철 몸체에 난 사각형 구멍을 관통하면서 강성을 지탱한다.

USING A MECHANICS VICE

기계식 바이스 사용하기

고중량 바이스를 작업대에 영구적으로 설치할 때는 위치가 아주 중요하다. 오른손잡이는 바이스를 작업대 왼편에 설치하는 것이 편리하고, 왼손잡이는 그 반대가 될 것이다. 휴대용 바이스는 쉽게 위치를 바꿔 가며 설치할 수 있다.

턱 보강대에는 접지력을 강화하기 위해 빗금 요철을 내놓았다.

측면도

채널 아래에는 **나사산** 기능이 숨어 있다.

강철 손잡이로 이동 턱을 벌렸다 오므렸다 하며 조절한다.

손잡이 마개는 손잡이 봉이 구멍 밖으로 미끄러져 나오지 않게 막아 준다.

작업 순서

시작하기 전에

➤ **턱 보강 작업** : 경질 고무 또는 알루미늄 바이스 턱을 끼워 나무나 연한 재료를 보호한다.

1 나사 점검하기

나사가 부드럽게 돌아가는지 확인하고 동작이 원활하지 못하면 기름을 약간 쳐 준다.

2 턱 조절하기

턱의 넓이를 작업물의 두께보다 약간 더 넓게 벌려 준다. 작업물을 제자리에 놓고 손잡이를 시계 방향으로 돌려 이동 턱을 조인다.

3 회전대 위치 잡기

바이스에 회전대가 있으면 턱을 회전시켜 작업하기에 가장 편한 위치에 둔다. 이동대 양쪽의 작은 잠금 볼트를 풀고 바이스 각도를 원하는 위치로 옮긴 다음 볼트를 다시 잠그면 된다.

마친 뒤에

➤ **바이스 청소하기** : 나사산이 드러난 곳에 대팻밥이나 모래, 금속 부스러기 등을 없애기 위해 걸레로 바이스를 닦는다.

➤ **기름 치기** : 바이스의 움직이는 부품마다 작동유를 칠해서 턱의 움직임을 원활하게 유지하고 녹이 스는 것을 방지한다.

CHOOSING A CLAMP

클램프 고르기

아마도 이 세상에 있는 클램프의 종류는 해야 할 작업의 종류만큼이나 많지 않을까 생각된다. 목재 부품을 서로 풀로 붙이든, 용접이나 납땜 작업을 위해 금속 제품을 붙잡아 두든, 그저 작업대 위에 물건을 붙들어 두든, 클램프처럼 긴요한 물건은 연장 세트에 한두 개쯤 포함되어 있어야 한다.

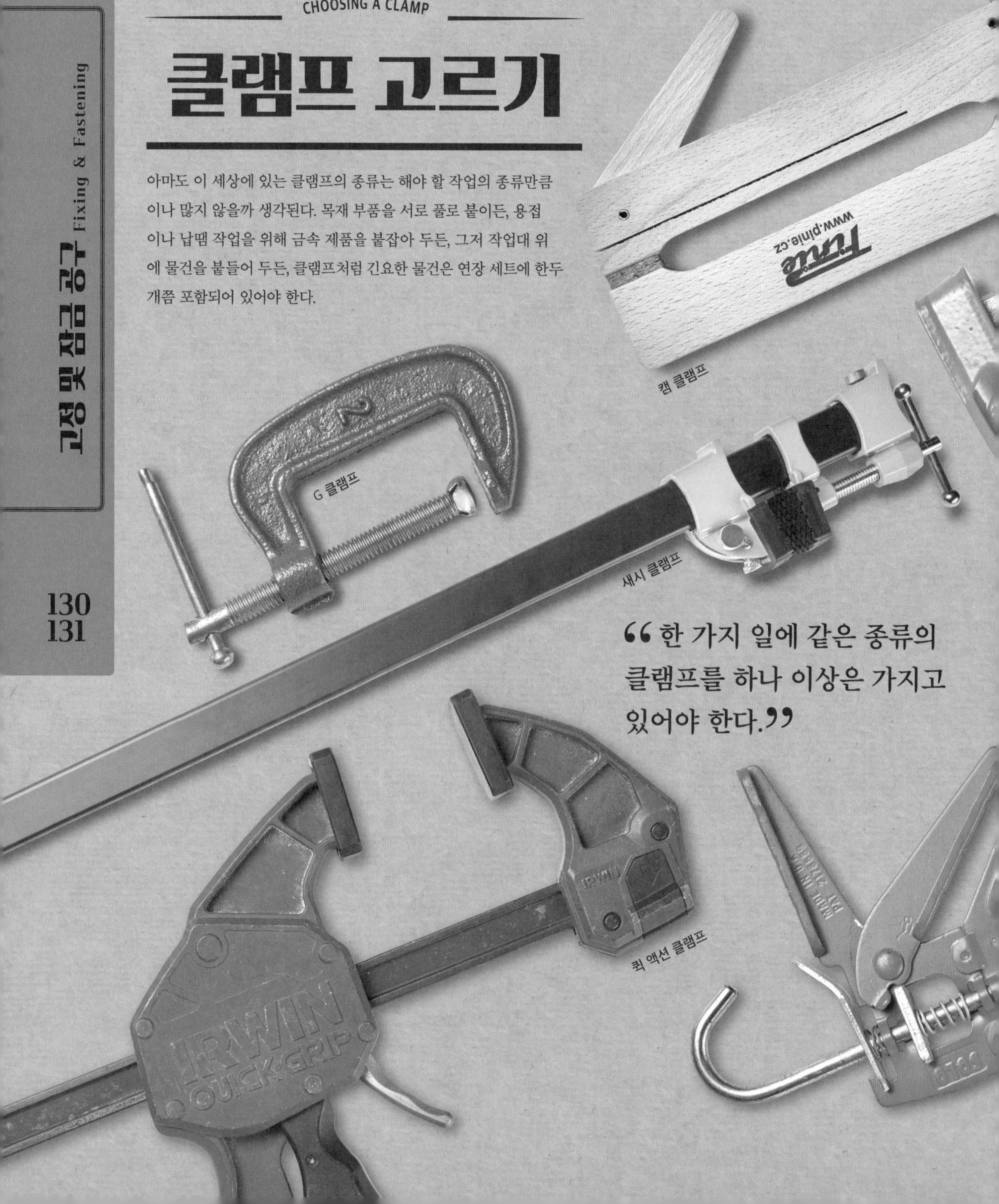

캠 클램프

G 클램프

새시 클램프

"한 가지 일에 같은 종류의 클램프를 하나 이상은 가지고 있어야 한다."

퀵 액션 클램프

F 클램프

➤ **구조** : 톱니가 난 강철 바의 한쪽은 고정된 턱이, 다른 한쪽은 미끄러지는 턱이 부착되어 있으며, 여기에 연결된 나사산 막대 끝에는 굽이 달려 있고, 반대쪽에는 나무 또는 플라스틱 손잡이가 달려 있다.

➤ **용도** : 무거운 물건을 물어야 할 때 쓴다. 긴 바를 사용하기 때문에 G 클램프에 비해 더 긴 물체를 물 수 있다.

➤ **사용법** : 클램프를 바로 잡고 아래쪽 팔을 위로 밀어 올려 작업물에 밀착시킨다. 손잡이를 돌려 문다.

➤ **참고 사항** : 강철 굽에 플라스틱 덮개를 씌워 부드러운 표면이 상하지 않게 한다.

퀵 액션 클램프

➤ **구조** : 강철 바의 한쪽 끝에 고밀도 플라스틱 턱이 고정되어 있고, 반대쪽 턱은 바를 따라 움직이게 되어 있다.

➤ **용도** : 한 손으로 물건을 물어야 할 때 쓴다.

➤ **사용법** : 클램프 사이에 작업물을 놓고 방아쇠를 당겨 조인다. 더 큰 클램프에서는 턱을 서로 바꿔 밖으로 밀어 고정하는 용도로 쓴다.

➤ **참고 사항** : 턱에 고무 또는 플라스틱 굽을 달아 섬세한 표면에 상처가 나지 않도록 한다.

G 클램프

➤ **구조** : 무거운 단조강 클램프다. 나사산 막대로 물릴 크기와 압력을 조절한다.

➤ **용도** : 최대 압력이 필요한 고중량 클램핑 작업에 쓴다.

➤ **사용법** : 클램핑 굽을 작업물에 올리고 버튼이나 손잡이를 돌려 문다.

➤ **참고 사항** : 대형 클램프에 설치된 손잡이는 더 큰 압력을 발휘한다.

캠 클램프

➤ **구조** : 강철 바에 경량 활엽목 턱(한쪽은 고정되고 한쪽은 미끄러진다)을 설치한 클램프다.

➤ **용도** : 악기처럼 가벼운 물건을 물거나 수리, 보수 작업에 쓴다.

➤ **사용법** : 작업물 위에 클램프를 올리고 레버를 당겨 슬라이딩 턱에 압력을 가한다.

➤ **참고 사항** : 턱에 코르크 보강대를 대어 섬세한 표면을 보호한다.

솔로 클램프

➤ **구조** : 골진 강철 틀에 손잡이와 레버를 설치한 클램프다. 앞쪽에 플라스틱 굽을 부착한 강철 막대가 강철 틀 사이를 왕복한다.

➤ **용도** : 한 손만 써야 하는 상황에서 신속하게 클램핑 작업을 할 때 쓴다.

➤ **사용법** : 클램프를 작업물 위에 올려놓고 레버를 당겨 막대를 전진시키면서 압력을 가한다. 작은 레버를 누르면 압력이 풀린다.

➤ **참고 사항** : 굽 사이 간격이 큰 나무를 물기에 충분한지 확인한다.

새시 클램프

➤ **구조** : 강철 바의 구멍에 핀을 설치해서 슬라이딩 굽을 고정할 수 있는 구조다.

➤ **용도** : 두께에 상관없이 판재나 패널을 여러 장 함께 붙여 놓을 때 쓴다.

➤ **사용법** : 굽에 난 구멍에 핀을 집어 넣고, 판재를 정돈한 다음 조절기를 조인다.

➤ **참고 사항** : 조일 때 판재를 서로 붙이는 힘에 대한 저항력이 발생하여 T자 바가 휘어지는 현상을 점검한다.

스프링 클램프

➤ **구조** : 강철 또는 플라스틱 턱을 경첩으로 간단히 이어 놓은 구조다. 스프링 장력에 의해 피벗 회전이 일어난다.

➤ **용도** : 작고 가벼운 물건을 물 때, 임시로 물건을 붙잡아둘 때 쓴다. 한 손으로 작동할 수 있다.

➤ **사용법** : 끝 손잡이를 쥐면 턱이 벌어진다. 클램프를 작업물 위에 놓고 쥐고 있던 손잡이를 놓는다.

➤ **참고 사항** : 값싼 제품은 충분한 압력을 가할 수 없는 경우가 있다.

THE PHILOSOPHY OF TOOLS

공구 철학

“**인간의 손이 확장된 것**이 공구이고,
공구가 복잡해지면 기계가 된다.
하나의 기계를 발명한 사람은
인간의 능력과 인류의 행복을
고양한 것이다.”

헨리 워드 비처

미국의 목사, 노예 해방 운동의 선구자

CHOOSING PINCERS OR PLIERS

펜치 및 플라이어 고르기

펜치와 플라이어는 한쪽 끝을 지렛목으로 연결해서 양손으로 누르는 레버와 같은 원리로 작동된다. 펜치의 주된 용도는 예나 지금이나 못 등의 물건을 집거나 지렛대 작용으로 빼내는 것이다. 플라이어는 종종 절단 날을 갖추는 등 다용도 공구로 진화해 왔으며, 특수한 용도의 수많은 형태로 쓸 수 있다.

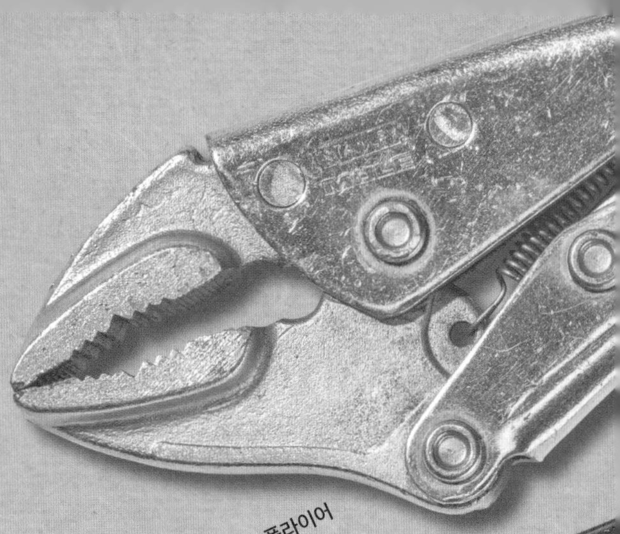

"잡고, 비틀고, 자르고, 다듬는 등, 다양한 플라이어가 수많은 방식으로 사용되고 있다."

락킹 플라이어

펜치

"작업 목적에 맞는 크기의 플라이어를 사용하라. 절대 연장에 욕심내지 말라."

락킹 플라이어

➤ **구조** : 중심을 넘어서는 동작으로 붙잡고, 쥐는 플라이어다. 일반 플라이어에 비해 압력이 세며 잠금 기능이 있다.

➤ **용도** : 배관용 너트에서 용접할 물건에 이르는 모든 것을 단단히 쥐거나 잠글 때 쓴다. 임시 손잡이 용도로 쓸 수도 있다.

➤ **사용법** : 손잡이에 달린 나사를 돌려 턱 벌리는 한도를 정하고 손잡이를 닫는다.

➤ **참고 사항** : 몰 그립이나 바이스 그립 등은 락킹 플라이어의 초창기 상호다.

전통식 펜치

➤ **구조** : 강철 또는 철제 레버와 지렛목, 직각 절단 턱을 가지고 있다.

➤ **용도** : 못대가리를 붙잡아 뽑는 데 쓴다.

➤ **사용법** : 손잡이를 쥔다. 톱니를 못대가리 밑으로 집어넣고 뽑아 올릴 각도가 나오면 천천히 지렛대를 이용해 들어 올린다.

➤ **참고 사항** : 못대가리 아래를 파는 데 쓰는 갈라진 모양의 레버가 한쪽 손잡이에 있다.

펜치

➤ **구조** : 전 세계의 집안일하는 사람들이 쓰는, 턱 끝이 뾰족하지 않은 펜치다.

➤ **용도** : 철사를 자르거나 굽힐 때, 볼트 헤드에서 파이프에 이르는 작은 물건을 붙잡거나 당길 때 쓴다.

➤ **사용법** : 턱 끝으로 물건을 집는다. 절단 날은 지렛목 가까이에 있다.

➤ **참고 사항** : 절단 날은 케이블을 잘랐을 때 끝에 부스러기가 생기지 않을 만큼 날카로워야 한다.

사이드 커터 플라이어

➤ **구조** : 소재를 자르거나, 구부리거나, 다듬는다.

➤ **용도** : 전기선이나 케이블 타이를 자른다. 금속이나 플라스틱의 모양을 다듬는다.

➤ **사용법** : 정밀하고 섬세한 절개나 구부림 작업을 한다.

➤ **참고 사항** : 양철가위는 얇은 강철판을 자를 때 쓰는 사이드 커터 플라이어라고 볼 수 있다.

써클립 플라이어

➤ **구조** : 주로 자동차 배관 계통에 사용되는 축 내외부의 써클립을 꺼내고 끼워 맞추는 데 쓰는 플라이어다.

➤ **용도** : 써클립을 부드럽게 비틀어서 벌린 뒤, 스프링이 장착된 써클립을 옮긴다.

➤ **사용법** : 턱 끝에 튀어나온 이빨을 써클립 링에 끼운다. 턱을 벌려 놓아준다.

➤ **참고 사항** : 내부 및 외부용 써클립을 위해 뒤집을 수 있는 제품, 또는 조절할 수 있는 제품이 있다.

전선 스트리퍼

➤ **구조** : 전선 피복을 벗기고 자르기 위해 여러 개의 둥근 커터와 직선 커터 하나가 있는 플라이어다.

➤ **용도** : 전선 끝의 피복을 벗겨 여러 장비에 연결한다.

➤ **사용법** : 납작한 날로 전선을 자른다. 측면 표시를 보고 전선 굵기를 식별한다. 전선을 끼워서 당기면 피복이 벗겨진다.

➤ **참고 사항** : 작은 커넥터에는 구부리기용으로 쓸 수 있다.

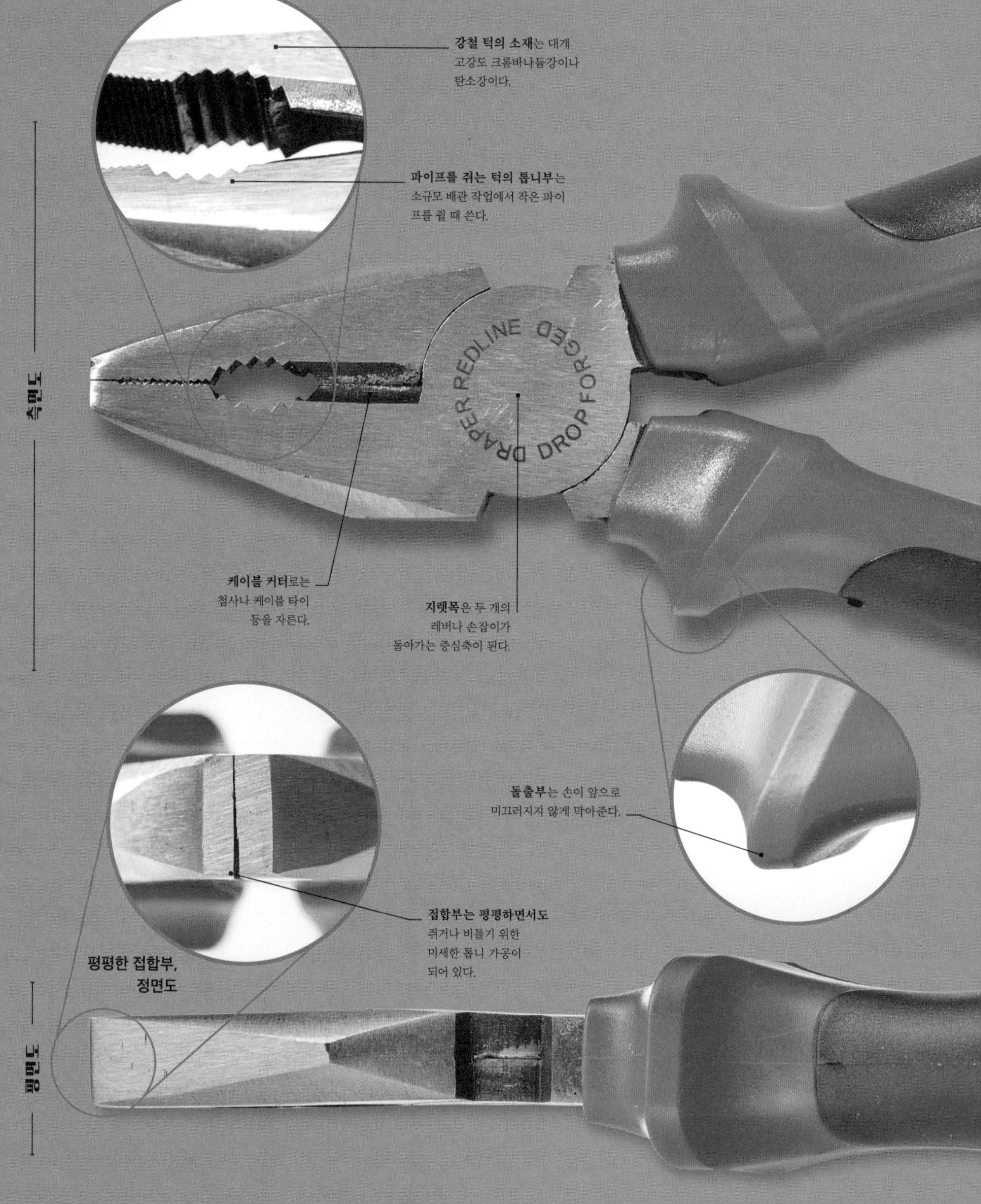

강철 턱의 소재는 대개 고강도 크롬바나듐강이나 탄소강이다.

파이프를 쥐는 턱의 톱니부는 소규모 배관 작업에서 작은 파이프를 쥘 때 쓴다.

케이블 커터로는 철사나 케이블 타이 등을 자른다.

지렛목은 두 개의 레버나 손잡이가 돌아가는 중심축이 된다.

돌출부는 손이 앞으로 미끄러지지 않게 막아준다.

접합부는 평평하면서도 쥐거나 비틀기 위한 미세한 톱니 가공이 되어 있다.

평평한 접합부, 정면도

곡면 손잡이는
인체 공학적 형상으로 만들어,
작용감이 편하고 꽉 쥘 수 있다.

STRUCTURE OF COMBINATION PLIERS

펜치의 구조

모든 공구 상자와 다기능 공구 대부분에는 플라이어가 하나씩은 반드시 포함되어 있다. 사람들은 이것을 꽉 잠긴 병마개를 여는 것 같은 일상의 소소한 일에서부터, 철사를 자르고 모양을 내는 등의 전문적인 작업에까지 두루 사용한다. 한 손에 들어오는 크기와 보편적인 디자인을 갖춘 펜치는 오랜 세월 동안 사랑받아 왔으며, 사실상 유지 관리를 할 필요가 없다.

강철에
플라스틱 손잡이를 감싸
전기 충격을 차단한다.

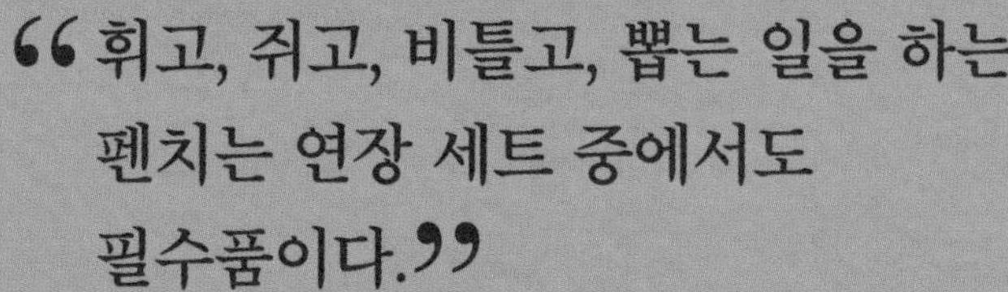

“휘고, 쥐고, 비틀고, 뽑는 일을 하는 펜치는 연장 세트 중에서도 필수품이다.”

FOCUS ON…

플라이어의 종류

펜치는 공구 상자 안에서 맨 먼저 찾는 공구지만, 쓰임새가 다양하다는 말은 거꾸로 부정확하게 사용할 때도 많다는 의미이기도 하다. 작업을 마무리 짓지 못하기도 하고, 심하면 작업을 망치는 경우까지 있다. 다양한 특수 용도의 플라이어들이 존재한다. 다기능용으로 적합한 것도 있고, 단일 특수 목적에 맞는 것도 있다.

펜치
파이프 집게, 커터, 납작 집게를 모두 갖춘, 가장 다양한 기능의 플라이어다. 측면 커터가 포함된 제품도 있다.

롱 노즈 플라이어
섬세한 작업과 작은 물건을 쥘 때 쓴다. 다양한 길이와 디자인으로 나온다.

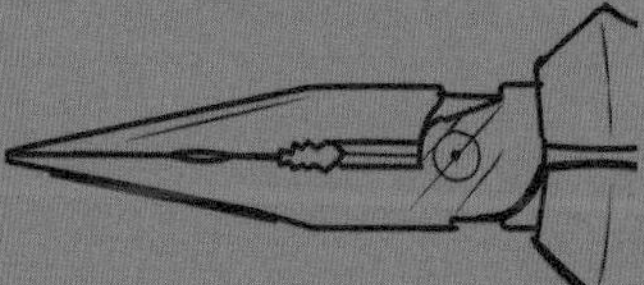

소형 스프링 플라이어
손잡이를 여는 동작을 스프링이 도와주며, 절단이나 반복적인 작업에 유용하다.

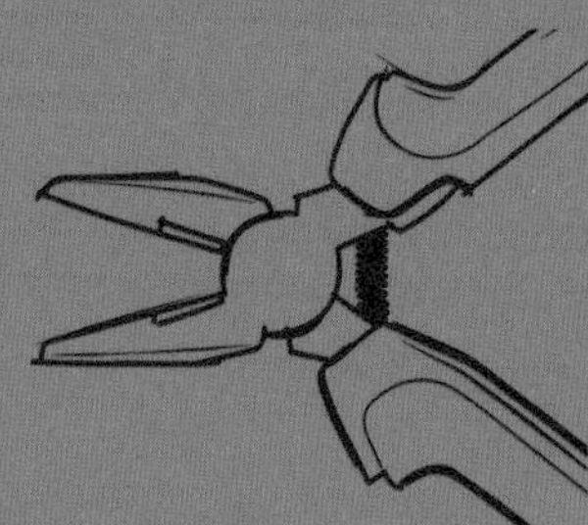

USING COMBINATION PLIERS

펜치 사용하기

펜치는 사용하기가 쉽고 다기능 소규모 작업에 적합하므로, 사용하는 데 기술적인 측면보다는 작업의 성격에 맞게 쓰는 것이 더 중요하다. 또한 펜치가 할 수 있는 일 이상을 바라는 것도 무리가 있다. 손잡이를 제대로 잡고 꼼꼼히 쓰기만 하면 수많은 DIY 작업에 펜치를 긴요하게 쓸 수 있다.

작업 순서

시작하기 전에

- **➤ 작업 파악하기** : 이 작업에는 펜치가 좋은가, 특수 공구를 쓰는 편이 나은가?
- **➤ 펜치 확인하기** : 절단면과 집게면의 상태가 모두 양호한지 확인한다.
- **➤ 다른 공구의 상태는?** : 펜치는 다른 공구와 함께 사용하는 경우가 많다. 후자도 이 작업에 적합한지, 정확한 종류와 크기를 확인하자.
- **➤ 눈 보호하기** : 철사나 금속을 자를 때는 항상 보안경을 착용한다. 미세한 조각이라도 눈에는 치명적인 상처를 입힌다.

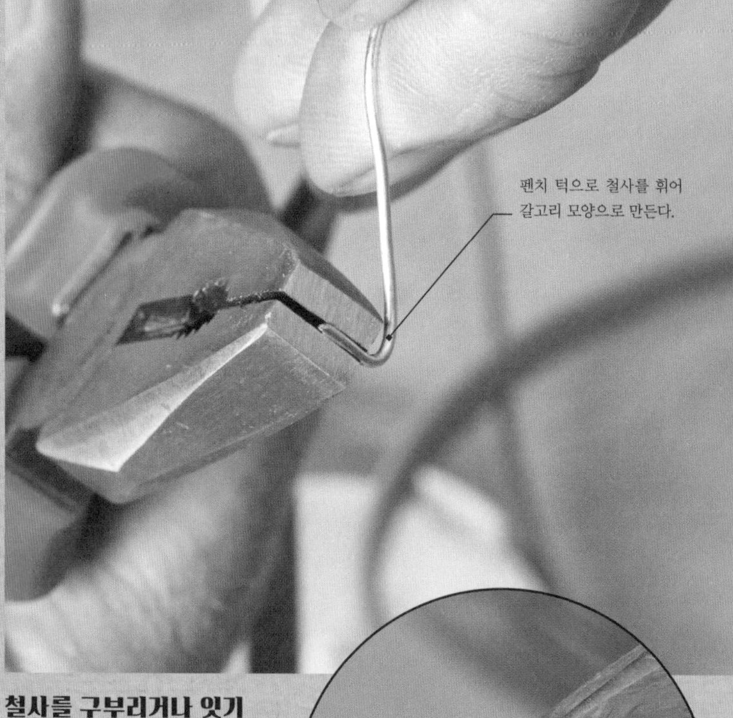

펜치 턱으로 철사를 휘어 갈고리 모양으로 만든다.

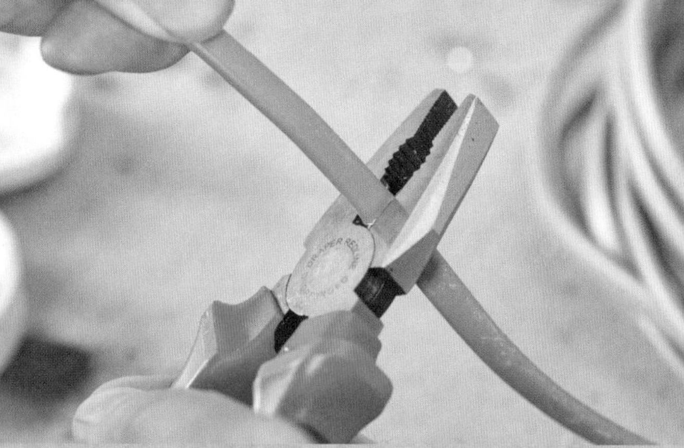

철사 자르기

정밀한 마무리가 필요하지 않은 절단 작업에서는, 펜치를 쥐고 일직선 날을 철사에 물린다. 강하게 눌러 완전히 절단시킨다. 완전히 절단되지 않더라도 이제 몇 차례 휘어서 끊을 수 있을 만큼 철사는 약해진 상태다.

철사를 구부리거나 잇기

펜치 턱의 평평한 부분에 철사 끝을 끼우고 살살 비틀면서, 턱을 거의 다 문 상태로 턱 주변에 전선을 돌돌 감는다. 링이나 고리를 만들 때 이 방법이 유용하다. 철사를 서로 이으려면 턱으로 집고 비틀어 철사를 하나의 큰 노끈처럼 만든다.

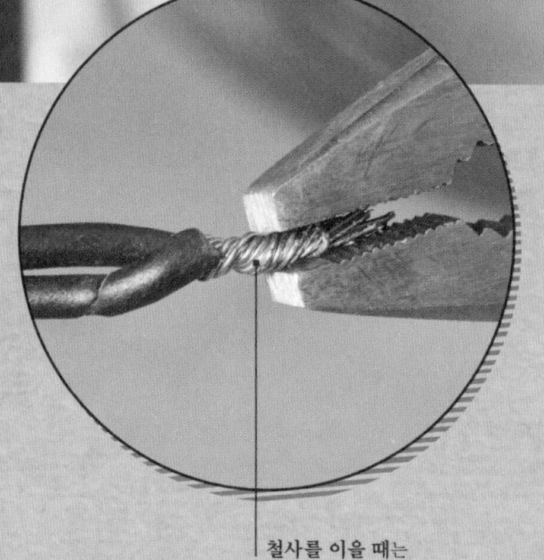

철사를 이을 때는 여러 선을 고르게 잡고 돌려 서로 꼬이게 한다.

FOCUS ON…

지렛대 작용

두 개의 평행한 레버(손잡이)에 작은 힘을 가해 지렛목을 거치면서 더 크게 증폭된 힘을 턱이 발휘한다. 그러면 사용자는 맨손으로 잡는 것보다 더 큰 힘으로 물체를 쥘 수 있게 된다. 손잡이가 길면 길수록 턱이 발휘하는 힘은 세어진다. 지렛목에 가까울수록 무는 힘이 세지기 때문에 이런 이점을 극대화하기 위해 턱이 아주 짧은 펜치도 있다.

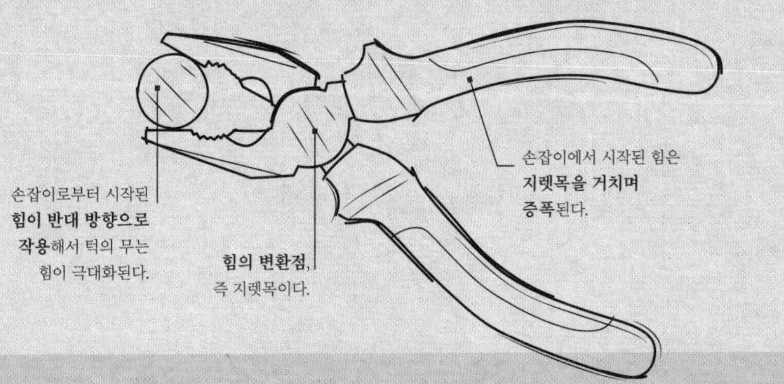

파이프 그립으로 물건을 집기

펜치에서 톱니가 난 반원 모양의 부위를 '파이프 그립'이라고 한다. 다른 전문 공구가 없다면 이것으로 볼트와 너트, 작은 파이프를 무는 데 쓸 수 있다. 파이프 그립으로 물건을 가볍게 감싸고 한 손으로 쥔 채, 다른 손으로 렌치나 스패너를 이용하여 여기에 연결된 너트를 풀거나 조인다.

전선을 꺼내거나 밀어 넣기

플러그나 전등 스위치와 같은 전기 장치의 배선을 교체할 때는, 전선을 벽이나 구멍 사이로 집어넣어야 한다. 펜치는 아주 작은 물건도 안정적으로 쥘 수 있으므로 이런 작업에 매우 적합하다. 펜치 턱의 평평한 부분으로 전선 끝을 쥐고 원하는 방향으로 끌어당기거나 밀어 넣는다. 전선이 원하는 만큼 드러나면 손으로 작업을 마무리한다.

마친 뒤에

- **검사하기** : 펜치, 특히 절단 날에 난 상처를 확인한다.
- **청소하기** : 펜치의 턱에 묻은 때나 찌꺼기를 닦아 준다. 필요하다면 지렛목에 기름을 한 방울 떨어뜨린다. 보관함에 잘 보관한다.

MAINTAIN TOOLS FOR FIXING & FASTENING

고정 및 잠금 공구의 유지 관리

이런 공구는 간단하고 튼튼해서 유지 관리할 필요가 거의 없다. 부식 방지에만 신경 쓰면 별로 관리하지 않아도 오랫동안 사용할 수 있다.

손상 확인

고정하고 잠그는 공구는 움직이는 부품이 거의 없고 기초적 구조를 하고 있어 유지 관리가 쉽다. 사용 방식이 부적절하거나 부식이 발생하면 공구나 작업 대상물에 손상이 생긴다.

1 충격에 의한 손상

공구를 떨어뜨리지 않도록 조심한다. 항상 작업 의도에 맞게 사용한다.

2 부식 위험

강철 공구는 습하고 눅눅한 환경에 노출되면 녹과 고장이 발생할 수 있다. 건조한 곳에 보관하고 기름포로 닦아서 관리한다.

3 움직이는 부품

회전축이나 나사산 원통 같은 움직이는 부품은 부드럽게 작동되도록 연한 기계유를 몇 방울 떨어뜨려 준다.

배터리 관리

휴대용 전동 공구, 특히 드릴은 충전 배터리로 구동되는데, 이것은 관리만 잘하면 수명이 길다. 여분의 배터리를 완전 충전시켜 두면 항상 여유 있게 작업할 수 있다.

충전

현대식 충전 배터리 팩은 약 한 시간 정도면 완전 충전해서 드릴, 톱, 연삭기를 호환해 가며 쓸 수 있다. 작업을 시작할 때마다 완전 충전 상태인지를 확인한다.

보관

작업을 마치면 배터리를 완전 충전시킨 뒤에 보관하는 것이 좋다. 그래야 공구가 다음 작업에 쓸 수 있게 준비된 상태가 되고, 배터리 충전 수준이 낮을 경우 방전되는 것을 막을 수 있다.

여분의 배터리가 있으면 다른 배터리를 충전하는 동안 계속 작업할 수 있다.

도구	점검
드라이버	• 끝이 휘거나 손상되지 않았는지 확인한다. 끝이나 샤프트가 휘었다면 교체한다. • 전동 드라이버는 전동 제품에만 있는 기능을 점검한다. 배터리를 완전 충전시킨다.
렌치	• 공구가 휘어지지 않았는지, 잠금 장치와 맞닿는 조임 부위가 손상되거나 무너지지 않았는지 확인한다. • 움직이는 부품을 검사한다. 원통형 조절기나 라쳇 기능이 부드럽게 움직이는지 확인한다.
드릴	• 전동 제품에 있는 기능을 모두 점검한다. 배터리를 완전 충전시킨다. • 한 손용 드릴은 손잡이가 부드럽게 움직이는지, 척에 손상이 없는지 확인한다. • 드릴 비트가 마모, 손상되었는지, 샤프트가 휘었는지 확인한다.
바이스	• 턱이 열리고 닫히는 동작과 조절 손잡이를 확인한다. • 급속 탈거 기능이 있는 경우 작동이 원활한지 확인한다.
클램프	• 턱이 원활하게 미끄러지는지 확인한다. 플라스틱 턱 덮개가 사라졌다면 새것으로 교체한다.
펜치와 플라이어	• 턱에 손상이나 부식이 발생하지 않았는지 확인한다. 회전축이 부드럽게 동작하는지 확인한다. • 락킹 플라이어는 나사와 잠금 기능이 원활하게 작동하는지 확인한다. • 써클립 플라이어는 이빨이 손상되지 않았는지 확인한다.

청소	기름칠	조절	보관
• 손잡이, 샤프트, 끝을 마른 걸레로 닦는다. • 전동 드라이버는 공조 장치를 청소한다. 즉, 전동 청소기에서 찌꺼기를 제거하고 미세 먼지가 나오는 작업이 끝나면 다시 점검한다.			• 받침대나 공구 상자에 보관한다.
• 기름포로 금속 노출 부위를 닦거나, 철수세미로 녹슨 부분을 긁어 낸다.	• 나사산 원통 조절기, 턱의 미끄러지는 표면, 라쳇 받침부와 스패너 헤드와 같이 움직이는 모든 곳, 또는 소켓 렌치의 모든 기능 부위에 기계유를 한 방울씩 떨어뜨린다.	• 토크 렌치에는 숙련된 기능인이 보정해 줄 수 있는 일정을 표시해 둔다.	• 고리에 걸어 두거나, 공구 상자의 적당한 자리, 또는 서랍에 건조한 상태로 보관한다.
• 공기 구멍을 깨끗하게 관리한다. 찌꺼기가 있으면 진공청소기로 제거한다. 벽돌, 목재 등에 드릴 작업을 한 뒤 미세 먼지가 발생한 다음에는 항상 확인한다. • 가끔씩 젖은 걸레로 공구 몸체를 깨끗하게 닦아 준다.	• 핸드 드릴의 움직이는 부품에 기계유를 칠한다.		• 전동 드릴은 원래 제공된 플라스틱 케이스에 보관한다. • 배터리를 한동안 쓰지 않을 거라면 공구에서 분리한다. • 배터리는 완전 충전시켜 둔다.
• 가끔씩 나사산에 묻은 먼지와 찌꺼기를 닦아 낸다. 숨어서 안 보이는 나사산(예를 들어, 목공 바이스)이 건조하거나 녹슬었다고 판단되면 그리스를 주입한다(약 6개월마다).	• 움직이는 부품에 녹 제거제를 뿌린다(1개월마다).		
• 나사산이 건조하거나 녹슬었다고 판단되면 그리스를 바른다.			• 전용 걸이나 벽에 친 못에 걸어 둔다.
• 금속부가 드러난 부위를 기름포로 닦거나 녹슨 부분을 철수세미로 문질러 없앤다.	• 회전축, 스프링(끼워진 상태), 모든 잠금 부위의 나사산에 연한 기계유를 한두 방울 떨어뜨린다.		• 공구 상자나 서랍 속에 마른 상태로 보관한다. • 전선 스트리퍼는 전기 부품을 넣어 둔 작은 상자에 같이 보관하면 유용하다.

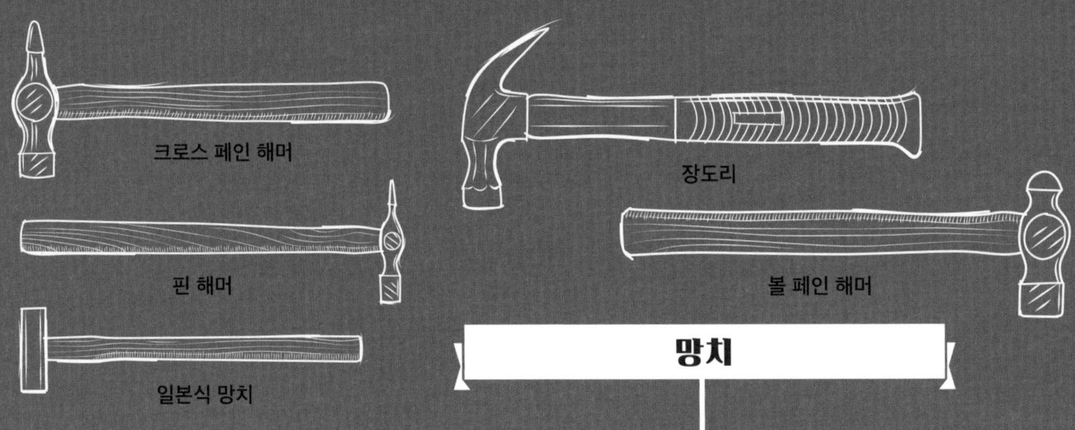

THE TOOLS FOR STRIKING & BREAKING

4
타격 및 파쇄 공구

이 공구들은 튼튼하면서도 놀랄 만큼 쓰임새가 다양하다.
중량물을 파내고 부수는 일에서부터 작은 못을 박는 일, 금속을 섬세하게 다듬는 일까지,
실로 못 하는 일이 없다.

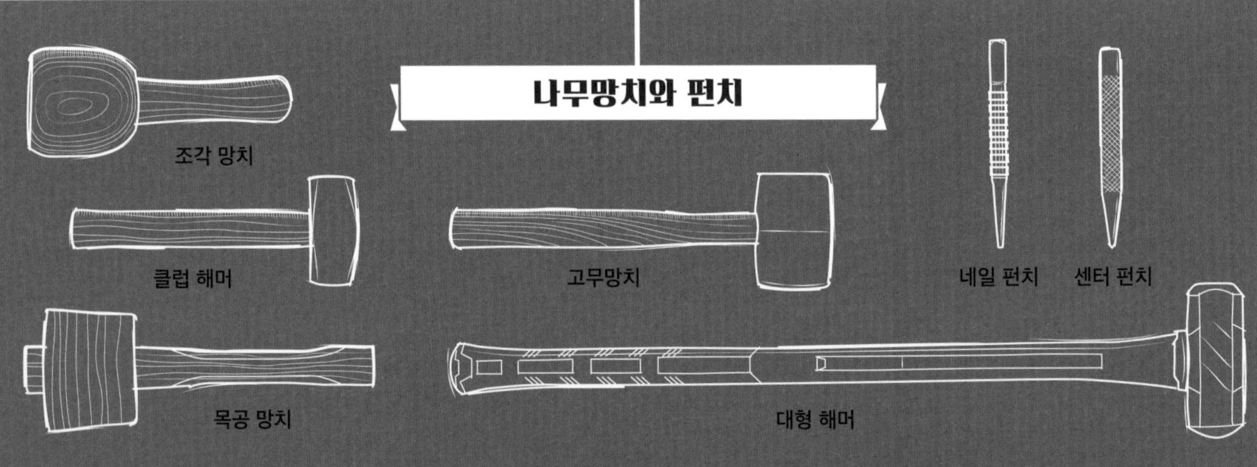

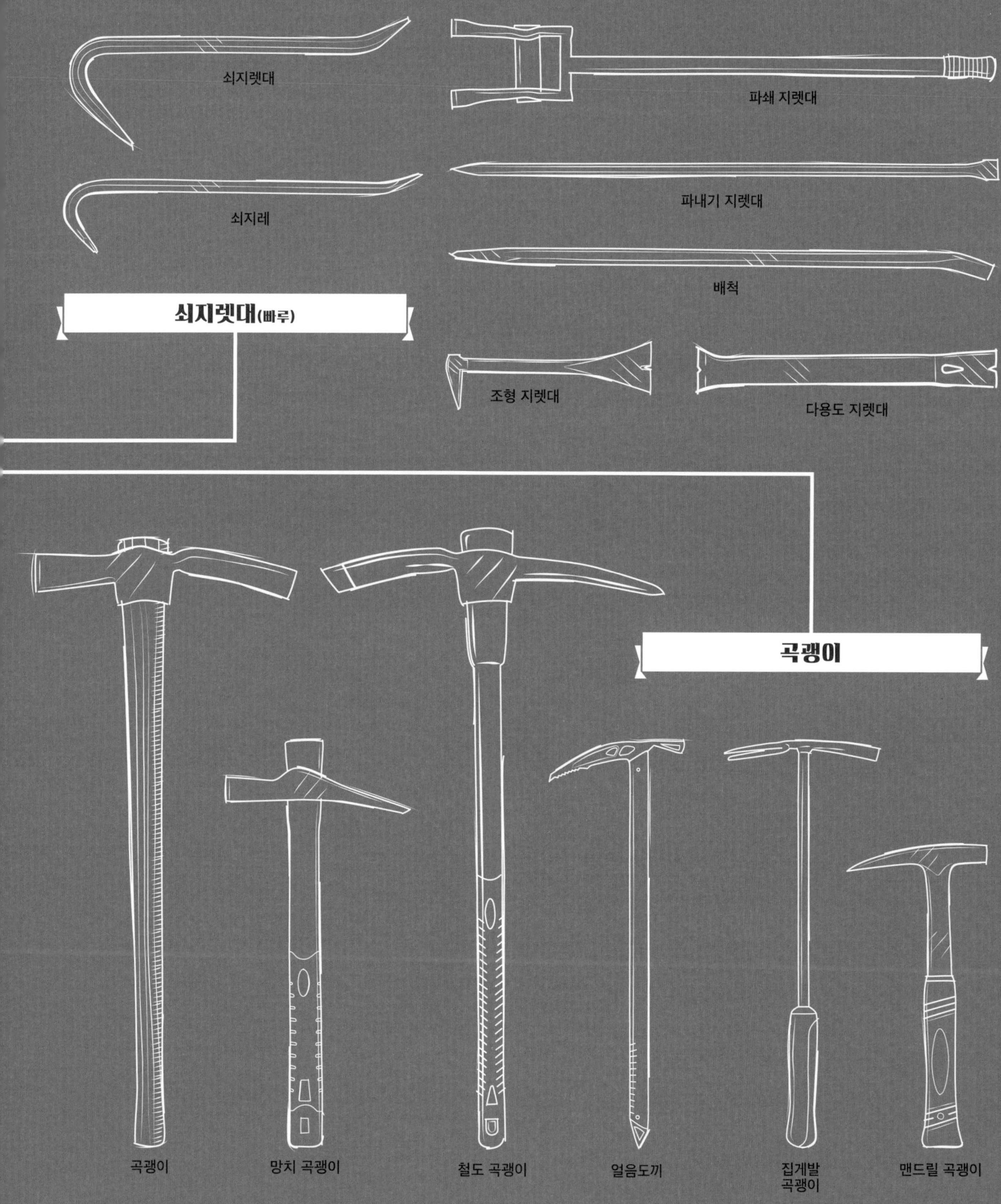

쇠지렛대
파쇄 지렛대
쇠지레
파내기 지렛대
배척
쇠지렛대(빠루)
조형 지렛대
다용도 지렛대
곡괭이
곡괭이
망치 곡괭이
철도 곡괭이
얼음도끼
집게발
곡괭이
맨드릴 곡괭이

HISTORY OF STRIKING & BREAKING

타격 및 파쇄의 역사

260만 ~ 170만 년 전

돌망치와 연성 망치

초창기의 도구는 그저 막대기나 돌을 가지고 찌르거나 부수는 데 사용한 것이었다. 초창기의 망치는 나무 곤봉이었으며 이것으로 많은 일을 했다. 구석기 시대에 나무, 뿔, 뼈 등으로 '연성 망치'를 만들어 돌과 함께 부싯돌로 사용했다.

뿔은 망치로 쓰기에 아주 이상적인 생김새를 하고 있다.

절굿공이, 또는 돌망치.

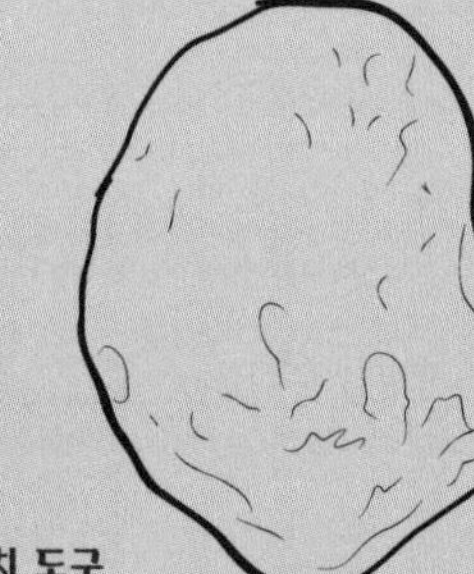

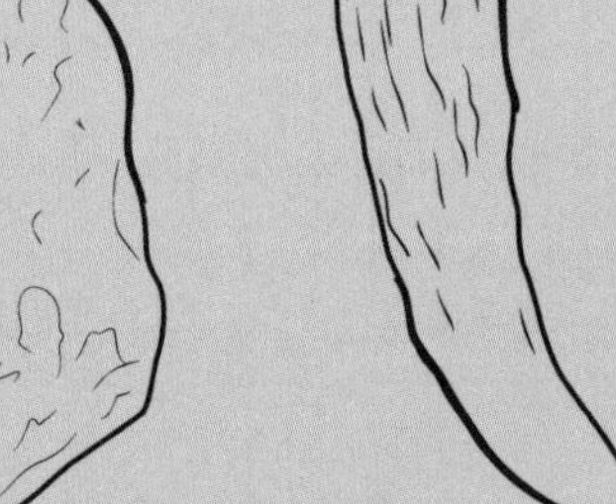

초창기 망치 도구

"인간이 맨 처음 돌이나 나뭇가지를 집어 들어 도구로 사용한 순간, 그는 자신과 주변 환경 사이의 균형을 돌이킬 수 없을 정도로 무너뜨린 것이다."

제임스 버크
영국의 과학 역사가, 작가, 방송인

260만 ~ 170만 년 전

땅 파는 막대기

가장 오래되었고, 지금도 일부 원시 부족에서 사용되는 도구는 바로 땅 파는 막대기다. 튼튼한 막대기의 한쪽 끝을 날카롭게 날을 세우고, 다른 쪽에는 손잡이를 달아 놓은 도구는 곡괭이를 비롯한 수많은 수공구의 조상이다. 옛사람들은 이것으로 뿌리나 덩이줄기를 파내는 것을 포함해서 수많은 일을 했다.

기원전 1만 ~ 1900년

초창기 농업

신석기 시대에 최초로 손잡이가 달린 망치가 사용되었다. 아마도 뭔가를 채굴하는 도구로 쓰였을 것이다. 타원형 돌로 도끼머리를 만들었고, 이것을 섬유를 꼬아 만든 노끈으로 나뭇가지에 묶었다.

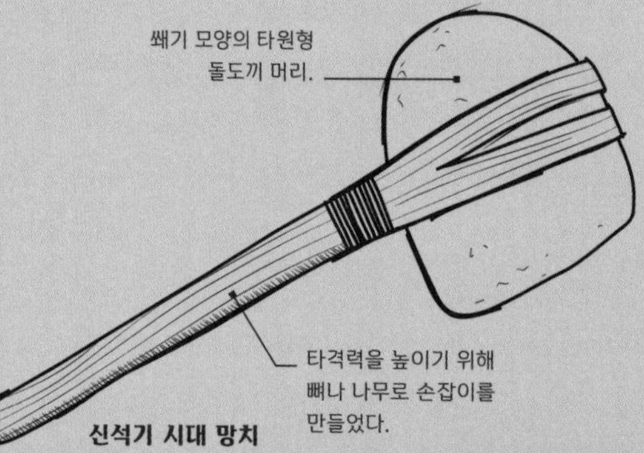

신석기 시대 망치

기원전 6500년

금속기 시대 망치

우리가 아는 형태의 망치가 나타나 금속 야금, 못질, 리벳 작업에 사용되었다.

"철이 붉게 달아올랐을 때 쳐라."

푸블릴리우스 시루스
고대 로마의 작가, 풍자 시인

뿔 곡괭이

기원전 2300년

영국 신석기 시대 부싯돌 광산인 노포크 그림스그레이브에서 출토된 유물을 보면 날카로운 뿔이 광물 채굴용 곡괭이로 사용되었음을 알 수 있다.

뿔의 가장 굵은 기둥이 천연 손잡이가 된다.

뿔 곡괭이

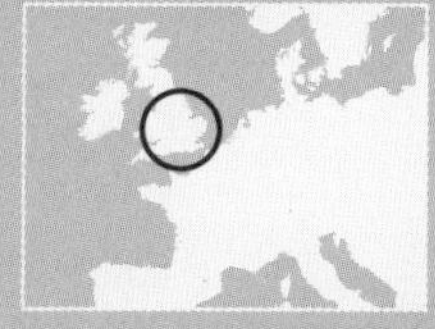

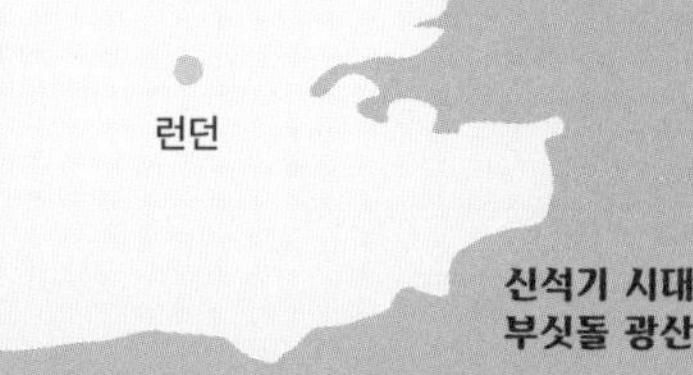

자루 구멍

기원전 3000 ~ 1900년

중동에서 발견된 청동과 구리로 만든 망치 머리에는 자루 구멍이 나 있고 여기에 나무 손잡이를 끼울 수 있다.

곡괭이

기원전 3000 ~ 1900년

청동기 시대의 그리스에서는 청동 곡괭이가 사용되었는데, 이것은 이와 유사한 초창기의 뿔이나 돌로 만든 도구의 대체품이었다. 오늘날의 곡괭이와 매우 흡사한 생김새를 갖고 있어, 오늘에 이르기까지 처음 모습에서 크게 변한 것이 없음을 알 수 있다.

주철 곡괭이

기원전 1000년

철기 시대가 도래하면서 침탄 현상이 알려졌다. 이는 철이 제련과정을 거치면서 탄소를 흡수하는 현상을 말한다. 이것은 곡괭이 머리가 더 단단하고, 커지고, 무거워지게 되었다는 것을 의미한다. 곡괭이는 철로 만들어졌으므로 이보다 작은 청동기에 비해 날 끝이 더 날카롭고 길어졌다. 이렇게 내구성이 향상되자 채굴과 같은 작업의 속도와 효율이 향상되었다.

30킬로그램

북웨일즈의 청동기 시대 구리 광산인 그레이트오름에서 발견된 사상 최대 크기의 돌망치의 무게다. 이 광산에서는 이 해머를 포함해 다양한 무게와 크기를 가진 망치가 총 2,500개나 발견되었다. 여기에서는 프랑스나 네덜란드에서 만들어진 청동에서 발견된 것에 버금가는 높은 품질의 구리가 추출되었다.

곡괭이 50,000개

런던에서 북서쪽으로 130킬로미터 떨어진 신석기 시대 부싯돌 광산인 그림스그레이브를 만드는 데 사용되었을 것으로 추정되는 붉은 사슴뿔 곡괭이의 숫자다. 기원전 2300년쯤부터 시작된 이 광산은 약 0.14제곱킬로미터에 이르는 면적으로, 약 600년에 걸쳐 가동되면서 백악층 아래에 위치한 풍부한 부싯돌을 채굴해 왔다.

중량 해머

기원전 1000년

유럽에서는 망치 머리에 자루 구멍을 내서 자루를 끼우기 시작했다. 물론 이런 방식은 수 세기에 걸쳐 중동 지역에 한정되었다. 그러나 철의 발견으로 훨씬 무거운 철로 만든 망치 머리를 더 튼튼한 나무 자루에 끼울 수 있게 되었고, 이는 대형 해머의 초기 형태가 탄생하고 대장간에서 쓰는 망치를 단조로 만드는 계기가 되었다. 그러나 이 망치 머리를 나무 자루에 굳건히 고정하는 문제는 오늘날까지도 완전히 해결되지 못한 채 남아 있다!

장도리

기원전 735 ~ 서기 500년

로마인들은 장도리와 핀 해머(양쪽 끝이 뭉툭한 망치)를 만들었다. 로마인들은 또 줄 제작용 망치도 발명했는데, 이것은 끌처럼 생긴 망치 머리가 두 개 달려 있어 철에 금을 긋는 용도로 쓰였다.

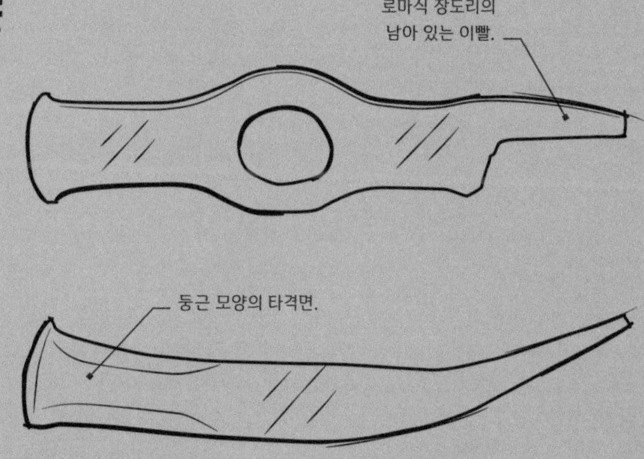

로마식 장도리 머리

CHOOSING A HAMMER

망치 고르기

망치는 조그만 못을 박는 것부터 물건을 부수는 작업에 이르기까지 중요하게 쓰이는 공구다. 망치에는 여러 크기와 종류가 있다. 금속의 모양을 다듬는 특수 망치도 있지만 일반적인 용도의 망치도 있다. 작은 망치의 자루로는 예전부터 물푸레나무나 북미산 히커리가 널리 쓰였다. 큰 해머의 자루는 강철 또는 탄소 섬유를 쓰고, 나무망치는 대개 활엽목을 쓴다.

GENUINE HICKORY

WARNING WEAR SAFETY GOGGLES

핀 해머

크로스 페인 해머

"망치 자루 끝을 잡아야지, 중간을 잡고 치면 안 된다."

> “망치 머리가 상하거나 헐거워지면 망치를 쓰면 안 된다.”

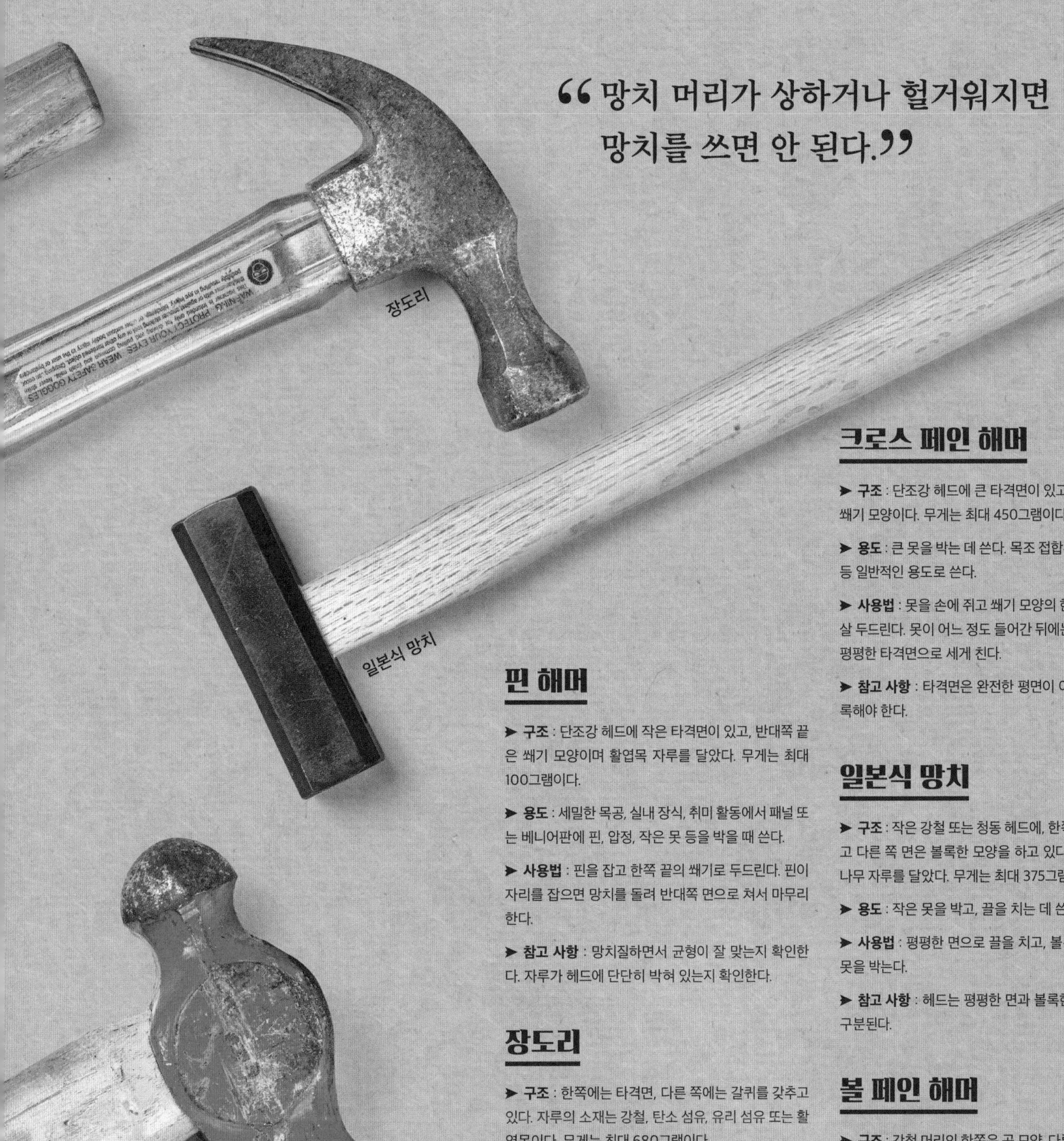

핀 해머

➤ **구조** : 단조강 헤드에 작은 타격면이 있고, 반대쪽 끝은 쐐기 모양이며 활엽목 자루를 달았다. 무게는 최대 100그램이다.

➤ **용도** : 세밀한 목공, 실내 장식, 취미 활동에서 패널 또는 베니어판에 핀, 압정, 작은 못 등을 박을 때 쓴다.

➤ **사용법** : 핀을 잡고 한쪽 끝의 쐐기로 두드린다. 핀이 자리를 잡으면 망치를 돌려 반대쪽 면으로 쳐서 마무리한다.

➤ **참고 사항** : 망치질하면서 균형이 잘 맞는지 확인한다. 자루가 헤드에 단단히 박혀 있는지 확인한다.

장도리

➤ **구조** : 한쪽에는 타격면, 다른 쪽에는 갈퀴를 갖추고 있다. 자루의 소재는 강철, 탄소 섬유, 유리 섬유 또는 활엽목이다. 무게는 최대 680그램이다.

➤ **용도** : 큰 못을 박는 데 쓴다. 집게발로는 핀이나 못을 뽑는다.

➤ **사용법** : 집게발의 V자 부위를 못대가리 밑으로 집어넣고 자루를 움켜쥐고 지렛대 힘을 가한다. 이때 얇은 자투리를 망치 머리 아래에 깔아서 표면에 흠집이 나지 않게 한다.

➤ **참고 사항** : 집게발의 V자 부위가 얇고 예리할수록 작은 못대가리도 집어 올릴 수 있다. 무진동(또는 활엽목) 자루를 쓰면 편리하다.

크로스 페인 해머

➤ **구조** : 단조강 헤드에 큰 타격면이 있고, 반대쪽 끝은 쐐기 모양이다. 무게는 최대 450그램이다.

➤ **용도** : 큰 못을 박는 데 쓴다. 목조 접합부를 조립하는 등 일반적인 용도로 쓴다.

➤ **사용법** : 못을 손에 쥐고 쐐기 모양의 한쪽 끝으로 살살 두드린다. 못이 어느 정도 들어간 뒤에는 망치를 돌려 평평한 타격면으로 세게 친다.

➤ **참고 사항** : 타격면은 완전한 평면이 아니라 약간 볼록해야 한다.

일본식 망치

➤ **구조** : 작은 강철 또는 청동 헤드에, 한쪽 면은 평평하고 다른 쪽 면은 볼록한 모양을 하고 있다. 가느다란 참나무 자루를 달았다. 무게는 최대 375그램이다.

➤ **용도** : 작은 못을 박고, 끌을 치는 데 쓴다.

➤ **사용법** : 평평한 면으로 끌을 치고, 볼록한 면으로는 못을 박는다.

➤ **참고 사항** : 헤드는 평평한 면과 볼록한 면이 뚜렷이 구분된다.

볼 페인 해머

➤ **구조** : 강철 머리의 한쪽은 공 모양, 다른 쪽은 평평한 타격면으로 이루어져 있다. 무게는 최대 1.1킬로그램이다.

➤ **용도** : 금속을 다듬고 휘는 데, 공 모양 쪽으로 리벳을 설치하는 데 쓴다.

➤ **사용법** : 망치로 리벳을 두드려 머리를 버섯 모양으로 만든다.

➤ **참고 사항** : 경화와 불림 처리가 제대로 된 강철로 망치 머리를 만들었는지 확인한다.

다음 페이지에 계속 ➔

센터 펀치
조각 망치
네일 펀치
고무망치
STANLEY
FATMAX

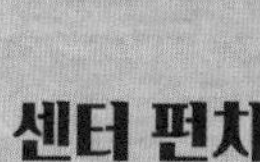

센터 펀치

➤ **구조** : 자루를 오톨도톨하게 가공한 작은 강철 공구다. 한쪽 끝을 뾰족하게 갈아 놓았다.

➤ **용도** : 드릴 비트를 안착시키려고 금속이나 나무에 작은 자국을 낼 때 쓴다.

➤ **사용법** : 펀치 끝을 연필로 표시해 둔 곳에 대고 망치로 살짝 두드린다.

➤ **참고 사항** : 펀치 머리가 사각형이기 때문에 펀치가 작업대 위를 굴러다니지 않는다.

조각 망치

➤ **구조** : 밀도 높은 활엽목으로 헤드를 둥글게 만들어 놓은 목재 공구로써, 몸체가 무겁고 헤드 지름이 큰 것이 특징이다. 손잡이는 선반으로 깎아 만든다.

➤ **용도** : 목공 끌과 둥근 끌을 치는 데 사용한다.

➤ **사용법** : 망치 머리가 공구 손잡이 바로 뒤를 직각으로 때리도록 망치를 내려친다.

➤ **참고 사항** : 무게가 정확해야 한다. 너무 무거우면 사용하다가 쉽게 지칠 수 있다.

네일 펀치

➤ **구조** : 강철 자루가 있는 공구다. 펀치 끝의 크기는 못대가리 크기별로 나온다.

➤ **용도** : 못을 나무 표면 아래로 박을 때 쓴다.

➤ **사용법** : 끝을 못대가리에 대고 머리가 나무 표면과 수평이 될 때까지 단단히 두드린다.

➤ **참고 사항** : 펀치 머리가 사각형이기 때문에 펀치가 작업대 위를 굴러다니지 않는다.

클럽 해머

➤ **구조** : 양쪽면으로 타격할 수 있는 무거운 강철 헤드가 있다. 활엽목이나 유리 섬유 자루를 쓴다. 무게는 1~1.8킬로그램 사이이다.

➤ **용도** : 정을 때릴 때 쓴다. 파쇄 작업 전반에 쓰는 공구다.

➤ **사용법** : 장갑과 보안경을 낀다. 해머 단면으로 정의 뒤통수를 내려친다.

➤ **참고 사항** : 아직 무거운 연장에 익숙하지 않다면 무게가 가벼운 해머를 선택한다.

고무망치

➤ **구조** : 앞뒤가 똑같은 타격면을 가진 고무 머리에 활엽목 또는 유리 섬유 자루를 달았다.

➤ **용도** : 표면에 손상을 입기 쉬운 조립 작업에 쓴다. 못을 박을 때도 쓴다.

➤ **사용법** : 자루 끝을 쥐고 망치를 휘둘러 작업물을 직각으로 때린다.

➤ **참고 사항** : 타격면(나일론, 황동, 구리 등)을 나사로 끼워 교체할 수 있는 망치도 있다.

대형 해머

➤ **구조** : 앞뒤로 똑같은 타격면이 두 개 있는 무거운 헤드에, 활엽목 또는 유리 섬유로 만든 긴 자루가 달려 있다. 최대 무게는 6.4킬로그램이다.

➤ **용도** : 콘크리트를 부수거나, 울타리 말뚝을 박을 때 쓴다. 나무를 팰 때는 쐐기를 함께 쓴다.

➤ **사용법** : 무거운 공구이므로 두 손으로 잡고 도끼질하듯이 휘두른다.

➤ **참고 사항** : 자루가 손상되었는지 확인한다. 필요하다면 수선용 테이프로 감싼다.

목공 망치

➤ **구조** : 넓은 경사면을 가진 타격면이 양쪽에 있는 활엽목 공구다. 나팔 모양의 자루가 달려 있다.

➤ **용도** : 목공용 끌 등을 때리는 데 쓴다.

➤ **사용법** : 망치 끝을 잡는다. 타격면이 끌을 직각으로 때리도록 내려친다.

➤ **참고 사항** : 타격면이 갈라졌는지 확인한다. 필요하다면 풀로 붙여 복구시킨다.

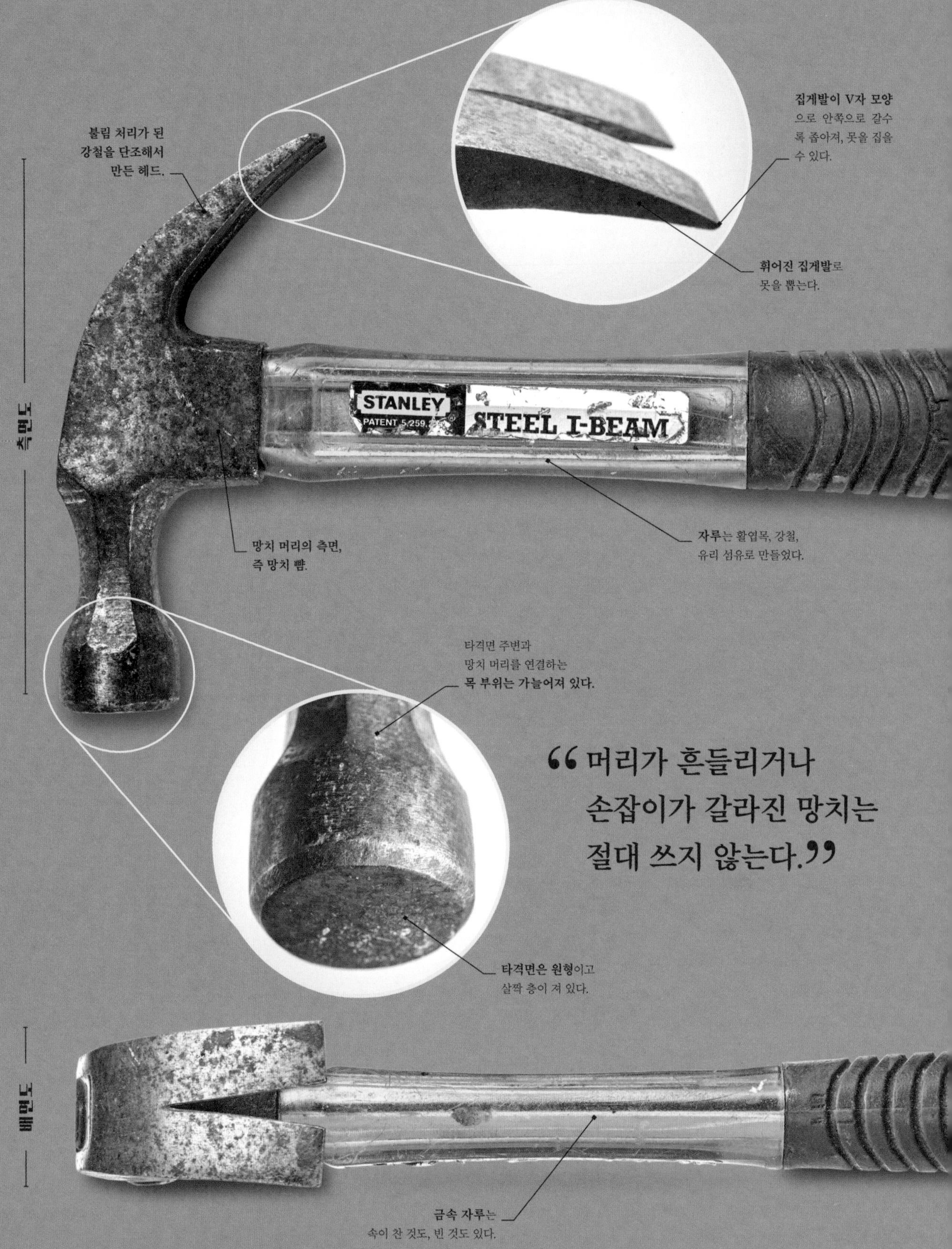

"머리가 흔들리거나
손잡이가 갈라진 망치는
절대 쓰지 않는다."

"망치를 살 때부터 균형이 맞는지 확인해야 한다. 다루기 불편하다는 느낌이 들면 안 된다."

STRUCTURE OF A CLAW HAMMER

장도리의 구조

장도리는 나무를 비롯한 다른 재료에 못을 박는 것 외에, 독특하게도 못을 뺄 수 있는 기능이 있다. 곡선이나 직선 모양의 집게발에 난 V자 홈으로 못대가리를 집은 다음, 지렛대 원리를 이용해 못을 빼낸다. 가정이나 작업장에서 가장 중요한 일반용 공구다.

뒤 뿌리는 타격 시 망치가 손에서 빠져나가는 것을 막아 준다.

고무나 플라스틱으로 **푹신한 손잡이**를 만들면 진동을 줄일 수 있다.

FOCUS ON…

망치 머리

망치를 정의하는 기준은 전체 무게가 아니라 형태와 머리 무게다. 핀 해머의 무게는 대개 100그램 정도지만, 볼 페인 해머는 그보다 10배는 더 무겁다. 요즘 나오는 최첨단 공구에는 헤드를 자루와 기계적으로 독립시키는 무진동 패드가 장착되어, 사용자가 내려칠 때 충격이 감소되는 효과를 얻을 수 있다. 골조 망치는 집게발 모양이 거의 직선이고, 타격면이 매끄러운 것이 아니라 더 크고 거칠어서 못대가리가 미끄러져 휘어지는 것을 방지한다.

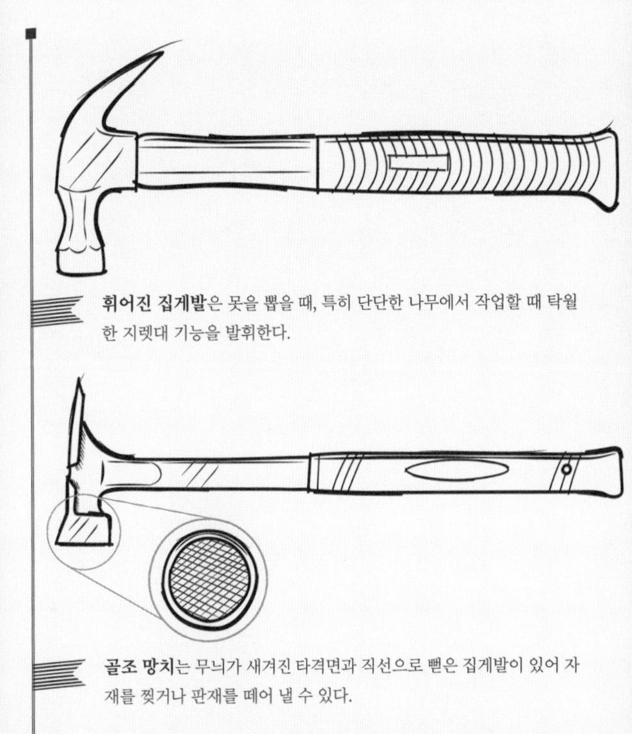

휘어진 집게발은 못을 뽑을 때, 특히 단단한 나무에서 작업할 때 탁월한 지렛대 기능을 발휘한다.

골조 망치는 무늬가 새겨진 타격면과 직선으로 뻗은 집게발이 있어 자재를 찢거나 판재를 떼어 낼 수 있다.

USING A CLAW HAMMER

장도리 사용하기

망치로 못을 박는 것이 일반적으로 손으로 나사를 돌려 넣는 것보다 더 빠른 고정 방법이다. 더구나 장담컨대 그 방법이 더 오래 가므로, 나무 위치를 제대로 잡는 것이 좋다. 장도리를 사용해서 굽은 못을 펼 때도 있지만, 못을 뽑아내려면 집게발을 사용해야만 한다. 망치 머리 밑에 자투리를 깔면 지렛대 원리를 이용하여 못을 뽑을 때 표면이 손상되는 것을 피할 수 있다.

작업 순서

시작하기 전에

➤ **안전하게 작업하기** : 핀 해머보다 큰 망치를 사용할 때는 언제나 보안경을 써야 한다. 아주 미세한 조각도 눈에 치명적인 상처를 입힐 수 있다.

➤ **망치 검사하기** : 망치 머리에 부스러기나 흠집이 있는지 확인한다. 못을 칠 때 미끄러지지 않도록 망치 머리를 깨끗하게 관리한다.

➤ **못 고르기** : 항상 작업에 맞는 크기와 종류의 못을 선택해야 한다. 두 물체를 못으로 박을 때 이상적인 못의 길이는 가장 얇은 쪽 두께의 세 배가 되어야 한다. 그 미만이면 제대로 고정되지 않을 수 있다.

못 끝을 표시 자국 위에 직각으로 들어야 한다.

2 못 자리 잡기

못을 엄지와 검지로 잡고 못 끝을 표시 자국 위에 직각으로 댄다. 못을 꼿꼿이 세운 채 망치로 몇 번 톡톡 두드려 자리를 잡는다.

1 못 위치 결정하기

필요하다면, 못 칠 위치를 연필로 표시해 둔다. 판재 가장자리에 못을 칠 경우 우선 드릴로 작은 안내 구멍을 뚫어 주면 나무가 찢어지지 않는다. 활엽목을 쓸 때는 특히 이 작업이 필요하다.

> “균형이 잘 잡힌 망치는 근육과 힘줄에 부담을 덜어 준다.”

FOCUS ON…

타격

망치를 쓰는 것은 마치 지렛대를 이용하는 것과 같다. 망치를 손에 쥐고 아래로 내려치는 모습을 보면 마치 팔이 더 길어진 듯이 보이며, 팔꿈치가 지렛목 역할을 하는 것을 알 수 있다. 이렇게 증폭된 힘이 망치 머리에 전달되어 못을 친다. 균형이 잘 잡힌 망치는 몇 번만 세게 치면 큰 힘을 들이지 않고도 못을 완전히 박을 수 있다. 언제나 망치의 타격면이 못대가리와 직각을 이루도록 겨냥하고 때려야 한다.

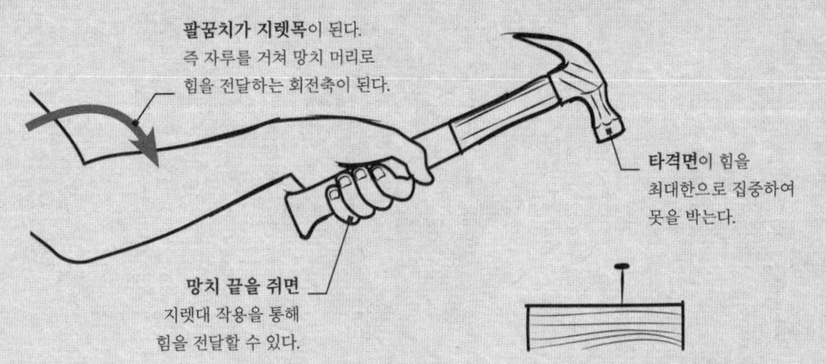

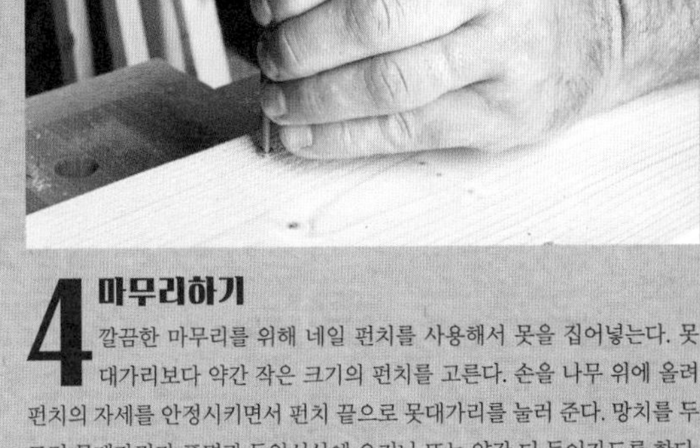

4 마무리하기

깔끔한 마무리를 위해 네일 펀치를 사용해서 못을 집어넣는다. 못대가리보다 약간 작은 크기의 펀치를 고른다. 손을 나무 위에 올려 펀치의 자세를 안정시키면서 펀치 끝으로 못대가리를 눌러 준다. 망치를 두드려 못대가리가 표면과 동일선상에 오거나 또는 약간 더 들어가도록 한다.

3 못 치기

손가락을 멀리 치우고 팔꿈치에서부터 망치를 휘둘러 못을 더욱 강하게 친다. 타격면이 못대가리에 직각으로 부딪혀야 한다. 못대가리가 나무 표면에 닿을락말락할 때 망치질을 멈춘다.

마친 뒤에

- ➤ **필러 사용하기** : 못을 박은 자리를 봉인하려면 나무 색상과 맞는 적당한 필러를 구멍에 넣는다.
- ➤ **공구 청소하기** : 망치 타격면을 고운 연마지에 대고 갈아 깨끗하게 청소한다.

THE PHILOSOPHY OF TOOLS

공구 철학

❝어떤 노동자가

망치의 달인이 될 수는 있다.

그렇다고 망치를 정복할 수는 없다.

도구를 어떻게 써야 하는지를

정확히 아는 것은 도구 자신이다.

그것을 쓰는 사람은 대략적인 아이디어만

가지고 있을 뿐이다.❞

밀란 쿤데라

체코 출신 소설가

CHOOSING PICKS AND MATTOCKS

곡괭이 고르기

곡괭이는 보기와는 다르게 쓰임새가 아주 다양한 공구로서 파기, 자르기, 지렛대, 바위, 시멘트 부수기 작업뿐만 아니라 얼음을 찍어서 인명을 구하는 일까지 할 수 있다. 평 날 곡괭이와 뾰족 날 곡괭이는 같은 공구라고 생각하기 쉽지만 둘의 머리 모양이 약간 다르다. 그러나 둘 다 긴 자루로 강력하게 내려친다는 점에서는 같다.

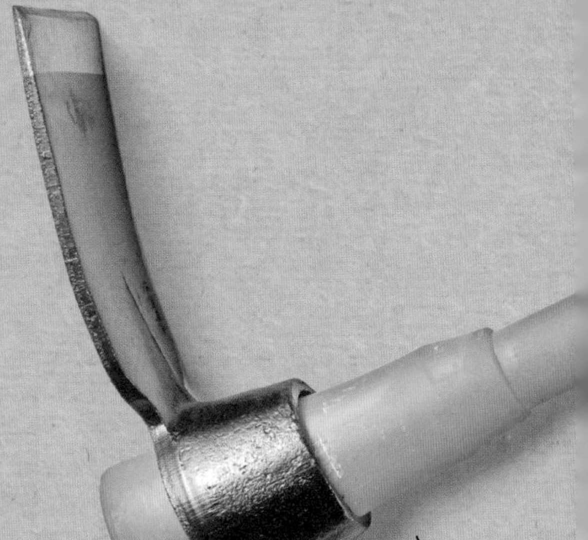

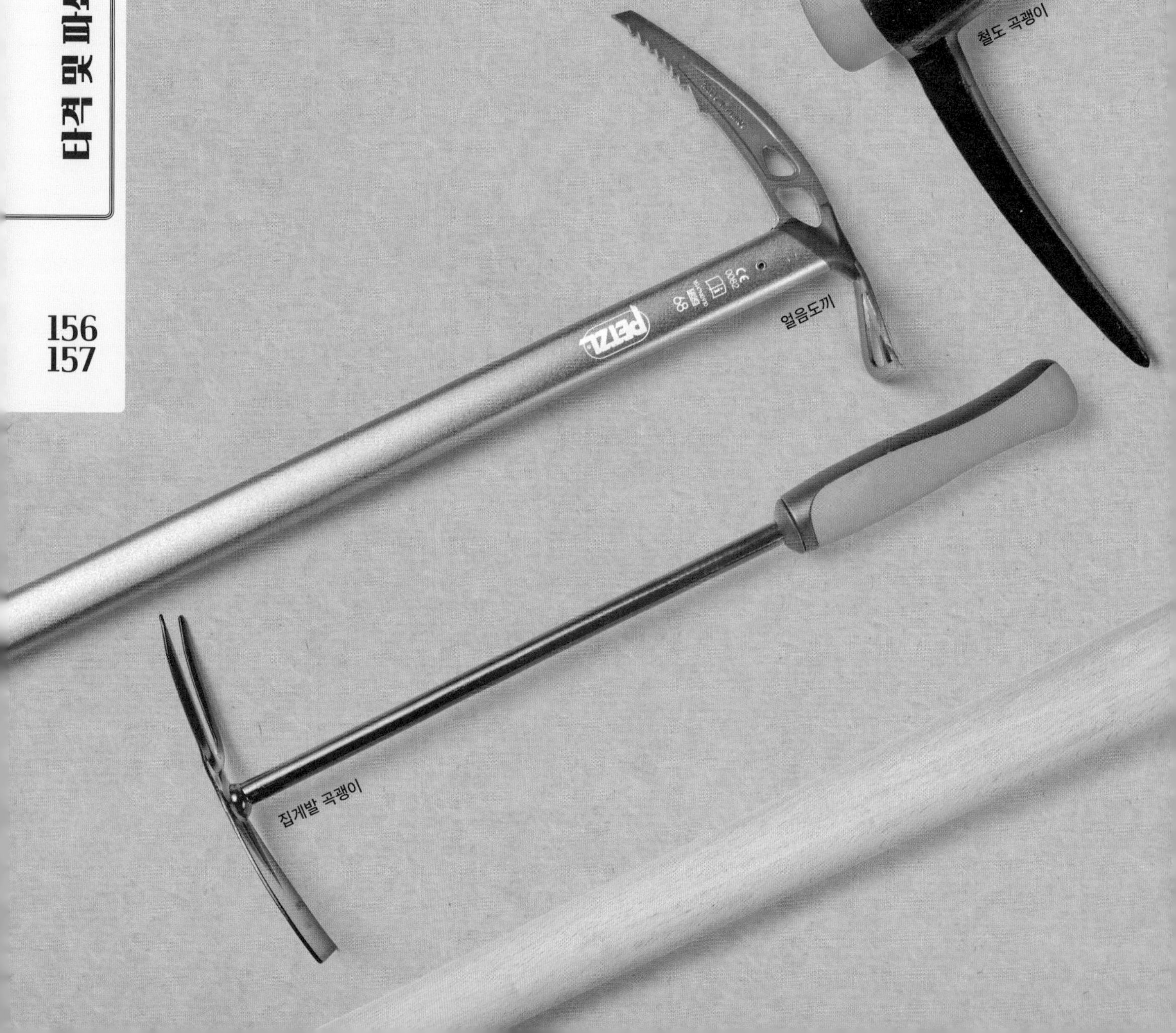

철도 곡괭이

얼음도끼

집게발 곡괭이

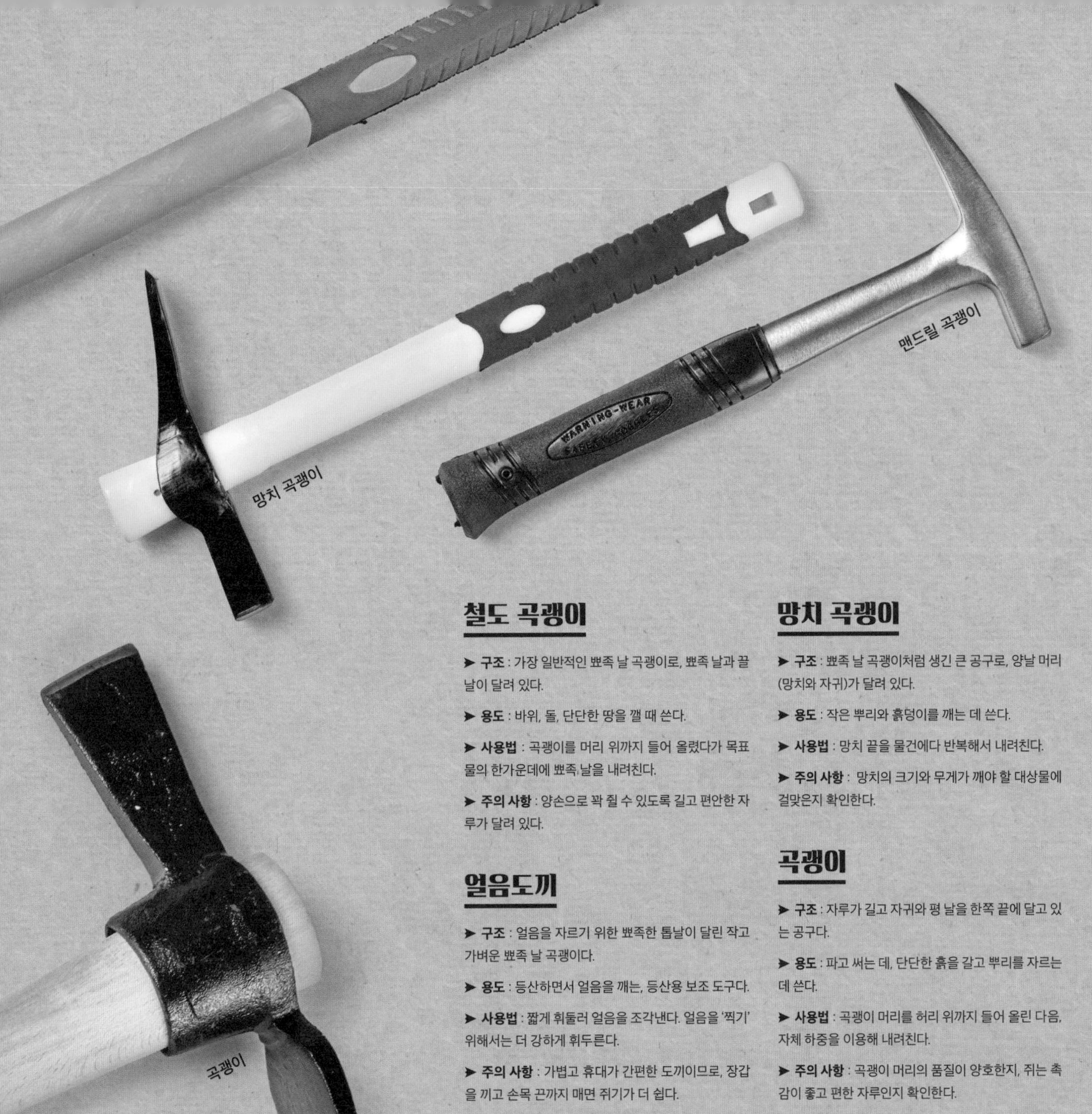

철도 곡괭이

➤ **구조** : 가장 일반적인 뾰족 날 곡괭이로, 뾰족 날과 끌 날이 달려 있다.

➤ **용도** : 바위, 돌, 단단한 땅을 깰 때 쓴다.

➤ **사용법** : 곡괭이를 머리 위까지 들어 올렸다가 목표물의 한가운데에 뾰족 날을 내려친다.

➤ **주의 사항** : 양손으로 꽉 쥘 수 있도록 길고 편안한 자루가 달려 있다.

얼음도끼

➤ **구조** : 얼음을 자르기 위한 뾰족한 톱날이 달린 작고 가벼운 뾰족 날 곡괭이다.

➤ **용도** : 등산하면서 얼음을 깨는, 등산용 보조 도구다.

➤ **사용법** : 짧게 휘둘러 얼음을 조각낸다. 얼음을 '찍기' 위해서는 더 강하게 휘두른다.

➤ **주의 사항** : 가볍고 휴대가 간편한 도끼이므로, 장갑을 끼고 손목 끈까지 매면 쥐기가 더 쉽다.

맨드릴 곡괭이

➤ **구조** : '광부 곡괭이'라는 별명에서 알 수 있듯이, 좁은 공간에서 사용할 수 있도록 자루가 짧은 공구다.

➤ **용도** : 좁은 공간에서 바위를 깨고 파낸다.

➤ **사용법** : 일반 곡괭이를 쓰는 방법과 같지만, 조금 더 짧게 휘두른다.

➤ **주의 사항** : 뾰족 날이 날카로운지, 곡괭이 머리 무게가 적당한지 살펴본다.

망치 곡괭이

➤ **구조** : 뾰족 날 곡괭이처럼 생긴 큰 공구로, 양날 머리(망치와 자귀)가 달려 있다.

➤ **용도** : 작은 뿌리와 흙덩이를 깨는 데 쓴다.

➤ **사용법** : 망치 끝을 물건에다 반복해서 내려친다.

➤ **주의 사항** : 망치의 크기와 무게가 깨야 할 대상물에 걸맞은지 확인한다.

곡괭이

➤ **구조** : 자루가 길고 자귀와 평 날을 한쪽 끝에 달고 있는 공구다.

➤ **용도** : 파고 써는 데, 단단한 흙을 갈고 뿌리를 자르는 데 쓴다.

➤ **사용법** : 곡괭이 머리를 허리 위까지 들어 올린 다음, 자체 하중을 이용해 내려친다.

➤ **주의 사항** : 곡괭이 머리의 품질이 양호한지, 쥐는 촉감이 좋고 편한 자루인지 확인한다.

집게발 곡괭이

➤ **구조** : 자귀날과 2~3개의 집게 날을 가진 이중머리 곡괭이다.

➤ **용도** : 잡초와 깊은 뿌리를 파내는 데 쓴다.

➤ **사용법** : 땅속에 날을 집어넣고 집게발을 앞뒤로 움직여 파헤친다.

➤ **주의 사항** : 이 공구는 크거나 작은 평 날 곡괭이라고 볼 수도 있다. 아주 작은 크기로도 나온다.

STRUCTURE OF A PICKAXE

뾰족 날 곡괭이의 구조

뾰족 날 곡괭이, 일명 철도 곡괭이는 딱딱한 땅을 파고 부수며, 뿌리를 갈아엎는 데 없어서는 안 되는 공구다. 자루 길이는 약 65~100센티미터 정도이고 곡괭이 머리는 단조강으로 만들었으며, 한쪽 날은 뾰족하게 생겨 바닥을 깨는 데 쓰고, 다른 쪽의 평평한 끝 날은 지렛대 작용을 하므로 역시 두 배의 효과를 낸다.

곡괭이 머리의 구멍을 눈이라고 하며 여기에 자루를 끼운다.

개관도

자루 꼭대기는 쐐기 모양처럼 비스듬한 형상인 경우가 많다.

> "철도 곡괭이라는 이름은 미국 철도 건설 시대에 이 공구를 널리 사용한 데서 유래했다."

긴 자루는 유리 섬유 또는 나무로 만든다.

손잡이는 주로 유리 섬유로 만든 자루에서 찾아볼 수 있다.

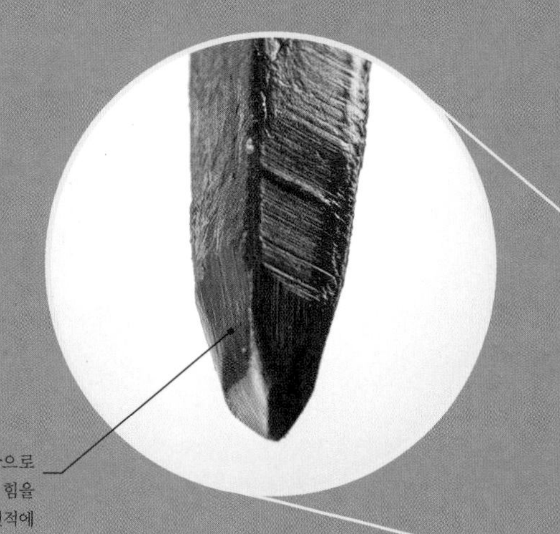

뾰족한 끝으로 내려치는 힘을 미세한 면적에 집중시킨다.

FOCUS ON…

타격의 원리

곡괭이 머리는 정교한 곡선으로 이루어져 바닥이나 바위와 부딪쳤을 때 일정한 각도를 이루면서 타격을 가하게 한다. 따라서 표면을 깨는 타격 효과를 높일 뿐만 아니라, 찌꺼기가 작업자의 얼굴로 직접 날아들지 않게 해 주며, 충격에 의해 곡괭이 머리가 휘어질 가능성이 낮아지기도 한다. 뾰족한 끝은 내려치는 힘을 작은 면적에 집중시키는 반면, 날카로운 끝은 힘을 절단면으로 분산시킨다.

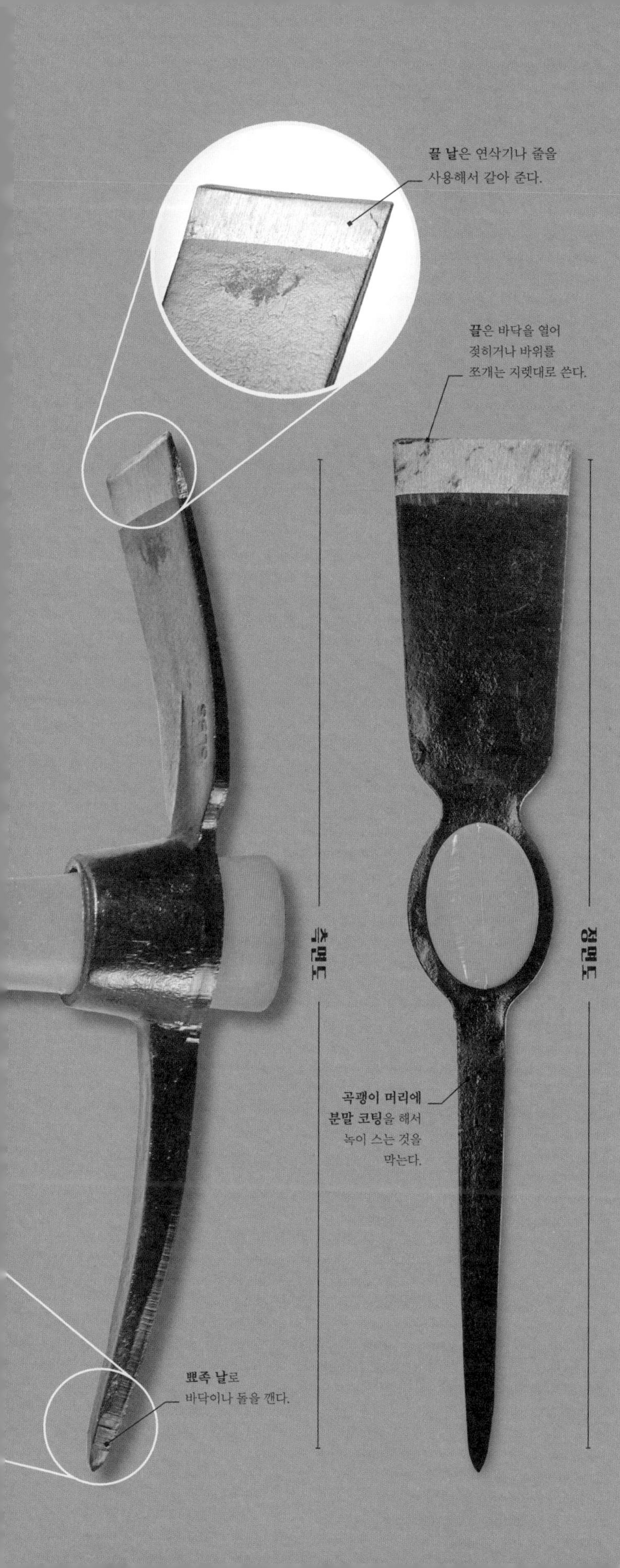

끌 날은 연삭기나 줄을 사용해서 갈아 준다.

끌은 바닥을 열어 젖히거나 바위를 쪼개는 지렛대로 쓴다.

측면도

정면도

곡괭이 머리에 분말 코팅을 해서 녹이 스는 것을 막는다.

뾰족 날로 바닥이나 돌을 깬다.

USING A PICKAXE

뾰족 날 곡괭이 사용하기

바위나 단단한 땅을 깨려고 할 때는 곡괭이의 뾰족 날을 사용한다. 끌 날을 사용하려면 날 끝을 벌리고자 하는 틈에 집어넣고 곡괭이 머리를 앞뒤로 흔들어 준다. 지렛대로 물건을 비틀어 여는 것과 같은 원리다.

작업 순서

시작하기 전에

➤ **스윙 연습하기** : 곡괭이의 무게에 익숙하지 않은 사람이라면 우선 천천히 시작해서 머리 위로 치켜드는 동작부터 연습한다.

➤ **안전 수칙 엄수** : 몸 뒤에 아무것도 없는, 빈 곳에서 작업한다. 더 세게 움켜쥘 수 있게 장갑을 끼고, 흙이나 돌 조각이 눈에 날아들지 않도록 보안경을 낀다.

1 자세 잡기

양발을 약간 벌리고, 주로 쓰는 발을 앞으로 내딛는다. 내리칠 대상물을 몸 앞에 놓고 약간 거리를 둔다.

2 뾰족 날 쥐기

힘이 약한 손을 손잡이 끝에 쥐고 다른 손은 자루 조금 위를 잡는다. 두 손 사이를 약간 띄운다.

3 휘두르기

허리를 굽히고, 무릎에 힘을 뺀 채 곡괭이를 머리 위로 치켜든다. 혹시 이 공구를 처음 사용한다면, 최소한 어깨높이까지는 들었다가 내려친다. 팔을 쭉 뻗으며, 곡괭이 날이 원호를 그리도록 내려친다. 공구를 내려칠 때까지 대상물에서 눈을 떼면 안 된다. 날 끝이 대상물에 부딪히는 순간에는 특히 자루를 꽉 쥐어서 곡괭이가 미끄러지지 않도록 한다.

마친 뒤에

➤ **공구 청소하기** : 곡괭이 자루와 머리에 묻은 때와 찌꺼기를 깨끗하게 닦아 낸다.

➤ **자루 점검하기** : 나무 자루가 달린 공구를 사용할 경우에는 자루에 깨진 자국이 남아 있는지 확인한다. 필요하다면 사포로 닦아 표면을 매끄럽게 만든다. 금이 간 자루는 바꿔 주어야 한다.

CHOOSING A WRECKING BAR

쇠지렛대 고르기

여러 종류의 쇠지렛대가 수 세기에 걸쳐 사용되어 왔다. 이 공구가 가진 강도와 길이는 훌륭한 지렛대 성능을 발휘한다. 또한 다양한 모양의 홈과 뾰족한 끝은 물건을 떼어 내고, 단단한 잠금장치를 풀거나 바위를 깨는 데 적합하다. 즉, 파쇄 작업의 필수품이라는 말이다. 파쇄라는 말만 들어도 엄두가 나지 않는가? 적합한 공구만 있다면 훨씬 수고를 덜 수 있다.

쇠지레

조형 지렛대

파쇄 지렛대

배척

쇠지렛대

다용도 지렛대

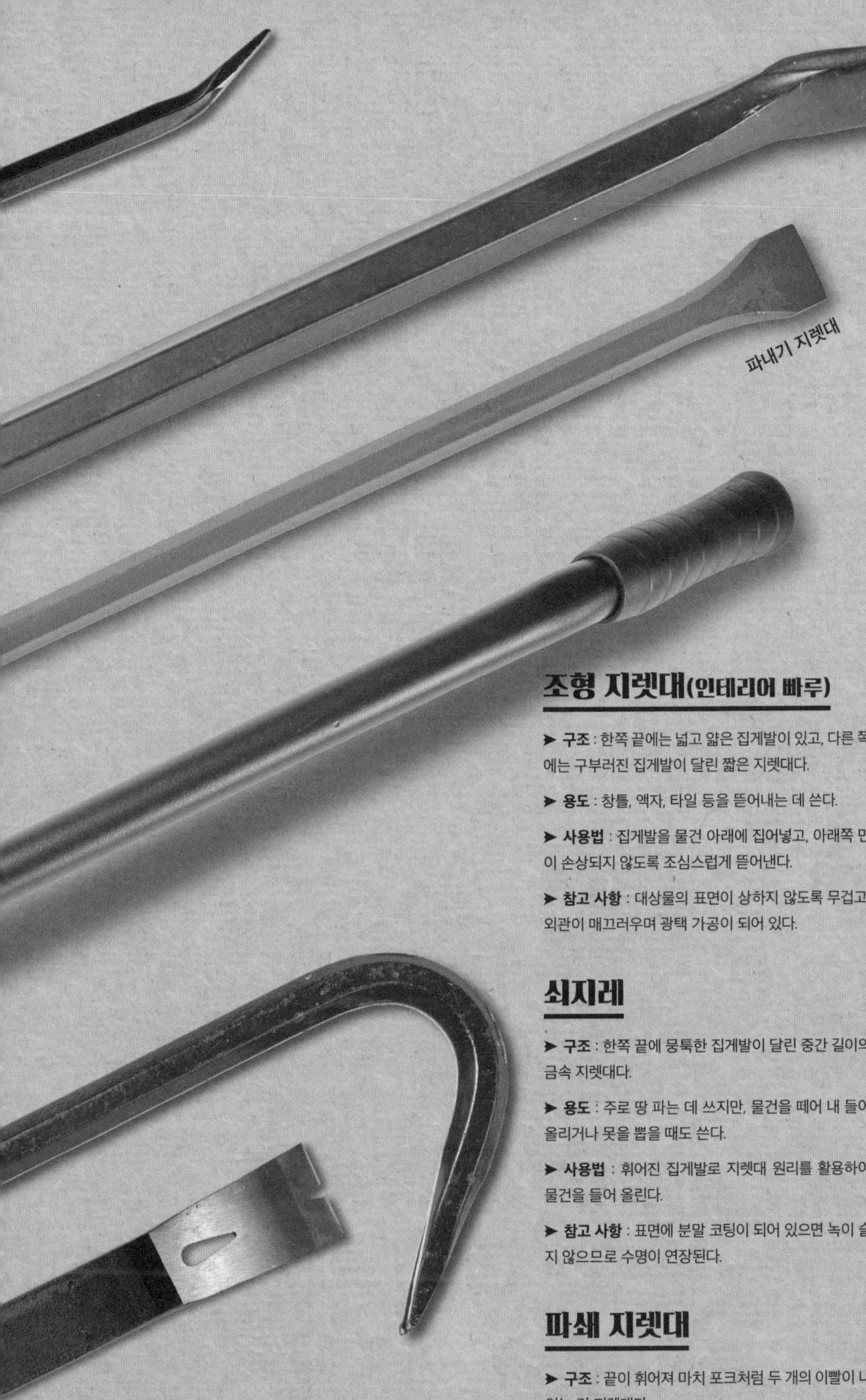

조형 지렛대(인테리어 빠루)

➤ **구조** : 한쪽 끝에는 넓고 얇은 집게발이 있고, 다른 쪽에는 구부러진 집게발이 달린 짧은 지렛대다.

➤ **용도** : 창틀, 액자, 타일 등을 뜯어내는 데 쓴다.

➤ **사용법** : 집게발을 물건 아래에 집어넣고, 아래쪽 면이 손상되지 않도록 조심스럽게 뜯어낸다.

➤ **참고 사항** : 대상물의 표면이 상하지 않도록 무겁고, 외관이 매끄러우며 광택 가공이 되어 있다.

쇠지레

➤ **구조** : 한쪽 끝에 뭉툭한 집게발이 달린 중간 길이의 금속 지렛대다.

➤ **용도** : 주로 땅 파는 데 쓰지만, 물건을 떼어 내 들어 올리거나 못을 뽑을 때도 쓴다.

➤ **사용법** : 휘어진 집게발로 지렛대 원리를 활용하여 물건을 들어 올린다.

➤ **참고 사항** : 표면에 분말 코팅이 되어 있으면 녹이 슬지 않으므로 수명이 연장된다.

파쇄 지렛대

➤ **구조** : 끝이 휘어져 마치 포크처럼 두 개의 이빨이 나 있는 긴 지렛대다.

➤ **용도** : 무거운 물건을 깨고, 치우고, 들어내는 등 파쇄 작업 전반에 쓴다.

➤ **사용법** : 치워야 할 대상물 아래쪽에 집게발을 집어 넣고 지렛대 원리로 힘을 가한다.

➤ **참고 사항** : 자루 끝에 고무 손잡이가 꼭 달려 있어야 한다.

파내기 지렛대

➤ **구조** : 긴 자루의 한쪽에는 끌이, 다른 쪽에는 뾰족한 끝이 있는 금속 지렛대다.

➤ **용도** : 말뚝 꽂을 구멍을 파고, 단단한 또는 언 땅을 깰 때, 나무뿌리를 파낼 때 쓴다. 또 지렛대로도 사용된다.

➤ **사용법** : 뾰족한 끝으로 바닥에 구멍을 파듯이 돌려 넣는다.

➤ **참고 사항** : 더 길고 두꺼운 공구를 쓰면 더 단단한 표면을 깰 수 있다.

쇠지렛대(빠루)

➤ **구조** : 한쪽에는 끌 날이 있고 다른 쪽에는 집게발이나 뾰족 날이 있는 긴 지렛대다.

➤ **용도** : 바위를 깨고, 일반적인 파쇄나 들어 올리는 작업, 또는 지렛대로 쓴다.

➤ **사용법** : 깨는 작업을 할 때는, 강한 타격을 가해 뾰족 날이나 끌 날을 물건 아래로 집어넣는다.

➤ **참고 사항** : 깨는 작업을 할 때는 뾰족 날이 낫고, 들어 올릴 일이 있으면 휘어진 집게발이 더 적합하다.

배척

➤ **구조** : 한쪽 끝에는 크고 휘어진 뾰족 날이 있고 반대쪽에는 더 작고 평평한 갈고리 또는 원통형 뾰족 날이 있는 튼튼한 지렛대다.

➤ **용도** : 마룻바닥이나 석고판, 타일을 떼어 낼 때, 일반적인 들어 올리기 작업에 쓴다.

➤ **사용법** : 마룻바닥을 들어 올리려면 큰 갈고리로 걸고 끌어당기거나 큰 지렛대를 활용한다.

➤ **참고 사항** : 지렛대 성능과 내구성을 발휘하기에 넉넉한 크기와 무게를 지녀야 한다.

다용도 지렛대

➤ **구조** : 평평하고 짧은 지렛대로, 한쪽 끝은 휘었고, 다른 쪽 끝은 평평하며 살짝 곡선을 이루고 있다.

➤ **용도** : 마룻바닥을 들어 올리고, 못을 뽑고, 타일을 뜯어낸다.

➤ **사용법** : 뜯어낼 물건 밑으로 평평한 날 끝을 집어넣는다. 앞뒤로 흔들어 대상물을 떼어 낸다. 휘어진 날 끝으로 집어 올린다.

➤ **참고 사항** : 못을 잘 뽑을 수 있도록 작은 구멍이 나 있는 경우도 있다.

THE PHILOSOPHY OF TOOLS

공구 철학

“곤란한 문제가 아무리 많아도
흙 속에 파묻어 버리면 된다.”

작자 미상

MAINTAIN TOOLS FOR STRIKING & BREAKING

타격 및 파쇄 공구의 유지 관리

공구는 관리만 잘해 주면 오랫동안 쓸 수 있다. 사용한 뒤에는 공구에 묻은 흙을 깨끗이 제거하고 건조한 장소에 보관하여 부식을 방지한다.

공구의 청결 유지

공구를 오랫동안 멋진 모습으로 유지하는 중요한 비결은 바로 청소다. 잘 떨어지지 않는 흙은 마모 성분이 들어간 화학 세척제는 사용하지 말고 비누와 물, 또는 흑사탕 비누까지만 쓰는 것이 좋다.

1 마른 흙 제거하기
공구를 다 쓴 다음에는 마른 흙을 모두 털어낸다.

2 공구 씻기
뜨거운 물과 걸레를 사용하여 잘 떨어지지 않는 흙을 떼어 낸다.

3 말려서 보관하기
공구를 완전히 말린 뒤에 건조한 곳에 보관하여 녹이 슬지 않도록 한다.

마른 흙을 털어내려면 공구를 바닥에 세게 치면 된다.

보관

공구는 안전하게, 자신이 알아볼 수 있는 순서대로 보관한다. 그래야 필요할 때 쉽게 찾을 수 있다. 끝이 날카로운 공구는 안전하게 걸어 놓거나 끝이 쉽게 떨어지지 않도록 보관한다. 예를 들어 곡괭이를 보관할 때는 곡괭이 머리가 바닥에 닿도록 보관해야 한다.

체계적 관리

모든 공구별로 각각 제자리를 마련해 두었다면, 필요할 때 쉽게 찾을 수 있을 것이다. 커다란 상자나 가방에 공구를 제멋대로 던져 두고 필요할 때마다 찾느라 뒤진다면 위험할 뿐만 아니라 공구가 상하기도 쉽다.

망치는 안정된 자세로 걸어 두어야 한다.

도구	점검
망치	• 사용 뒤에는 손상이 있는지 살피고, 망치 머리가 단단히 고정되어 있는지, 흔들리지는 않는지 확인한다. • 자루를 쥐어 본다. 상처나 코팅이 벗겨진 곳이 있으면 자루가 미끄러지기 때문이다.
곡괭이	• 자루에 벌어진 곳이 있는지 확인한다. • 사용하기 전에 곡괭이 머리가 흔들리지는 않는지 확인한다.
쇠지렛대	• 청소할 때 공구가 휘거나 부서진 조각이 묻어 있지 않은지 확인한다.

	청소	보수	팁	보관
	• 사용 뒤에는 깨끗이 닦아 준다.	• 전통식 활엽목 자루를 쓰는 망치의 자루가 부러졌다면 교체해 준다. 부러진 나무를 날 구멍에서 빼낸 뒤, 기존 자루를 기준으로 새 자루의 길이를 재서 깎아 만든다. 망치 머리에 맞는지 확인해 본다. 망치 머리를 새 자루에 박아 넣을 때는 고무망치를 이용한다. 기존 자루에 박혀 있던 쐐기를 빼서 자루 끝에 세로로 켠 틈새에 박아 넣어 헤드를 단단히 고정한다.	• 나무를 보호하고 부드럽고 편리한 촉감을 유지하려면 나무 자루에 아마인 기름을 발라 준다.	• 나무가 부풀어 오르거나 금속에 녹이 스는 것을 피하고자 선선하고 건조한 장소에 보관한다.
	• 사용 뒤에 묻어 있는 흙을 떼어 낸다. • 마른 흙은 젖은 걸레로 닦는다.	• 유리 섬유 자루가 갈라지면 수리할 수 없지만, 나무 자루에 난 작은 흠이나 쪼개진 곳은 사포로 갈아 주면 된다.	• 사용 과정에서 곡괭이 머리가 흔들릴 때는 물에 30분 정도 넣어 두면 나무가 부풀어 올라 곡괭이 머리에 꽉 끼게 된다. 그러나 이것은 임시 처방일 뿐 장기적 해결책은 아니다.	• 나무가 부풀어 오르거나 금속에 녹이 스는 것을 피하고자 선선하고 건조한 장소에 보관한다.
	• 공구에 WD40을 뿌려 흙을 떼어 내고 부식을 방지한다.	• 깨는 날은 쉽게 부러지지 않으므로 보수할 필요는 별로 없다. 그러나 휠 경우에는 다시 사용하기 어려우므로 교체해 주어야 한다.	• 사용 도중 휜다는 느낌이 들면 즉각 사용을 중지하고 더 무거운 쇠지렛대를 사용한다.	• 모든 공구는 완전히 말린 뒤에 보관한다. • 고리에 걸어 두거나, 안전한 상자나 가방에 눕혀서 보관한다.

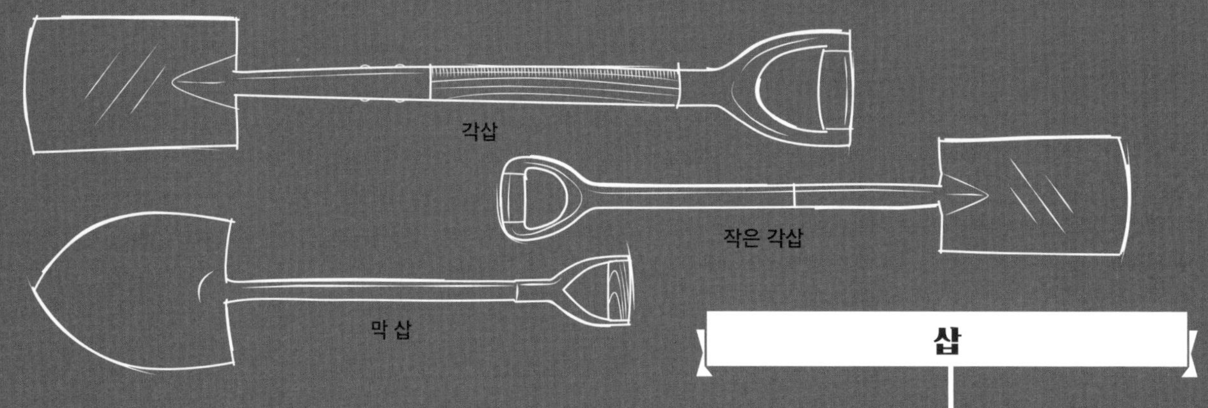

THE TOOLS FOR DIGGING & GROUNDWORK

5

땅 파기 및 흙 작업 공구

땅 고르기, 나무 심기, 청소하기, 파내기 같은 작업에는 그에 걸맞은 공구가 필요하다. 소박한 삽에서부터 전문적인 제초기까지, 올바른 공구를 고르는 것이 흙 작업을 쉽게 할 수 있는 비결이다.

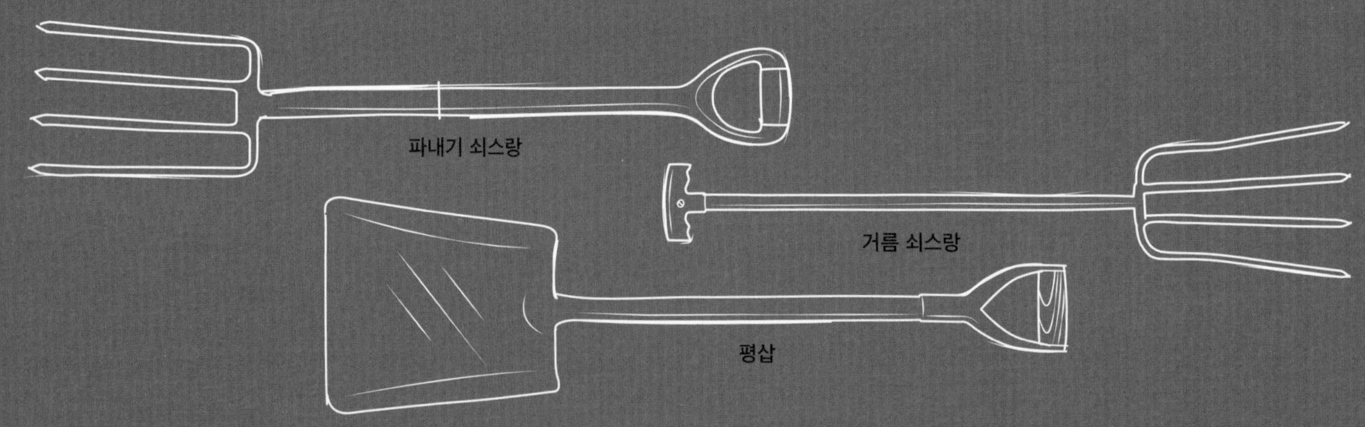

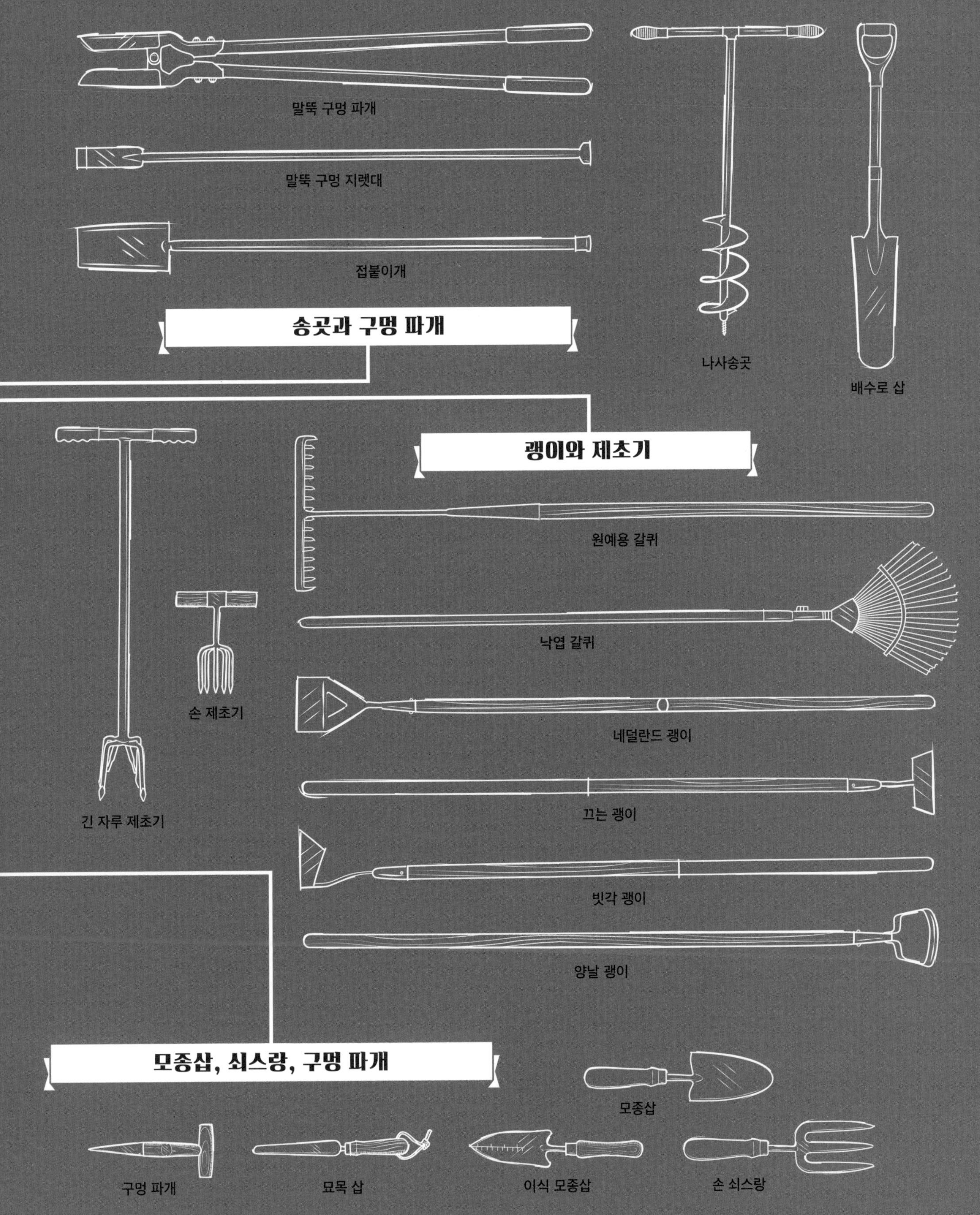
말뚝 구멍 파개
말뚝 구멍 지렛대
접붙이개
송곳과 구멍 파개
나사송곳
배수로 삽
괭이와 제초기
원예용 갈퀴
낙엽 갈퀴
손 제초기
네덜란드 괭이
긴 자루 제초기
끄는 괭이
빗각 괭이
양날 괭이
모종삽, 쇠스랑, 구멍 파개
모종삽
구멍 파개
묘목 삽
이식 모종삽
손 쇠스랑

HISTORY OF DIGGING & GROUNDWORK

땅 파기 및 흙 작업의 역사

260만 ~ 170만 년 전

땅 파기용 막대기

기초적이지만 매우 다목적 도구이기도 한 땅 파기용 막대기는 삽이나 괭이 같은 도구의 먼 조상 격이다. 이 막대기는 주로 덩이줄기나 뿌리 식물 같은 땅속 식물을 캐내는 데 쓰였고, 또 땅속에 숨는 동물을 끄집어내거나 개미집 속의 곤충을 꺼내는 데 사용했다.

"지혜로운 사람은 쉽게 구할 수 있는 것으로 도구를 만들어 낸다."

토머스 풀러
영국의 성직자, 역사가

1만 년 전

초창기 모종삽

신석기 시대에, 거대 포유류의 견갑골을 흙과 바위, 특히 부싯돌을 파내는 데 사용했다. 황소 뿔의 쓰임새는 오늘날 원예용 모종삽과 대동소이했다.

기원전 5000년

초창기 괭이

동굴 벽화를 보면 고대인들이 괭이처럼 생긴 도구를 사용했다는 묘사가 있다. 이것은 쇠스랑을 닮은 긴 막대기처럼 보이며, 농경지의 잡초를 제거하거나 식물을 써는 데, 또 농작물을 심기 위해 고랑을 파는 데 쓴 것으로 추정된다.

기원전 1800년

나무 모종삽

캣찌 기초 국가 소속 아메리카 원주민의 조상은 오늘날의 원예용 모종삽과 유사한 모양의 나무 도구를 썼다. 이 도구의 날은 넓고 둥글게 조각되어 있고 캐나다 밴쿠버 인근 지역에서 발견되었다. 이 도구는 '와파토'라는 이름의 야생 감자를 캐는 데 썼다. 이는 미주 대륙 최초의 야생 식물용 농기구였다는 증거이기도 하다.

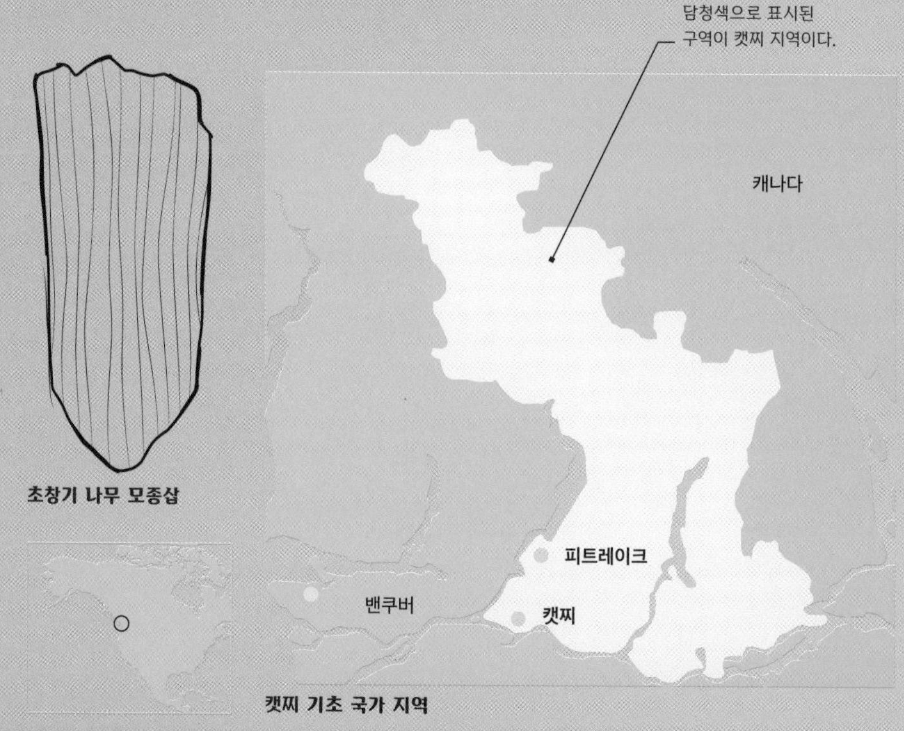

초창기 나무 모종삽

캣찌 기초 국가 지역

"흙을 수없이 퍼 나르면 산이 되고, 물을 엄청나게 길어 대면 강이 된다."

중국 속담

기원전 1750년 삽

영국의 구리 광산에서 발견된 인공물은 광물을 파내는 데 나무 삽을 사용했다는 것을 보여 준다.

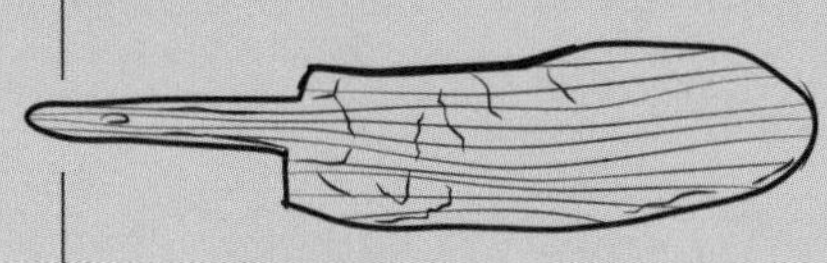

보존된 나무삽

기원전 500년 ~ 서기 500년 로마 시대 원예 도구

로마인이 발전시킨 수많은 원예 도구가 오늘날까지도 사용되고 있다. 팔라는 삽의 전신이고, 사컬럼은 괭이 또는 제초기에 해당하는 도구이며, 비덴스는 현대의 갈퀴와 닮은꼴이다.

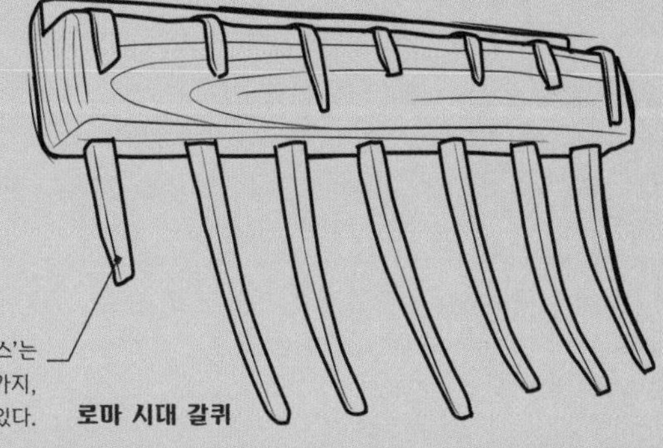

로마 시대의 갈퀴인 '비덴스'는 목재 헤드에 나뭇가지, 즉 갈래가 여러 개 박혀 있다.

로마 시대 갈퀴

기원전 55년경 청동 삽

로마인들은 청동 삽을 만들어 사용했다. 여러 곳에서 발굴된 사례를 보면 향을 캐는 데 사용된 것도 있다.

서기 140 ~ 165년 로마 시대 삽

로마인들은 나무 삽의 가장자리에 '신발'을 씌워, 즉 철제 테두리를 보강하는 형태로 절단 날을 설치했다. 오늘날 사용되는 삽은 로마인들이 도구를 개선한 덕분에 탄생했다. 특히 단조철의 개발이 크게 공헌했다.

"정원과 서재를 가지고 있다면, 모든 것을 갖춘 셈이다."

키케로
로마의 정치가, 철학자

청동

청동은 주로 구리와 주석의 합금을 일컫는 것으로, 때로는 아연이나 니켈이 포함될 경우도 있다. 역사적으로 청동의 성분은 장인들이 입수할 수 있는 금속의 종류에 따라 폭넓게 변화해 왔다.

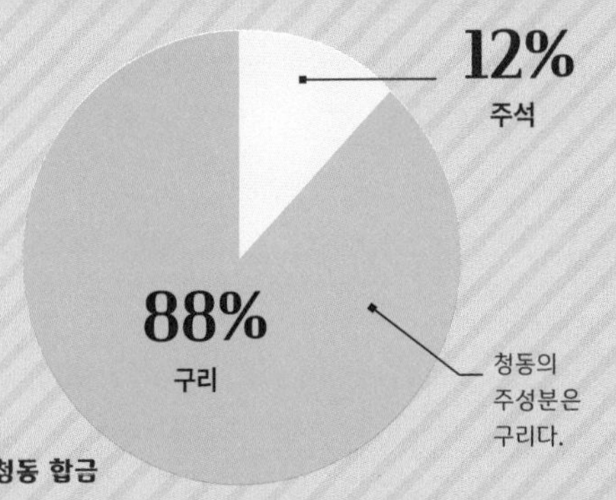

청동 합금

1300년대 경량 도구

중세 시대에, 철 제련법의 등장으로 도구의 경량화가 이루어져 훨씬 적은 노력으로 더 정밀한 모양을 빚어낼 수 있게 되었다.

1774년 주철 삽

미국 최초의 주철 삽은 존 에임스 대령이 단조법으로 만들었다. 에임스 가문은 계속해서 삽을 발전시켜 1817년에 전시에 병사들이 사용할 수 있도록 삽날 뒤쪽에 묶는 끈이 있는 형태를 선보였고, 1824년에는 드디어 나무 자루를 추가했다.

주철로 만든 삽날은 연철에 비해 내구성이 뛰어나다.

소켓 슬리브가 있어 나무 또는 금속제의 자루를 끼워 넣을 수 있다.

에임스 삽

1600년대 원예 도구

현대의 삽화를 보면 1600년대 중반에 경작용 쇠스랑과 모종삽은 광범위한 원예용 연장 세트의 일부로 묘사되고 있다.

CHOOSING A SHOVEL OR SPADE

삽 고르기

삽과 쇠스랑의 크기와 모양, 길이가 천차만별로 다른 것은 이 도구가 각각의 쓰임새에 맞게 진화되어 왔다는 것을 의미한다. 특히 각삽과 평삽은 언뜻 비슷해 보이지만 쓰임새가 정확히 갈지는 않다. 평삽과 막 삽은 날이 기울어져 물건을 떠올리는 데 적합하고, 각삽의 곧은 날은 땅을 파는 데 특화되어 있다.

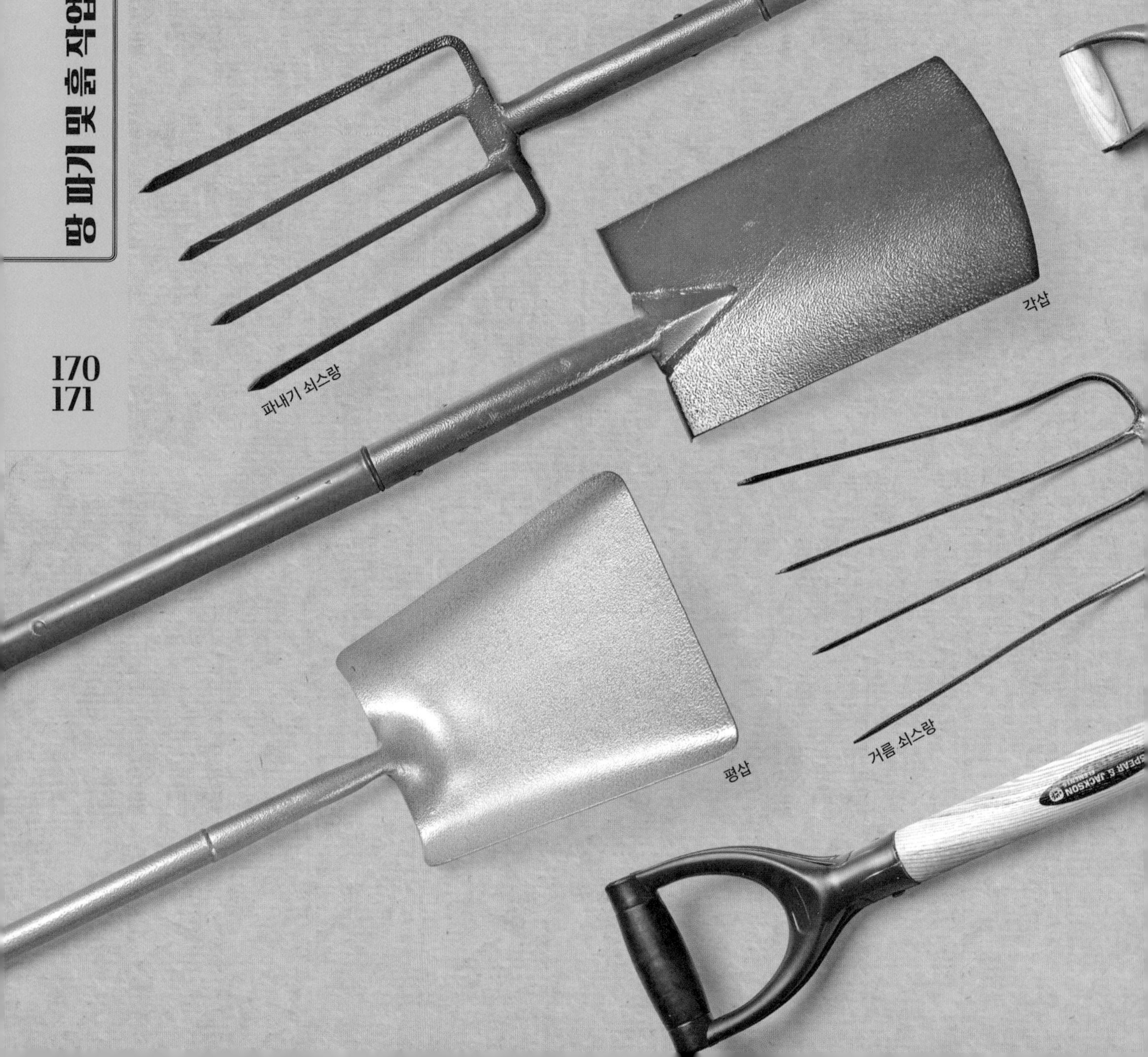

각삽

파내기 쇠스랑

거름 쇠스랑

평삽

SPEAR & JACKSON

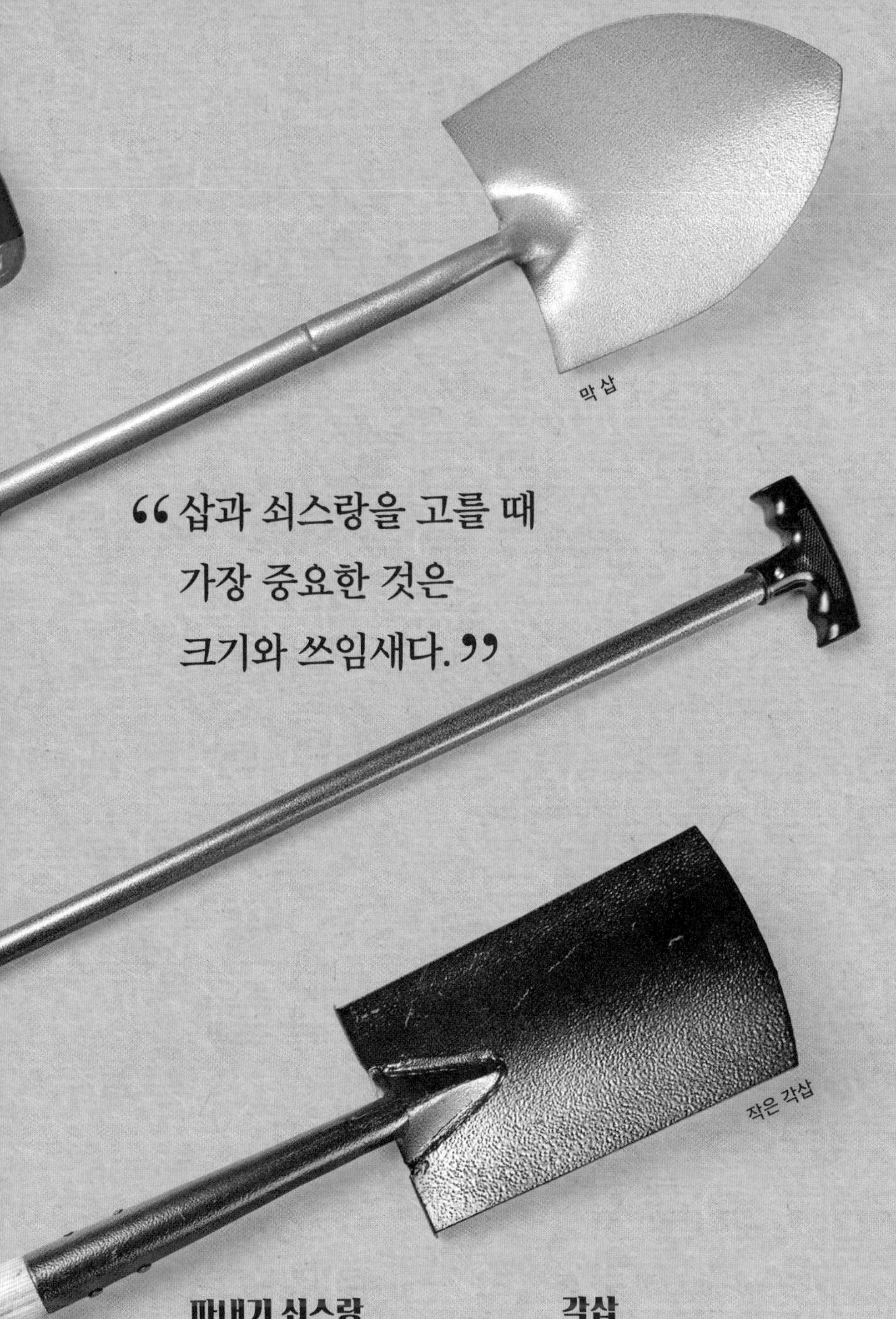

"삽과 쇠스랑을 고를 때 가장 중요한 것은 크기와 쓰임새다."

막 삽

➤ **구조** : 자루 길이는 중간 정도고, 입이 크고 둥글며 안쪽으로 기울어졌다.

➤ **용도** : 많은 양의 푸석푸석한 흙이나 모래, 자갈 등을 퍼 나를 때 쓴다. 땅 파기용이 아니다.

➤ **사용법** : 한 손은 자루 끝을 쥐고 다른 손을 입 가까이에 쥔 채 흙을 휩쓸듯이 퍼 올린다.

➤ **참고 사항** : 강하고 가벼운 소재를 써서 수고를 덜 수 있다. 나무나 복합 섬유로 만든 자루는 아주 튼튼하다.

평삽

➤ **구조** : 입이 평평하고 끝이 일직선을 이루며 날은 살짝 위로 기울어져 있다.

➤ **용도** : 많은 양의 푸석한 물질을 퍼 나르는 데 쓴다. 납작한 물건을 버릴 때 사용하기 편하다.

➤ **사용법** : 적은 양을 꾸준히 퍼 담는 것이, 한번에 과도하게 담는 것보다 작업 효율이 더 낫다.

➤ **참고 사항** : 삽날과 강철 자루가 서로 튼튼하게 연결되어 있는지 확인한다. 자루는 다시 손잡이로 이어진다. 전체 무게가 가벼운지도 살핀다.

거름 쇠스랑

➤ **구조** : 가지가 넓게 퍼지고 날씬하며 끝이 날카롭고 뾰족한, 중간 길이의 쇠스랑이다.

➤ **용도** : 거름, 건초, 잡초더미 등, 푸석한 물질을 옮기고 치우며 들어 올리는 데 쓴다.

➤ **사용법** : 가지를 덩어리나 잘 묶어 놓은 낙엽 또는 건초 더미에 찔러 넣는다.

➤ **참고 사항** : 자루가 긴 쇠스랑은 거름을 개고 짐칸에 실을 때 유용하다.

파내기 쇠스랑

➤ **구조** : 가지가 4개이고 중간 길이의 자루가 달린, 강철 쇠스랑이다.

➤ **용도** : 경작 중인 흙을 갈아엎을 때, 또 흙에서 뿌리를 걸러 낼 때 쓴다.

➤ **사용법** : 쇠스랑을 흙에 찌르고 한 발로 밟아서 밀어 넣는다. 자루를 열어젖혀 흙을 뒤집는다.

➤ **참고 사항** : 강한 쇠스랑 가지의 끝이 뾰족하고 날카롭게 관리되고 있는지, 자루는 흔들리지 않고 튼튼한지 확인한다.

각삽

➤ **구조** : 날이 평평하고 살짝 움푹한 모양이며 중간 길이의 자루가 달린 강철 삽이다.

➤ **용도** : 나무나 관목을 심을 때처럼 흙에 구멍을 파고 뒤엎을 때 쓴다.

➤ **사용법** : 삽날을 흙 속에 발로 밀어 넣은 뒤, 자루를 앞뒤로 흔들어 흙을 뒤집는다.

➤ **참고 사항** : 삽날 크기가 큰지 작은지, 자루 길이가 자신의 키에 맞는지 확인한다.

작은 각삽

➤ **구조** : 각삽과 유사하지만 삽날과 입이 작다.

➤ **용도** : 정원이나 협소한 장소에서 흙 작업할 때, 흙을 커다란 그릇에 담을 때 등에 쓴다.

➤ **사용법** : 각삽을 쓰는 요령과 비슷하다. 삽을 발로 누를 필요는 없다.

➤ **참고 사항** : 손에 잘 맞는지, 표면이 매끄럽고 날이 최대한 날카로운지 확인한다.

STRUCTURE OF A SPADE

삽의 구조

정원에서 땅을 팔 일이 있으면 삽이 반드시 필요하다. 원예 도구 중에 가장 기초적인 것이 삽이다. 종류별로 삽 모양이 크게 다를 것은 없지만, 자루 모양과 각도, 날의 크기나 이음매 등에는 상당한 차이가 있다.

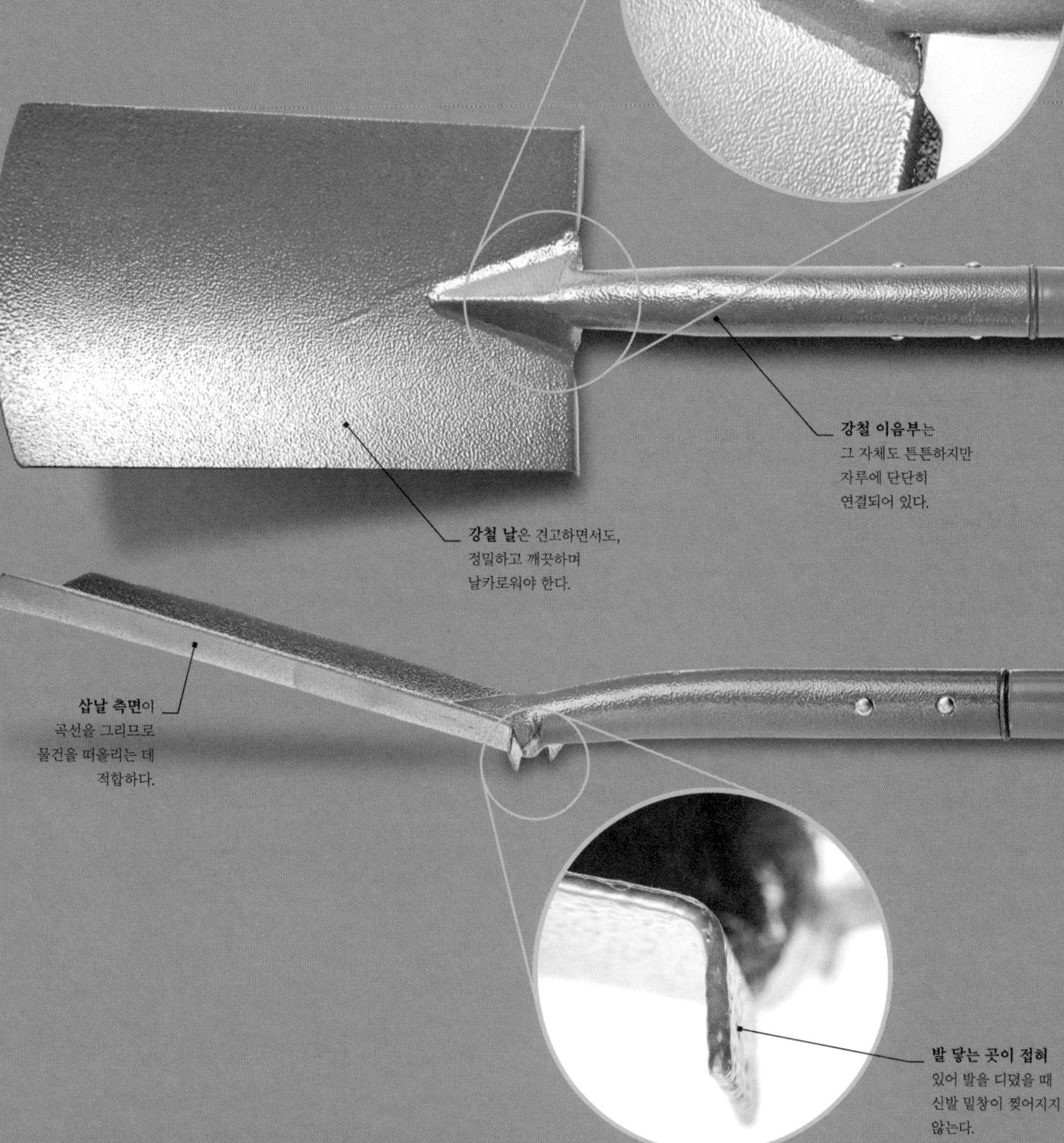

FOCUS ON…

손잡이 모양

손잡이는 D자나 T자 모양이며 몇 가지 소재로 만든다. 손이 큰 사람은 손을 가두는 느낌이 드는 D자 손잡이가 편할 것이다. 손잡이 표면은 가시나 부스러기가 없도록 잘 마무리되어야 하며, 사포로 갈아 주는 것도 좋다. 손잡이가 살짝 기울어져 허리가 덜 아프며 지렛대 효과를 극대화할 수 있다.

자루 끝에 D자, 또는 **T자** 모양으로 설치된 손잡이를 잡고 삽을 다룬다.

자루는 가벼우면서도 험한 작업을 감당할 만큼 튼튼하다.

손잡이에 각도를 주어 자루가 덜 휘어지고, 사용 중에 허리가 덜 아프다.

“삽을 쓴다는 것은 팔을 더 길게 뻗는 것과 같다. 따라서 삽의 구조는 사용자의 몸에 완벽하게 맞아야 한다.”

USING A SPADE

삽 사용하기

삽의 종류에는 여러 가지가 있어 잘 선택해서 써야 만족도를 높일 수 있다. 작업의 성격에 맞는 올바른 삽을 선택하는 것 못지않게, 천천히 요령 있게 작업하고, 한 번에 적당량만 푸는 것, 허리를 펴는 것 등이 중요하다.

작업 순서

시작하기 전에

➤ **삽날 확인하기** : 삽날을 깨끗하고 날카롭게 관리하면 작업 효율도 향상되고, 일도 훨씬 더 편해진다. 땅을 파기 전에 필요하면 삽날을 갈아 준다.

➤ **자루 점검하기** : 자루와 손잡이가 흔들리지는 않는지 확인한다. 나무 자루가 달린 삽은 난방이 없는 창고에 보관해야 마르지 않아서 좋다.

1 발을 밟고 누르기

삽을 땅바닥에 직각으로 세우고 손으로 살짝 누른다. 한 발을 삽날 어깨에 올리고 힘차게 밟는다.

2 구멍 표시하기

이 과정을 몇 차례 반복하여 구멍을 파고, 구멍 주위에 충분한 공간을 만든 다음에 흙을 파낸다. 땅이 딱딱할 때는 삽을 흙 속에서 천천히 흔들거나 지렛대를 활용하여 위로 제낀다.

3 지렛대로 활용하기

무릎을 굽히고 등은 쭉 편 채, 삽자루를 지렛대 삼아 뒤로 제친다. 경작을 위해 흙을 뒤엎거나 구멍을 파고 흙을 퍼 올릴 때는 이 동작을 반복하여 작업을 마무리한다.

마친 뒤에

➤ **날 청소하기** : 걸레로 삽날과 자루를 깨끗이 닦는다. 표면이 코팅되지 않은 강철 날에는 일반적으로 쓰는 기름을 약간 발라 녹슬지 않게 한다. 나무 자루에는 아마인 기름을 바른다.

➤ **흔들림 점검하기** : 나무 자루가 약간씩 흔들린다면 임시 처방으로 24시간 동안 물에 넣어 습기를 보충해 주면 나무가 부풀어 올라 삽날에 꽉 낀다.

CHOOSING A POST-HOLE DIGGER

말뚝 구멍 파개 고르기

말뚝 구멍을 파는 일은 매우 고된 작업이다. 구석진 장소나 돌바닥에서 작업해야 할 경우라면 특히나 그렇다. 깊고 좁은 구멍을 수직으로 파야 하기 때문에 특수한 도구가 필요하다. 말뚝 구멍 파는 도구는 긴 자루에 길고 좁은 삽 머리가 달려 있다. 다른 대다수의 삽들과는 다른 모습이다.

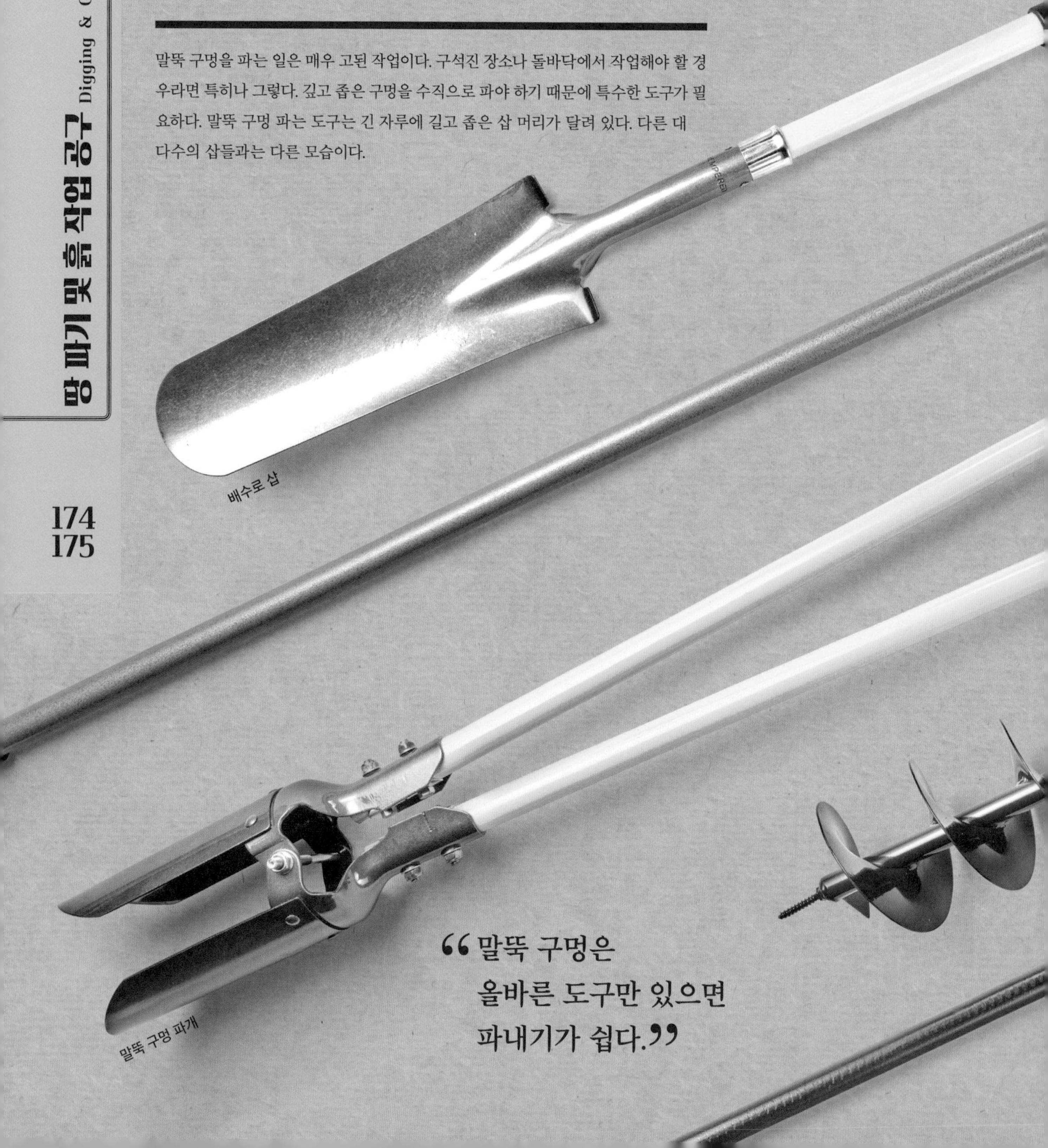

배수로 삽

"말뚝 구멍은 올바른 도구만 있으면 파내기가 쉽다."

말뚝 구멍 파개

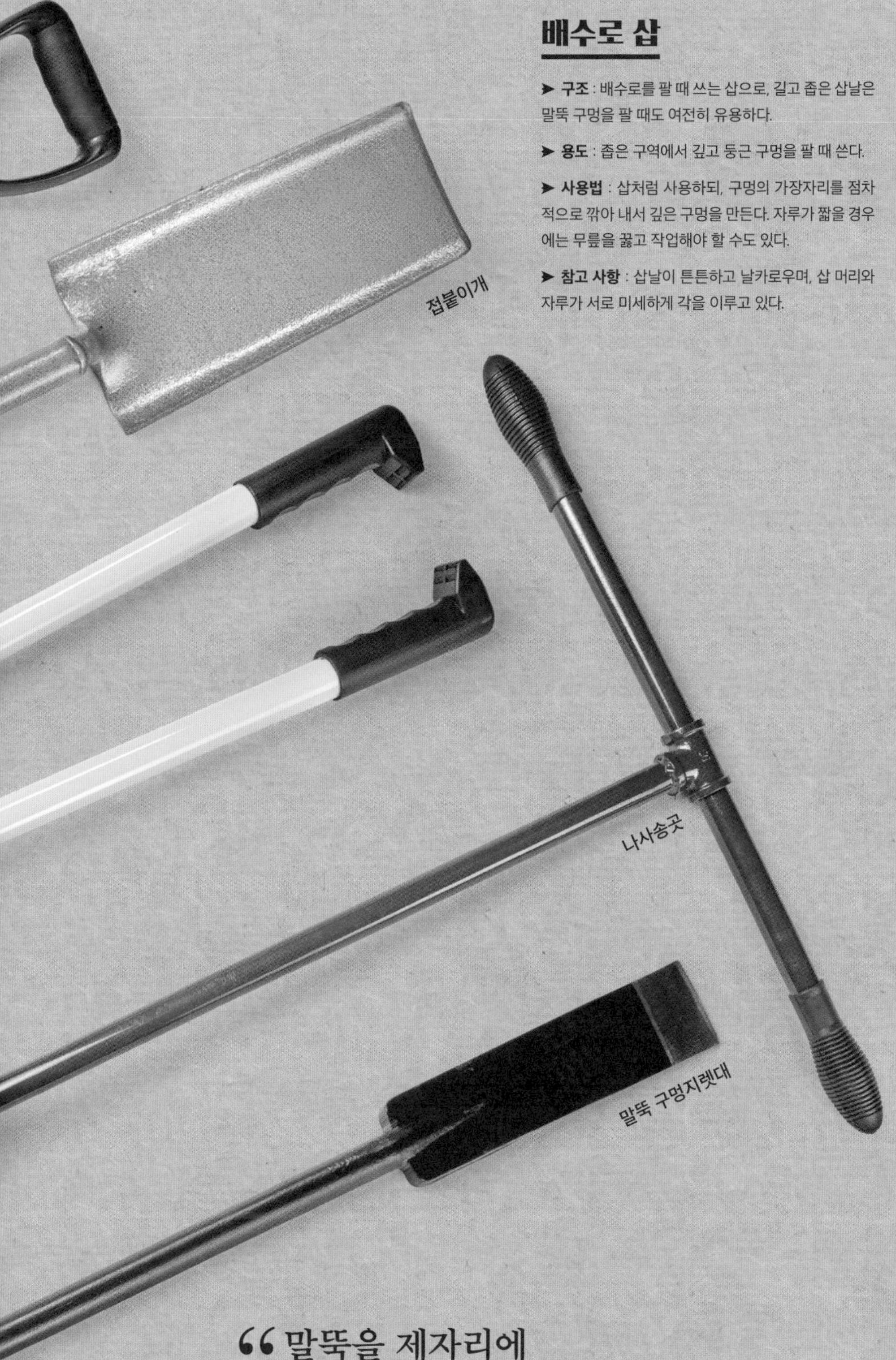

배수로 삽

➤ **구조** : 배수로를 팔 때 쓰는 삽으로, 길고 좁은 삽날은 말뚝 구멍을 팔 때도 여전히 유용하다.

➤ **용도** : 좁은 구역에서 깊고 둥근 구멍을 팔 때 쓴다.

➤ **사용법** : 삽처럼 사용하되, 구멍의 가장자리를 점차 적으로 깎아 내서 깊은 구멍을 만든다. 자루가 짧을 경우에는 무릎을 꿇고 작업해야 할 수도 있다.

➤ **참고 사항** : 삽날이 튼튼하고 날카로우며, 삽 머리와 자루가 서로 미세하게 각을 이루고 있다.

접붙이개

➤ **구조** : 좁고 평평한 날과 아주 길고 무거운 자루를 가진 삽이다.

➤ **용도** : 말뚝 구멍 파개와 같이 사용하며, 깊고 좁은 구멍을 판다.

➤ **사용법** : 발로 밟아 날을 땅에 박아 넣는다. 삽날로 구멍 측면을 파내어 바닥을 퍼낼 수 있도록 허문다.

➤ **참고 사항** : 삽 머리가 날카롭고 좁으며, 자루는 튼튼하고 무겁다.

말뚝 구멍 파개

➤ **구조** : 날이 두 개 있는 삽으로, 가위처럼 움직이며 깊은 곳에까지 닿도록 자루가 길다.

➤ **용도** : 말뚝 구멍 지렛대와 함께 써서 말뚝 구멍을 판다. 푸석해진 물질을 구멍에서 퍼낸다.

➤ **사용법** : 양쪽 자루를 모두 잡고 허물어진 흙 속에 삽 머리를 집어넣는다. 자루를 벌려 흙을 쥔 다음, 땅 위로 끌어올려 비운다.

➤ **참고 사항** : 튼튼하게 잘 만든 가위 성능을 확인한다. 자루가 길다.

나사송곳

➤ **구조** : 금속 자루에 큰 나사산이 설치되어, 이를 긴 T자 손잡이로 돌릴 수 있는 도구다.

➤ **용도** : 점토처럼 부드럽고 자갈이 섞이지 않은 흙에 깊고 둥그런 구멍을 뚫을 때 쓴다.

➤ **사용법** : 흙에 도구를 자리 잡고 나사산을 시계 방향으로 돌려 구멍을 뚫는다. 규칙적으로 흙을 빼내 구멍을 비운다.

➤ **참고 사항** : 튼튼하고 날카로운 나사산과 아주 강력한 T자 손잡이가 있다.

말뚝 구멍 지렛대

➤ **구조** : 끌처럼 생긴 철제 날에 긴 자루가 달린 무겁고 단단한 쇠 지렛대다.

➤ **용도** : 땅을 팔 때 단단한 땅이나 돌바닥을 깨는 데 쓴다.

➤ **사용법** : 바닥에 칼을 질러 날 끝으로 깨 나간다. 한 번에 몇 센티미터씩 깬 다음 말뚝 구멍 파개로 돌조각을 퍼낸다. 돌이나 방해물이 나오면 모두 부수면서 진행한다.

➤ **참고 사항** : 긴 자루에 단단한 철제 심을 넣어 더 무겁게 만들어 놓았다.

> "말뚝을 제자리에 잘 세워 두려면 구멍을 깊게 파되 너무 넓으면 안 된다."

CHOOSING A HOE OR CULTIVATOR

괭이와 제초기 고르기

괭이 또는 제초기를 제대로 고르기만 해도 정원 일을 훨씬 쉽고 효과적으로 할 수 있다. 더구나 일을 하면서 생기는 다른 추가 작업을 많이 생략할 수도 있다. 새로 돋아나는 잡초를 쉽게 없애는 괭이를 많이 쓰면, 나중에 오래된 잡초를 없애는 일을 안 해도 되는 것이다. 튼튼하게 잘 만든 갈퀴에 제대로 된 가지가 달려 있다면 땅 고르는 일이 즐거워질 것이다.

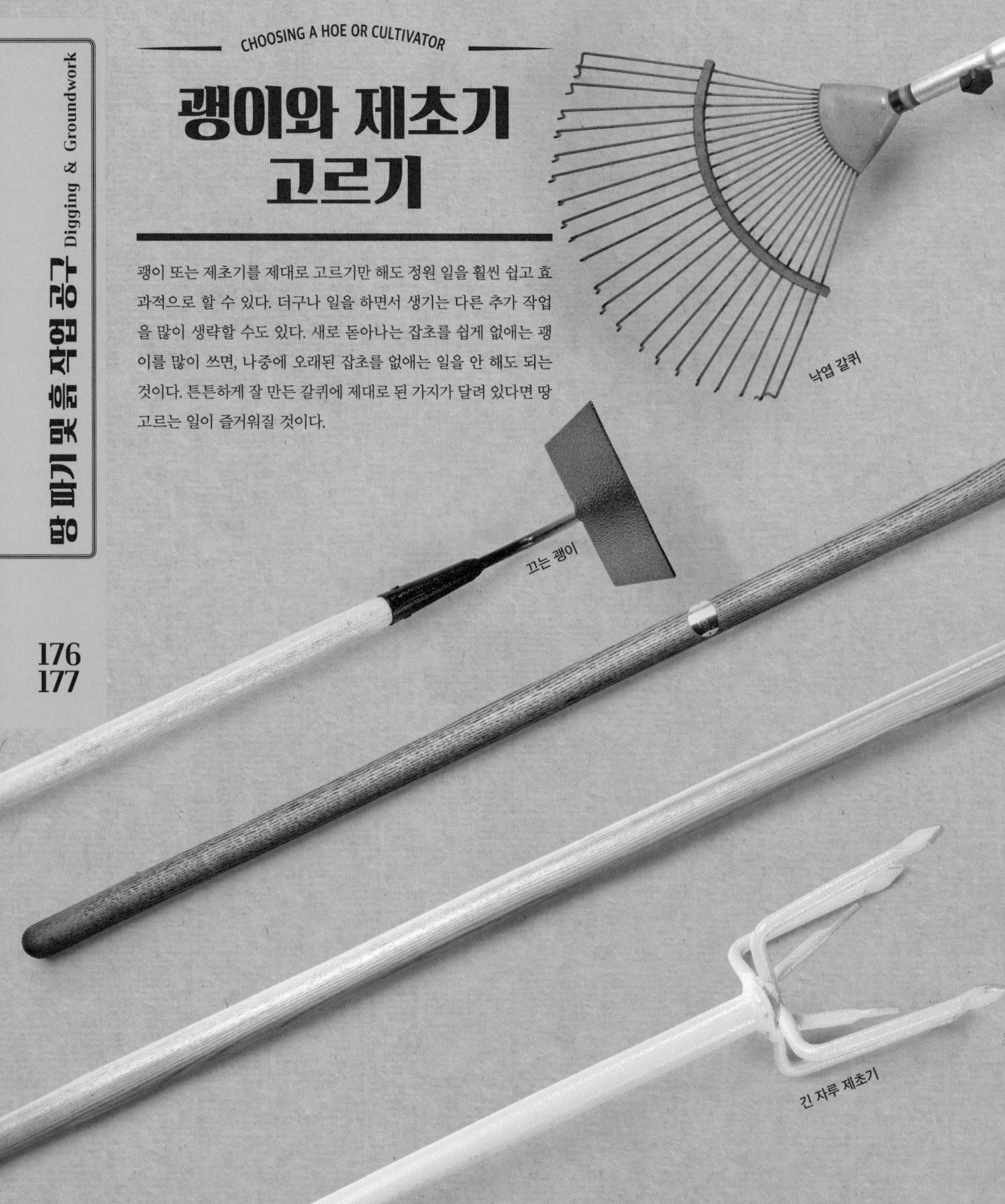

낙엽 갈퀴

➤ **구조** : 긴 자루와, 가늘고 억센 스프링 철사 날이 선풍기 날개처럼 가지런히 달린 갈퀴다.

➤ **용도** : 베어 낸 잡초를 끌어모으고, 자갈을 고르며, 잔디에서 이끼를 제거하는 데 쓴다.

➤ **사용법** : 갈퀴 날을 몸쪽으로 당겨 물건을 끌어모은다. 동작은 살살 하면 되지만, 잔디 이끼를 없앨 때는 힘차게 해야 한다.

➤ **참고 사항** : 갈퀴 날은 굵은 철사를 썼고 자루는 튼튼한 나무를 써서 내구성이 높다.

끄는 괭이

➤ **구조** : 자루가 길고 간단한 직사각형 날이 엎어진 채 직각으로 설치된 괭이다. 매우 전통적인 공구다.

➤ **용도** : 잡초를 제거하는 일반적인 경작 도구다.

➤ **사용법** : 날을 바닥에 끌면서 몸쪽으로 당겨 잡초 뿌리를 자르고 흙을 잘게 부순다. 날을 사용하여 큰 흙덩이를 깬다.

➤ **참고 사항** : 날 끝이 날카롭고, 날과 금속 이음부 사이는 튼튼하게 용접되어 있다.

빗각 괭이

➤ **구조** : 자루가 길고 구부러진 날의 3면이 모두 날카롭게 서 있는 괭이다.

➤ **용도** : 가벼운 잡초를 제거하고, 뿌리에 나 있는 큰 잡초를 잘라 내며, 심어진 식물들 사이에 돋아난 잡초를 제거한다.

➤ **사용법** : 끄는 괭이를 사용하는 방법과 같지만, 삼면이 모두 날카로우므로 끌어당길 때 잡초를 더 잘 벨 수 있다.

➤ **참고 사항** : 자루가 길고 날 끝이 날카롭다. 금속 이음부는 날과 튼튼하게 연결되어 있어야 한다.

네덜란드 괭이

➤ **구조** : 평평한 D자 헤드의 앞 날이 날카로운, 전통식 괭이다.

➤ **용도** : 잡초를 제거하고 흙을 경작하는 데 쓴다.

➤ **사용법** : 식물과 묘목 사이 공간에서 앞뒤로 밀고 당기며 사용한다.

➤ **참고 사항** : 날 끝이 잘 서 있는지, 긴 자루가 자신의 키에 맞는지 확인한다.

양날 괭이

➤ **구조** : 굽은 말등자처럼 생긴 헤드에 날카롭고 휘어진 날이 달린 괭이다.

➤ **용도** : 가느다란 잡초에서 자갈 속에 숨은 억센 잡초까지, 괭이를 쓰는 일이라면 어디에나 쓴다.

➤ **사용법** : 밀고 당기는 동작으로 쓴다. 양쪽 방향 모두 날이 서 있고, 약간 떨리게 만든 날이다.

➤ **참고 사항** : 헤드 크기와 자루 길이는 다양하다.

긴 자루 제초기

➤ **구조** : 손잡이는 T자 모양이고 집게발은 4개의 짧게 꼬인 가지가 사각형으로 배치된 형태다.

➤ **용도** : 흙을 고르고 잡초를 제거하고, 퇴비를 뒤엎는다.

➤ **사용법** : 집게발 가지를 흙에 밀어 넣고 손잡이를 돌린다.

➤ **참고 사항** : 몸에 편하게 맞고 집게발로 집는 힘이 강력하다.

손 제초기

➤ **구조** : 가까운 거리의 작업을 하기 위해 손잡이가 짧은 제초기다.

➤ **용도** : 갈아 놓은 땅에서 잡초를 뽑을 때 쓴다.

➤ **사용법** : 땅속에 밀어 넣어 집게발 가지를 한 손으로 계속해서 뒤틀어 준다.

➤ **참고 사항** : 손잡이가 부드러워 반복해서 사용하기 편한지 확인한다.

원예용 갈퀴

➤ **구조** : 넓은 금속 헤드가 여러 개의 짧은 갈래를 붙잡고 있는, 긴 자루 갈퀴다.

➤ **용도** : 못자리를 고르는 데, 조경용으로, 또 자갈이나 뿌리 덮개를 고르는 데 쓴다.

➤ **사용법** : 앞뒤로 움직이며 물건들을 고르거나 깎아낸다.

➤ **참고 사항** : 바닥 표면의 물질을 다룰 수 있게 자루가 길고 헤드가 무겁다.

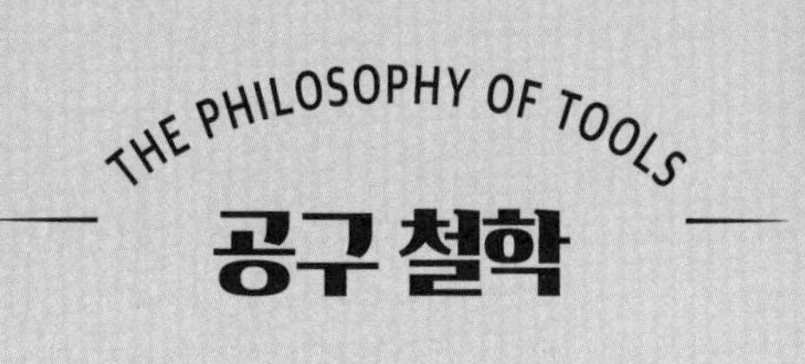

" 땅을 파고

흙을 고르는 법을 잊어버리면

우리 자신을 잊어버린다."

마하트마 간디

인도의 민족 지도자

STRUCTURE OF A HOE

괭이의 구조

괭이는 현대 원예에서 가장 훌륭한 농기구 중 하나로, 괭이만 잘 써도 땅을 파헤치지 않으면서 정원을 가꿀 수 있다. 괭이질은 일을 엄청나게 절감시켜 주기 때문에 올바른 괭이를 선택하는 것이 중요하다. 전문가들이 즐겨 쓰는 양날 괭이의 헤드는 회전 운동의 원리를 이용한다. 모든 괭이는 편의성을 높이기 위해 자루가 길고, 날은 항상 잘 세워 두어야 한다.

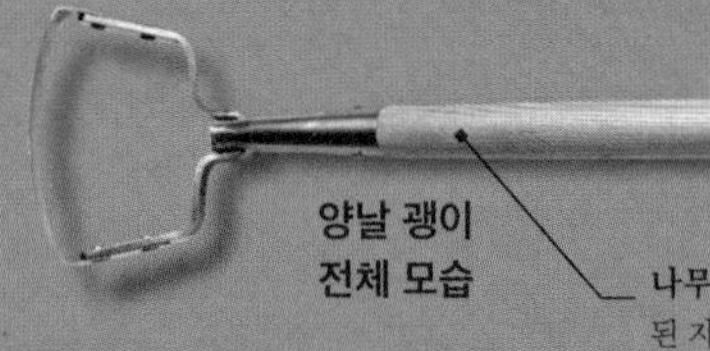

양날 괭이 전체 모습

나무 또는 합성 소재로 된 자루는 가벼워야 사용하기 편하다.

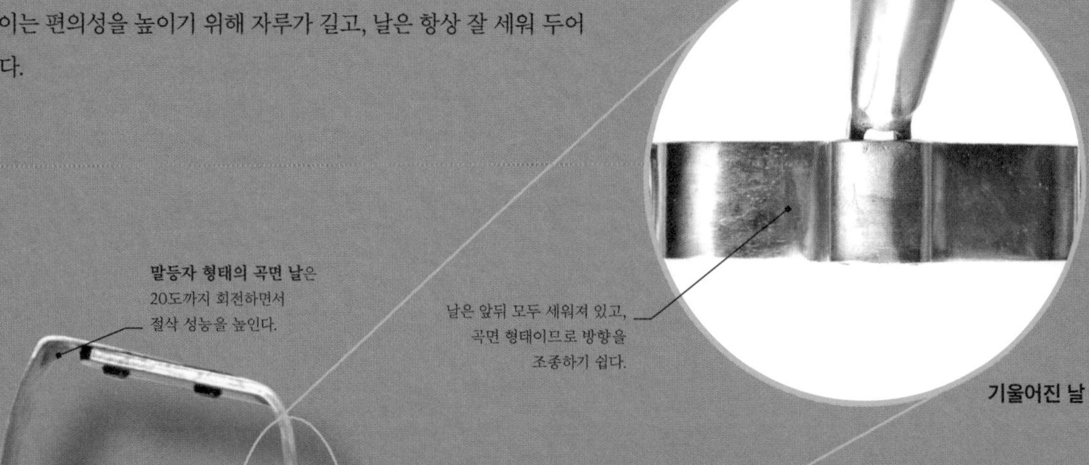

말등자 형태의 곡면 날은 20도까지 회전하면서 절삭 성능을 높인다.

날은 앞뒤 모두 세워져 있고, 곡면 형태이므로 방향을 조종하기 쉽다.

기울어진 날

평면도

스테인리스강이나 구리로 만든 헤드와 자루는 내구성이 뛰어나다.

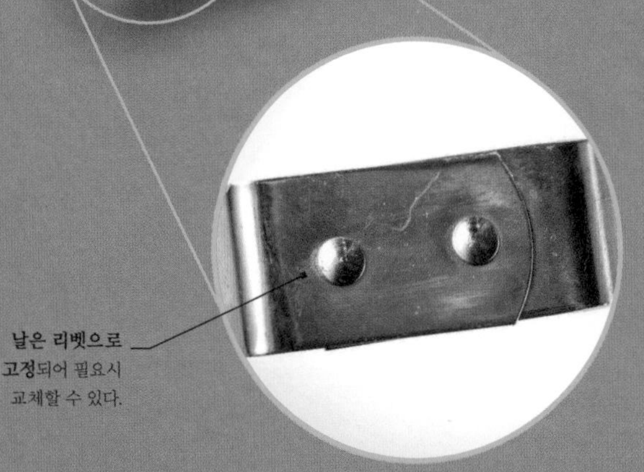

날은 리벳으로 고정되어 필요시 교체할 수 있다.

FOCUS ON…

헤드 유형

괭이의 형태와 크기는 다양하고, 괭이 머리의 종류도 수없이 많기 때문에 어떤 것을 선택하느냐가 중요하다. 양쪽 방향 모두 날이 서 있어 자를 수 있는 헤드는 작업에 드는 시간을 절반으로 줄일 수 있어 효율이 더 높다. 날 끝이 약간 각진 상태로 흙을 파고들어야 최상의 결과를 얻을 수 있고, 이것이 바로 양날 괭이의 좋은 점이기도 하다. 네덜란드 괭이는 다루기가 힘들고, 작업성도 다소 떨어진다.

자루가 길어서
먼 곳까지 닿을 수 있고
허리가 덜 아프다.

"괭이 없이는 정원을 가꿀 수 없다. 괭이를 꾸준히 써 주면 잡초 없는 정원을 유지하는 수고를 상당히 덜 수 있다."

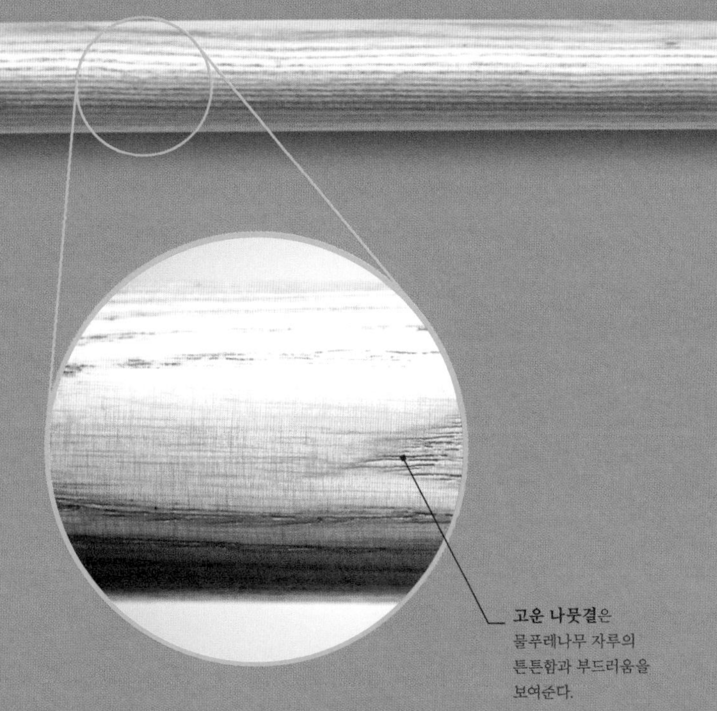

고운 나뭇결은
물푸레나무 자루의
튼튼함과 부드러움을
보여준다.

USING A HOE

괭이 사용하기

잡초를 정기적으로 괭이로 다듬어 주면 땅을 파고, 걸 다짐을 제한하는 번거로움이 줄어든다. 이렇게 되면 토양의 구조를 건강하게 만들고 유지할 수 있어 식물의 건강 상태가 전반적으로 개선된다.

작업 순서

시작하기 전에

- **작업에 유리하게 공간 계획하기** : 괭이질을 염두에 둔 정원에는 식물들 사이에 작업에 필요한 공간이 있다. 그러므로 식물을 심거나 씨를 뿌리기 전부터 미리 공간을 계획해 두는 것이 좋다.
- **날 점검하기** : 작업을 시작하기 전에 날이 잘 서 있는지 점검한다. 필요하면 줄로 갈아 준다. 양날 괭이 같은 종류의 날은 작업 중에 저절로 세워진다고 알려져 있다.

1 날씨 확인하기

괭이질을 하기에는 차라리 건조하고 뜨거운 날씨가 좋다. 잡초가 완전히 자라기 전, 아직 어릴 때 작업해야 더 큰 효과를 얻을 수 있다. 일을 미리 할수록 시간을 많이 절약할 수 있다.

2 체계적으로 일하기

걸 다짐을 최소화하는 구역 가까이에 자리를 잡아, 경작면을 최소한 짧게 걷도록 동선을 제한한다. 괭이질은 제멋대로가 아니라 체계적으로 위아래 줄을 맞추어서 한다.

3 잔풀 걷어 내기

괭이를 흙 속에 넣어 부드럽게 밀고 당기되, 너무 깊게 넣지는 말고 표면을 훑는다는 느낌으로 어린 잡초 뿌리를 걷어 낸다. 자꾸만 솟아나는 큰 잡초도 괭이질을 자주 하면 없앨 수 있다. 앞 날을 써서 뿌리를 잘라 내어 흙 밖으로 꺼내 버리면 된다.

마친 뒤에

- **잡초 치우기** : 퇴비 더미가 있다면 그 열로 씨앗을 말려 죽일 수 있으므로, 잡초를 끌어모아 거기에 버리면 된다. 퇴비 더미가 없으면 자루에 끌어 담거나 태운다.
- **공구 청소하기** : 괭이 날과 자루를 모두 깨끗이 닦는다. 필요하다면 날을 갈아 주고 기름을 약간 바른 다음 보관한다. 식물성 기름이 더 좋다.

CHOOSING A TROWEL, FORK, OR DIBBER

모종삽, 쇠스랑, 구멍 파개 고르기

모종삽과 쇠스랑은 온갖 형태와 크기가 나오고, 어느 것을 골라도 다 쓰임새가 있겠지만 그중에서도 두 가지, 즉 일반 모종삽과 손 쇠스랑만 있으면 거의 모든 일을 할 수 있다. 구멍 파개와 이식 모종삽은 묘목을 자주 심을 경우에 유용하다. 가능한 한 최고 품질의 공구를 골라서 잘 관리하면서 사용하기를 권한다.

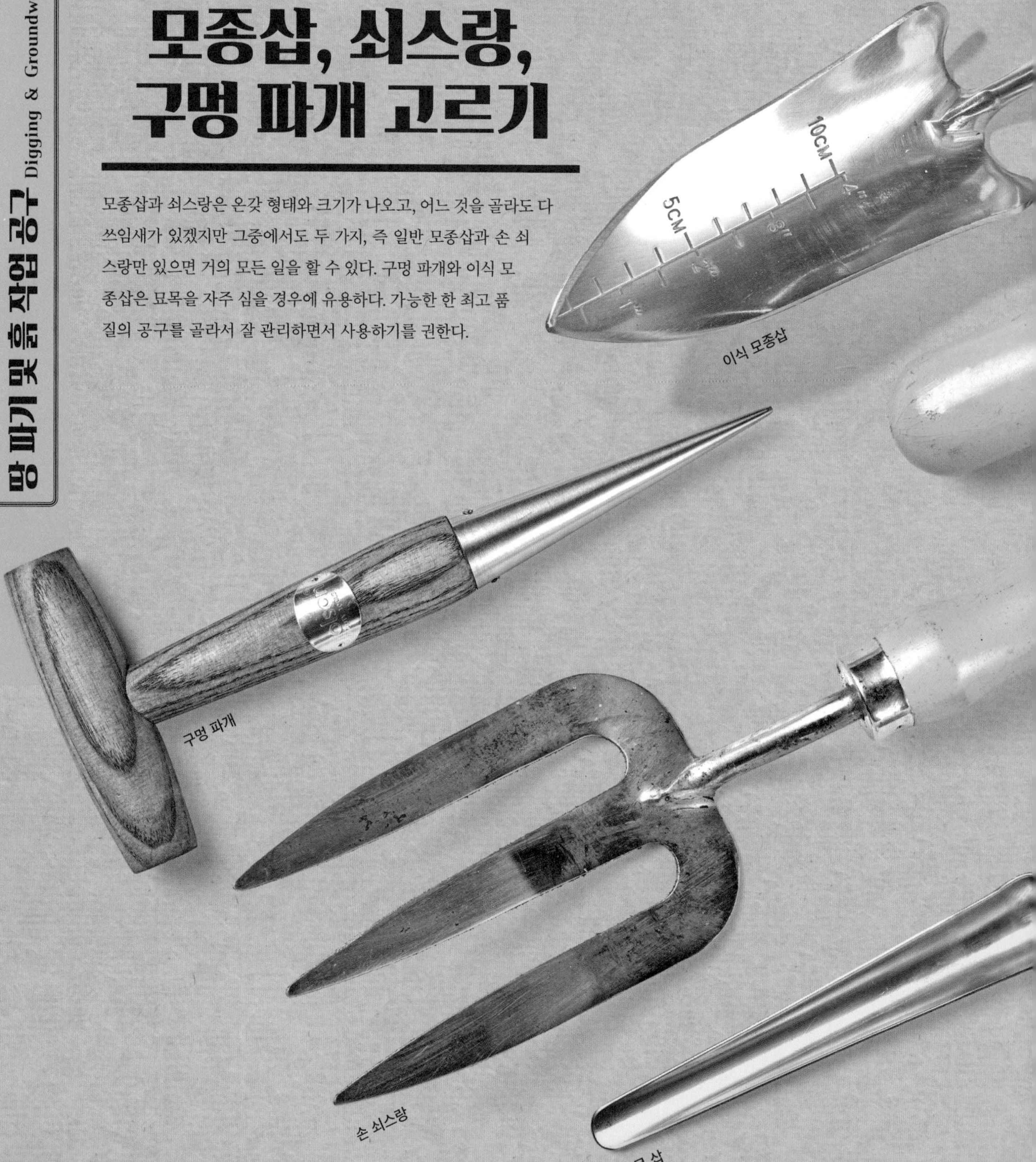

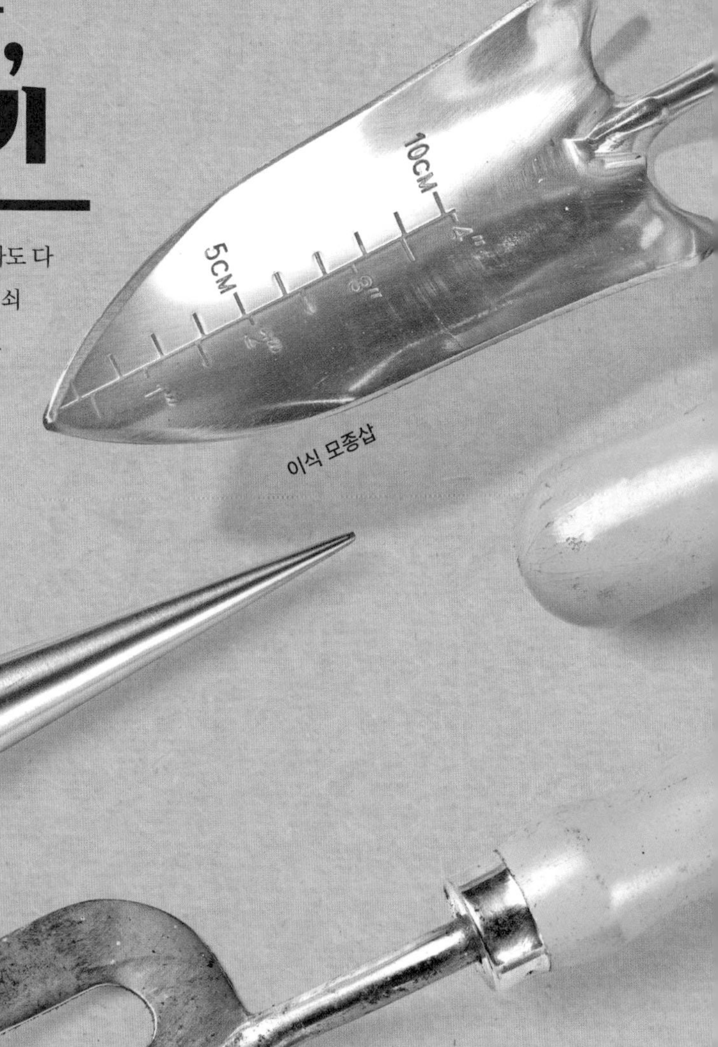

이식 모종삽

구멍 파개

손 쇠스랑

묘목 삽

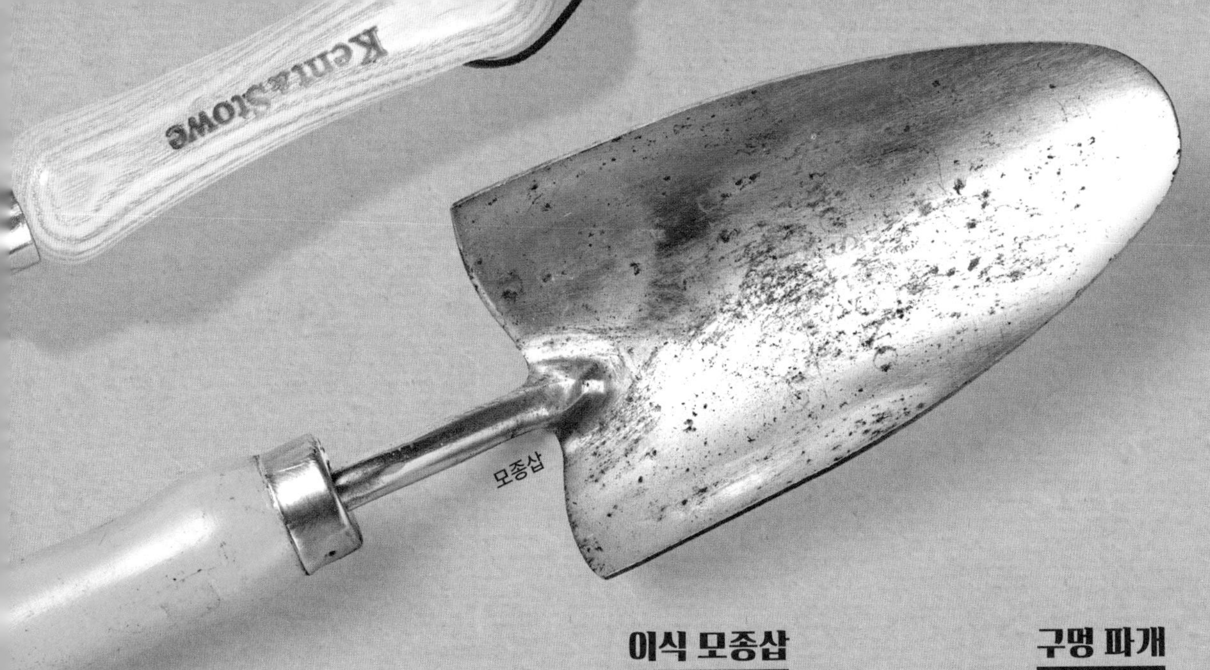

이식 모종삽

▶ **구조** : 좁고 뾰족하며 날에 눈금이 그려져 있는 모종삽이다.

▶ **용도** : 식물을 심을 구멍과 도랑을 정해진 깊이만큼 파서 묘목과 어린 식물을 심을 때 쓴다.

▶ **사용법** : 눈금을 이용해 묘목 심는 깊이를 일정하게 유지하고, 이랑에 씨를 뿌리며, 갈아 놓은 흙에 식물을 심을 구멍을 뚫는다.

▶ **참고 사항** : 눈금이 선명한지, 날이 좁고 뾰족한지 확인한다.

모종삽

▶ **구조** : 가장 필수적인 원예 도구로, 짧은 손잡이와 둥글게 깊이 파인 날을 가지고 있다.

▶ **용도** : 원예 작업 전반에 쓴다. 작은 식물을 심고, 잡초 뿌리를 캐고, 흙을 갈고, 퇴비를 푸는 데 쓴다.

▶ **사용법** : 갈아서 푸석해진 흙 속에 날을 집어넣는다. 이 삽을 매우 단단한 땅에 사용하면 날이 휘어질 수 있으므로 피하는 것이 좋다.

▶ **참고 사항** : 최고의 품질인지 확인한다. 날은 강철 또는 구리이고 강한 손잡이가 달려 있다.

구멍 파개

▶ **구조** : 짧은 손잡이와 점점 가늘어지는 뾰족한 침을 끝에 달고 있는 도구다.

▶ **용도** : 씨앗, 작은 식물, 알뿌리를 심을 구멍을 쉽게 뚫을 수 있다.

▶ **사용법** : 다 갈아엎은 흙에 침을 수직으로 세워 정해진 깊이만큼 찔러 넣는다.

▶ **참고 사항** : 찔러 넣는 동작을 부드럽게 마무리해서, 구멍에서 흙이 다시 묻어 나오지 않도록 한다.

손 쇠스랑

▶ **구조** : 원예용 소형 쇠스랑으로, 손잡이가 짧고 가지가 세 갈래로 나 있다.

▶ **용도** : 흙에 집어넣어 잡초를 제거하고, 표면의 딱딱한 흙을 갈아엎는다.

▶ **사용법** : 바닥에 바싹 다가앉아 흙 속에 날을 집어넣고, 젖히거나 뒤집어서 흙을 갈거나 잡초를 캐낸다.

▶ **참고 사항** : 가지가 단단하고 강하기 때문에 쉽게 휘어지지 않는다. 손잡이가 쥐기 편한지 확인한다.

묘목 삽

▶ **구조** : 속이 움푹 파인 날이 있는, 매우 길고 좁은 모양의 수공구다.

▶ **용도** : 묘목을 이식할 때, 씨앗 도랑과 구멍을 팔 때, 좁은 공간에서 잡초를 제거할 때 쓴다.

▶ **사용법** : 날을 깊게 넣어 묘목 뿌리를 조심스럽게 퍼올리거나, 자갈 사이로 밀어 넣어 잡초를 끄집어낸다.

▶ **참고 사항** : 점점 가늘어지는 모양의 날과 날카로운 날 끝, 아주 튼튼한 손잡이가 특징이다.

“우수한 품질의 모종삽이나 쇠스랑은 만족도가 매우 높은 도구다. 마음 놓고 소유하고 보관하며 사용하기를 권한다.”

STRUCTURE OF A TROWEL

모종삽의 구조

모종삽은 생김새로 보나 용도로 보나 진정한 미니 삽이라고 할 수 있다. 이것은 정원에서 소소하게 식물을 심고 작물을 관리하려면 없어서는 안 될 도구다. 날과 손잡이가 모두 작기 때문에 한 손에 쥐고 쓰기에도 더할 나위 없이 좋다.

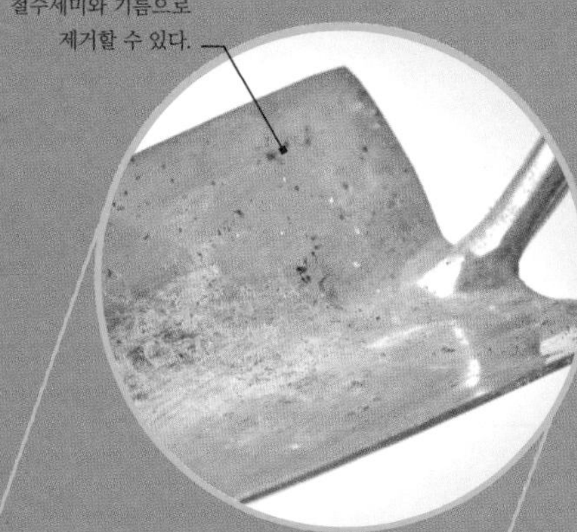

시간이 지나면 **날이 녹슬 수도** 있지만 철수세미와 기름으로 제거할 수 있다.

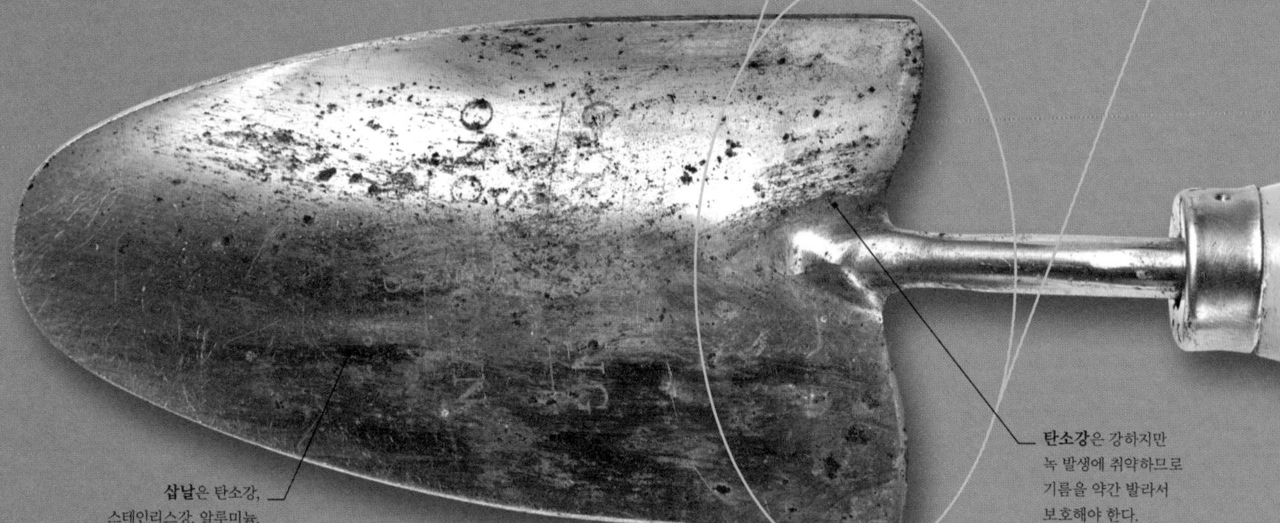

삽날은 탄소강, 스테인리스강, 알루미늄, 플라스틱 등으로 만든다.

탄소강은 강하지만 녹 발생에 취약하므로 기름을 약간 발라서 보호해야 한다.

측면이 휘어져 있어 날을 강화하고 물건을 쉽게 퍼낼 수 있다.

강철 부리는 강력해서 휘거나 꺾이지 않는다.

부리의 역할은 날을 손잡이에 단단히 박아 두는 것이다.

부리 : 배면도

FOCUS ON…

날 모양

모종삽의 날 모양은 매우 다양하고, 소재에도 몇 가지 종류가 있다. 날이 좁고 뾰족해서 잡초 제거나 작은 식물을 심기에 좋다. 땅 파는 모종삽은 날이 매우 넓고 모양은 거의 삼각형이다. 플라스틱이나 아주 얇은 강철로 만든 싸구려 모종삽은 손쉽게 쓸 수 있지만 오래가지 못하고 쉽게 부러진다. 스테인리스 단조강이나 구리 날을 나무 손잡이에 박아 넣은 것이 가장 내구성이 좋고 유지 관리도 쉽다.

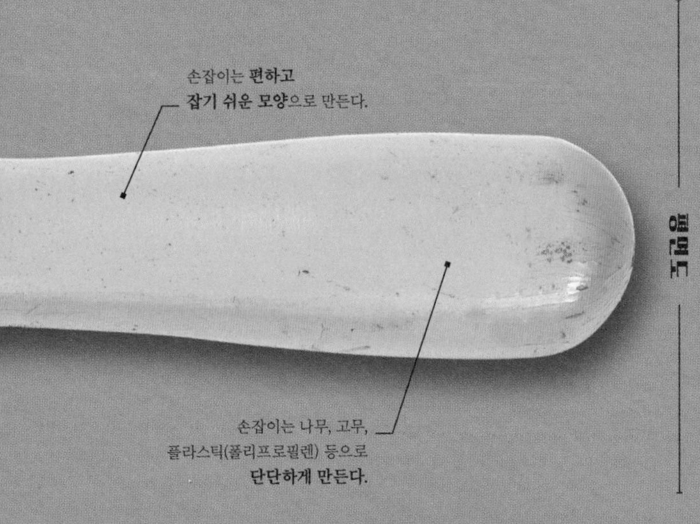

"잔디밭 둘레, 화분, 채소밭에서 반드시 써야 할 도구다."

USING A TROWEL

모종삽 사용하기

모종삽은 자질구레한 원예 작업에 널리 쓰이며, 다른 도구들처럼, 자신에게 맞는 것을 써야 사용하는 것이 즐거워진다. 손잡이를 잡는 느낌, 삽날의 크기와 모양 등이 모두 마음에 드는 것을 고르는 것이 좋다.

작업 순서

시작하기 전에

➤ **적합한 유형을 선택하기** : 작업의 종류에 알맞은 모종삽을 선택한다. 자갈밭에 쓰는 길고 얇은 모종삽은, 화분에서 쓰는 넓은 날과 하는 일이 다를 수밖에 없다.

➤ **도구 검사하기** : 모종삽이 깨끗한지, 날이 휘지는 않았는지, 날 끝과 손잡이 상태는 양호한지 확인한다

1 바닥 고르기

딱딱한 흙을 처음부터 모종삽으로 파는 것은 엄청나게 힘이 드는 일이다. 따라서 어떤 흙이든 먼저 날이 넓은 갈퀴로 먼저 갈아 준 다음에, 모종삽으로는 식물을 심기만 하는 것이 좋다. 잘 갈아서 퇴비화가 진행된 흙에 식물을 심는 것은 쉬운 일이다. 미리 준비하는 것이 항상 중요하다.

2 구멍 파기

모종삽을 흙 속에 수직으로 밀어 넣는 작업을 수차례 반복하여 단단한 땅에 식물을 심을 구멍을 원하는 모양대로 판다. 흙을 버릴 때는 뒤로 눌러서 흙을 뜬 다음에 버린다. 한 손만 사용하고, 도구에 과도한 힘을 가하면 안 된다.

3 흙을 가두어 두기

푸석푸석한 흙이나, 화분토에 식물을 심을 때는 흙이 구멍 속에 자꾸 쏟아지는 경우를 볼 수 있다. 모종삽으로 흙을 멀리 끌어내어 식물을 심을 동안 삽날로 가두어 두는 것이 좋다.

마친 뒤에

➤ **도구를 기억하기** : 모종삽을 아무 데나 던져 두지 않는다. 결국에는 양동이 속에 잡초가 범벅이 된 상태로 발견되었다가 퇴비 더미에 던져지는 경우가 흔하다.

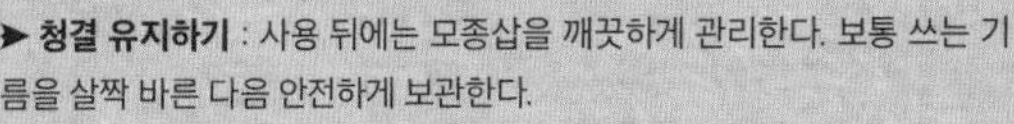

➤ **청결 유지하기** : 사용 뒤에는 모종삽을 깨끗하게 관리한다. 보통 쓰는 기름을 살짝 바른 다음 안전하게 보관한다.

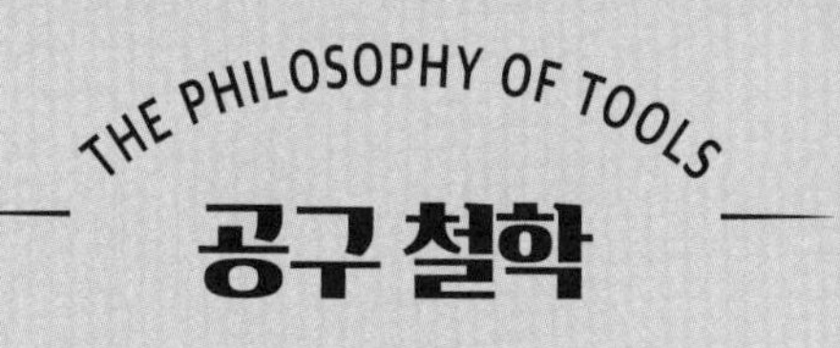

"**삽 한 자루 들고** 정원에 나가
화단을 가꾸노라면, 한없이 유쾌해지고
몸이 건강해짐을 느낀다.
진작 내 손으로 직접 했어야 했던 일을
그간 남들이 대신 해 줬는데, 몰랐다는 사실을
깨닫게 된다."

랄프 왈도 에머슨

미국의 사상가, 시인

MAINTAIN TOOLS FOR DIGGING & GROUNDWORK

땅 파기 및 흙 작업 공구의 유지 관리

땅 파기 도구는 손잡이가 흔들거린 채 더럽게 녹슨 모습으로 창고 한편에 처박혀 있기 일쑤이면서도 튼튼하지만, 관리가 필요하다는 점에서는 다른 공구와 다를 바가 없다.

날 세우기

품질이 우수하고 날카로운 괭이는 사용이 편리하여 노동 집약적인 힘든 작업을 많이 덜 수 있다. 정기적인 유지 관리만이 언제나 뛰어난 성능을 발휘하는 길이다.

1 날 점검하기

모든 괭이에는 절단 날이 달려 있다. 하나가 달린 것도 있고, 2개 또는 3개가 달린 것도 있다. 날이 손상되지 않았는지 확인해야 한다.

2 클램프와 줄

괭이를 바이스나 작업대에 고정하고, 평평한 줄이나 숫돌을 사용하여 날의 한 면만 간다. 기존의 날이 서 있는 각도를 지키면서 간다.

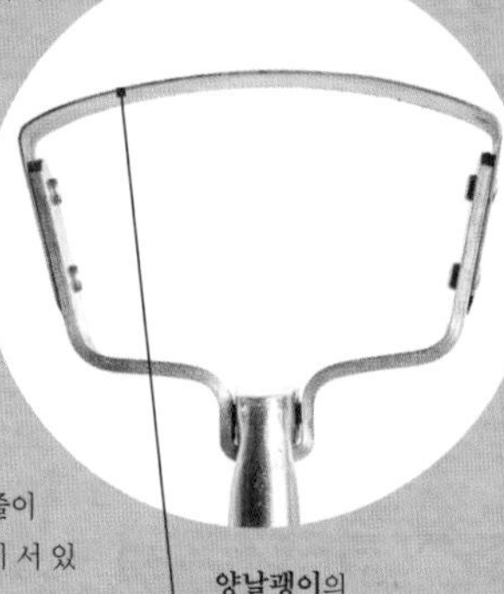

양날괭이의 날카로운 날.

3 날 선 상태 유지하기

날이 면도날처럼 날카로울 필요는 없으나, 어린 식물의 뿌리를 잘라 낼 정도는 되어야 한다. 최고의 성과를 내고 싶다면 사용할 때마다 반드시 갈아 준다.

세심한 관리

모든 공구는 관리를 할수록 좋아진다. 관리라는 것이 어떤 경우에는 그저 점검하는 것일 수도 있지만, 사용할 때마다 꼭 한 번씩 청소하는 것도 관리다. 정말로 필요할 때 곤란을 겪지 않는 비결이 바로 공구를 점검하는 것이다.

씻고 기름치기

별도로 표면 처리하지 않은 금속은 녹이 생기고, 이렇게 생긴 구멍은 마찰을 일으켜 먼지를 끌어 모은다. 코팅된 금속 표면이나 합성 재료, 녹 방지 처리된 것 등을 막론하고 모든 공구는 물로 씻어 준다. 표면 처리가 되지 않은 금속에는 연한 식물성 기름을 발라 준다. 이것이 다른 물질보다는 토양에 해롭지 않다.

나무 관리

최신식이나 구식을 막론하고 나무 손잡이가 달린 공구가 많다. 그런데 이런 공구를 기온이 높은 창고나 온실에 보관하면 나무가 건조해져 연결부가 흔들릴 수 있다. 나무 손잡이를 물에 넣어 습기를 보충하여 생기를 되살린 다음 서늘한 창고에 보관한다.

도구	점검
삽	• 사용하기 전에 손잡이와 자루 사이 연결부가 흔들리지 않는지 확인한다. 손잡이가 흔들리면 피부를 꼬집을 위험이 있다. • 삽날이 날카롭고 깨끗한지 작업 전후에 확인한다.
말뚝 구멍 파개	• 이 공구를 자주 사용하지 않는다면 상태가 양호한지 특히 더 세심하게 점검한 뒤 보관한다. • 가위의 동작이 원활한지(가위가 느슨해지는 제품이 많다), 즉 볼트와 너트가 잘 잠겨 있는지 점검하고, 필요하면 조절할 수 있는지 확인한다.
괭이	• 구조적으로 문제가 없는지, 특수한 기능이 있다면 원활히 작동되는지 확인한다. • 공구에 절단 날이 있으면 날카로워야 하는데, 괭이는 이 점을 소홀히 하는 경우가 많다. 우리는 분명히 괭이로 뭔가를 자르려고 하면서도, 험하고 거친 물건에 무턱대고 날을 밀어 넣는다.
모종삽, 쇠스랑, 구멍 파개	• 응력에 의한 손상을 점검한다. 쇠스랑과 모종삽의 자루 끝에 균열이나 휘어진 곳을 살펴본다. • 녹과 깊은 구멍을 살펴본다. 두껍게 낀 녹에는 흙이 엉겨 붙으므로 표면이 거칠어지기 때문이다.

청소	보호	조절	보관
• 사용 뒤, 필요하다면 물과 브러시로 씻어 준다. 수돗물보다는 빗물 받은 통에 넣고 씻는 것이 좋다. 두 손이 자유롭기 때문이다. • 흙이 묻었으면 젖은 상태일 때 씻어 내는 것이 좋다. 말라붙은 때는 마치 도자기처럼 경화되어 떼어 내기가 아주 곤란해진다.	• 이런 종류의 공구는 서늘하고 건조한 창고나 공간에 보관하기만 하면 따로 기름칠을 해 주지 않아도 된다. 건조목은 별도의 보호 조치가 필요 없다. 우수한 강철도 마찬가지다. • 금속 제품에 기름칠을 꼭 해야 할 경우, 예를 들어 장기간, 또는 축축한 공간에 보관하는 경우라면 토양에 해롭지 않은 식물성 체인톱 오일을 바르는 것이 좋다.	• 나무 손잡이는 물에 24시간 넣어 습기를 보충하면 연결부 흔들림 문제를 해결할 수 있다. 합성재료 손잡이는 리벳을 새것으로 갈아 주거나, 수리가 불가할 수도 있다. • 삽날을 평 줄로 갈아서 예리하게 날을 세운다.	• 나무 손잡이가 달린 공구는 서늘하고 건조한 창고나 작업장에 보관한다. 햇볕에 노출된 창고나 온실은 기온이 급격히 높아져서 손잡이가 말라 버릴 위험이 있다. • 축축한 환경은 공구 헤드에 녹을 발생시키므로 가능한 한 피한다.
• 사용 뒤에는 필요하다면 물과 브러시로 씻어 준다. 빗물을 사용하는 것이 좋다. • 젖은 흙을 털어낸다.	• 기름칠할 필요는 거의 없다. 그래도 금속부의 외관을 돋보이게 할 필요가 있다면 식물성 체인톱 기름을 쓰면 된다.	• 가위의 동작을 볼트와 너트로 조절한다. 가운데를 지나는 자루와 그 끝의 나사산이 가위 동작을 좌우한다. 너트를 정확하게 작동시키기 위해 잠금용 나일론 코어가 있는 것이 좋다. 필요하다면 너트를 갈아 끼운다.	• 공구를 깨끗하게 관리하고 잘 조절한다. 긴급한 수리가 요구될 때도 있고, 필요할 때는 곧바로 쓸 수 있도록 준비되어야 하기 때문이다.
• 사용 뒤에는 필요하다면 물과 브러시로 씻어 준다. 빗물을 사용하는 것이 좋다. • 젖은 흙을 털어낸다.	• 기름칠할 필요는 거의 없다. 그래도 금속부의 외관을 돋보이게 할 필요가 있다면 식물성 체인톱 기름을 쓴다.	• 진흙이 말라붙어 양날 괭이 같은 도구의 동작을 방해하지 않도록 한다. • 괭이 날을 날카롭게 세우는 것은 잡초 뿌리를 깨끗하게 잘라야 하기 때문에 중요하다. 평평한 줄과 단단한 바이스, 클램프, 작업대에 괭이 머리를 고정하고 한 날 또는 두 날 모두를 날카롭게 간다.	• 공구 상자에 담거나, 그렇게 하기 곤란한 모양이라면 특별히 제작한 걸이에 걸어서 보관한다.
• 사용한 뒤에는 꼬박꼬박 씻어 준다. 작업을 마칠 때마다 원예용 장갑으로 먼지를 털어낸다.		• 공구를 무리하게 사용하면 휘어질 수 있다. 클램프로 물고 천천히 압력을 가하여 금속부의 모양을 원상 복구한다. • 수공구를 손으로 휠 때는 아주 조심해야 한다. 잘못된 또는 과도한 힘을 가하면 꺾여 버릴 수 있다.	• 이런 공구는 주머니, 바구니, 양동이 등에 담아 가까이 둔다. 그것이 효율적이다. 다만, 잘 찾을 수 있도록 넣어 둔다. • 가장 아끼는 수공구는 퇴비 더미에 '보관'하면 안 된다. 거기서 한 일 년 정도 지나면 원래 모습과는 많이 달라질 것이다.

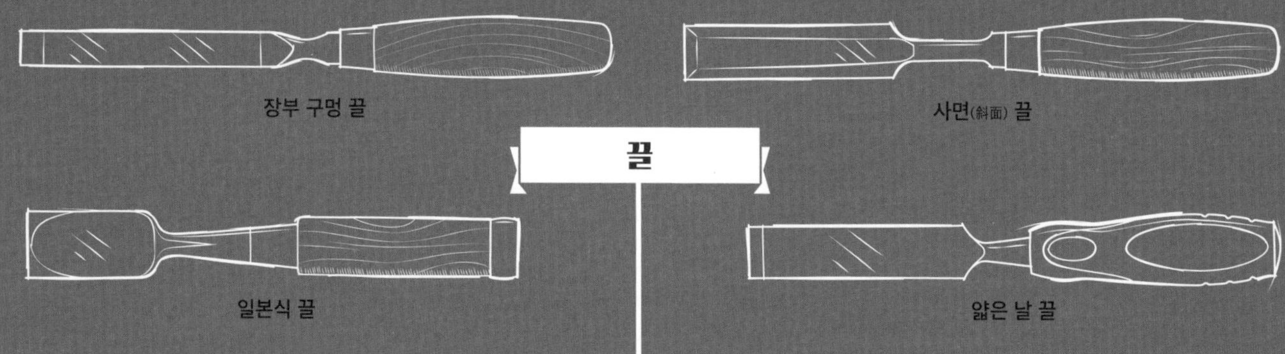

THE TOOLS FOR SHAPING & SHARPENING

6
다듬기 및 갈기 공구

조각공의 공구 상자에는 끌, 대패, 환끌, 줄 같은 나무 깎는 공구가 들어 있다.
날이 얼마나 잘 서 있느냐는 정교한 목공 작업의 핵심이며,
숫돌은 날을 관리하는 데 있어 가장 중요한 품목이다.

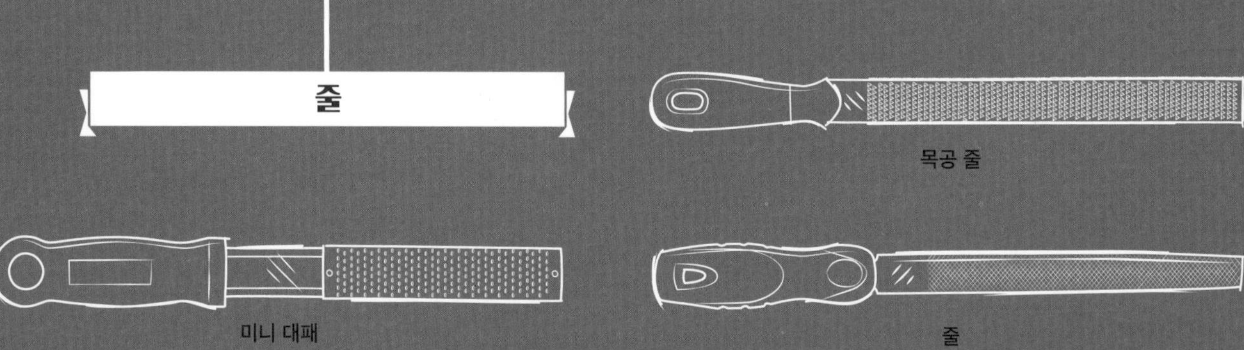

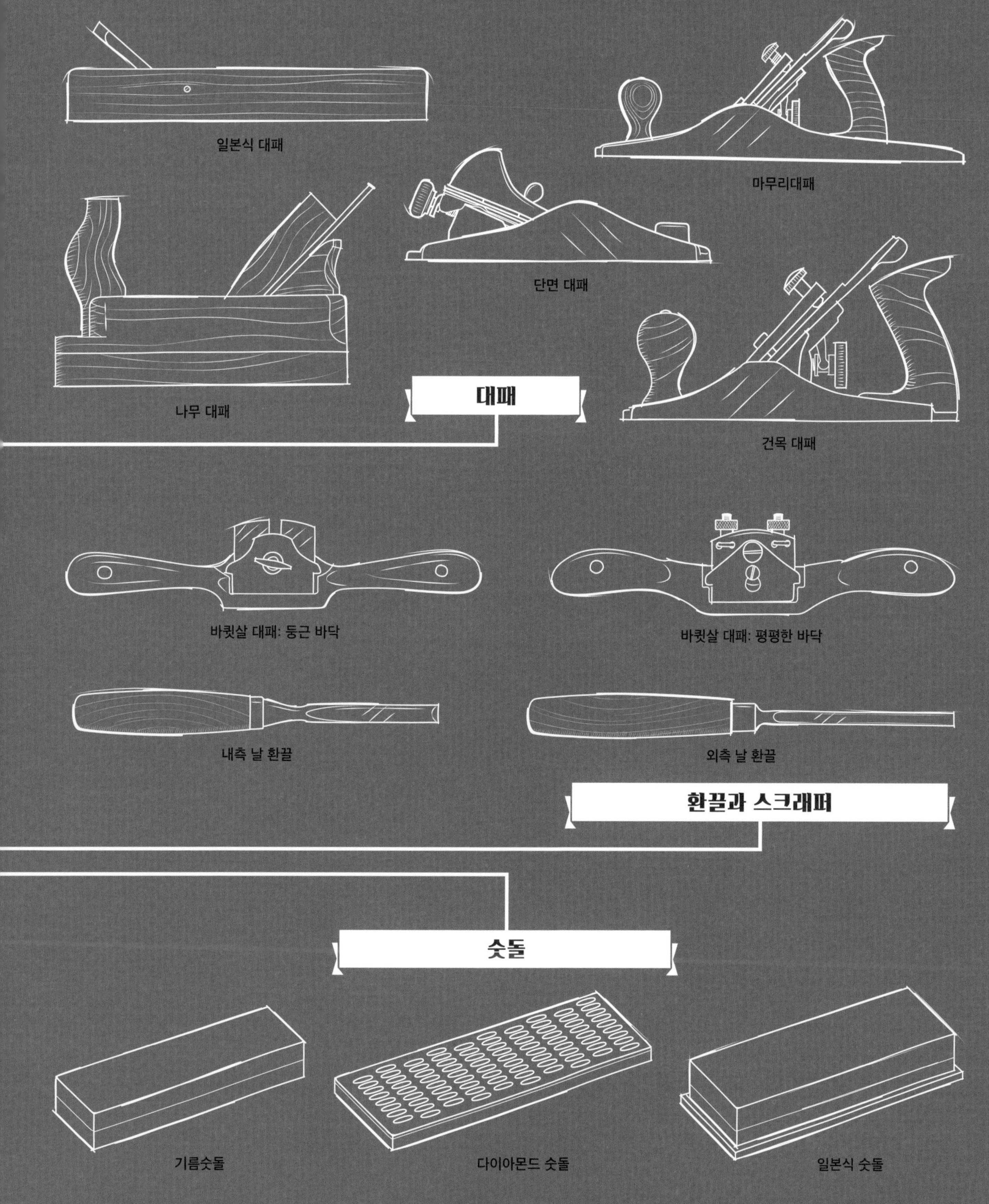
일본식 대패
마무리대패
단면 대패
나무 대패
대패
건목 대패
바큇살 대패: 둥근 바닥
바큇살 대패: 평평한 바닥
내측 날 환끌
외측 날 환끌
환끌과 스크래퍼
숫돌
기름숫돌
다이아몬드 숫돌
일본식 숫돌

HISTORY OF SHAPING & SHARPENING

다듬기 및 갈기의 역사

기원전 8000년 최초의 끌

이 시기에 부싯돌로 만든 끌처럼 생긴 긴 석기가 출현했다. 후기 신석기 시대에 부싯돌을 연마하기 시작하면서 이 도구가 더욱 발전되었다.

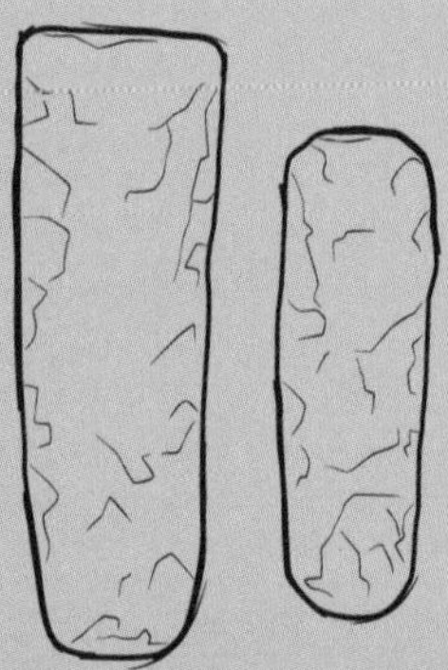

구석기 시대의 끌

기원전 7000년 초창기 환끌

끌과 환끌은 경옥, 섬록암, 편암 같은 돌을 갈거나 광내어 만들었다. 이 돌은 모두 부싯돌보다는 수명이 길다. 부싯돌은 쉽게 부서지는 수정의 한 종류다.

"나는 손에 끌을 쥐고 있을 때 가장 마음이 편하다."

미켈란젤로
이탈리아 조각가, 화가, 건축가

모스 경도

1812년, 독일의 광물학자 프리드리히 모스가 총 10가지 표준 광물에 대해, 긁힘에 대한 저항을 기준으로 광물을 식별하는 방법을 개발했다. 이 기준에 따르면 부싯돌의 경도가 섬록암보다 높지만, 사실은 섬록암이 더 튼튼한 암석이다.

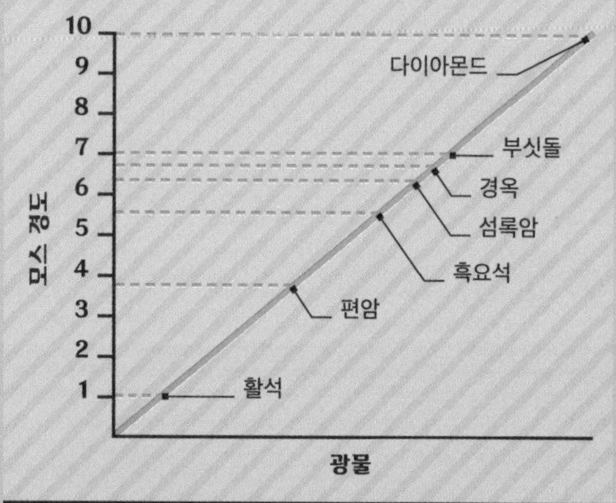

기원전 3000 ~ 1900년경 초창기 청동 끌

제련과 주조 기술이 개발되던 시대에 최초의 청동 끌이 등장했다. 처음에는 자루가 달려 있지 않은 일체형 금속의 형태로 이루어져, 사암이나 석회암 같은 연질 암석이나 나무를 자르고 다듬는 데 사용되었다.

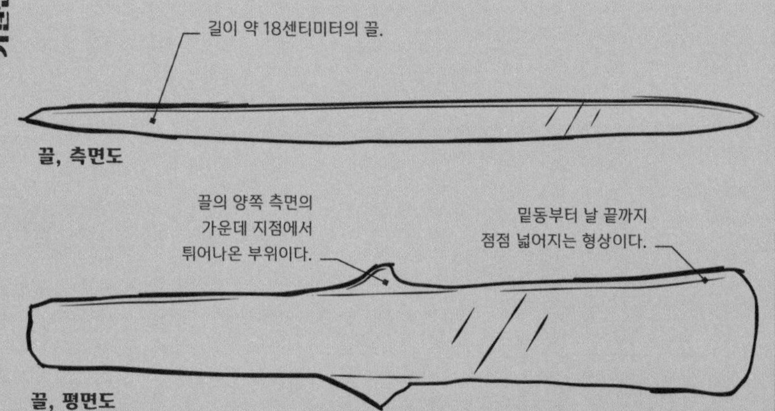

기원전 1500년경 이집트의 줄과 끌

고대 이집트인들은 납작한 청동 줄과, 철 및 청동제 끌을 사용했다. 부리(나무 자루에 박아 넣는 막대기)나 소켓을 주조로 붙여서 여기에 나무 자루를 설치한 제품도 있었다.

기원전 1200 ~ 900년 흑요석 도구

화산암의 일종인 흑요석으로 만든 끌과 칼 끌을 사용하여 연질 암석을 가공했다. 크리스토포로 콜롬보(크리스토퍼 콜럼버스는 크리스토포로 콜롬보의 영어식 표현이다 - 옮긴이)가 미 대륙을 발견하기 이전의 중앙아메리카에서 발견된 정교한 조각을 보면 이런 사실을 알 수 있다. 날이 오목하게 굽어 있는 끌, 즉 환끌도 역시 이 시기에 사용되었다. 이 곡면 날을 써서 둥그런 모양으로 파내거나 구멍을 뚫었다.

기원전 735년 ~ 서기 500년

로마 시대의 목공

로마 시대의 목수들은 광범위한 목공구를 사용했다. 여기에는 다양한 형태의 줄, 끌, 환끌 등이 포함된다. 철기 시대에는 둥근 날과 평평한 날이 섞인 청동제 줄이 개발되어 널리 사용되었다.

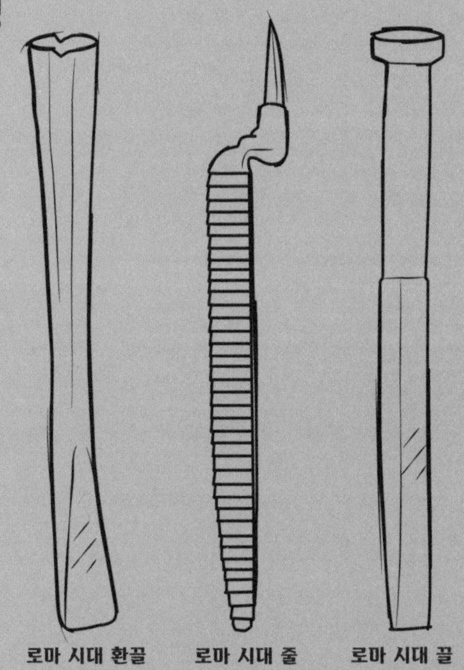

서기 79년

최초의 대패

역사상 최초의 대패는 로마에서 만들어진 것으로 알려져 있으며, 유물은 폼페이에서 발견되었다. 그 로마 공구는 현대의 대패와 거의 흡사한 방식으로 작동되는 것이었다. 로마식 대패의 길이는 20센티미터에서 43센티미터까지, 다양한 크기로 존재했다.

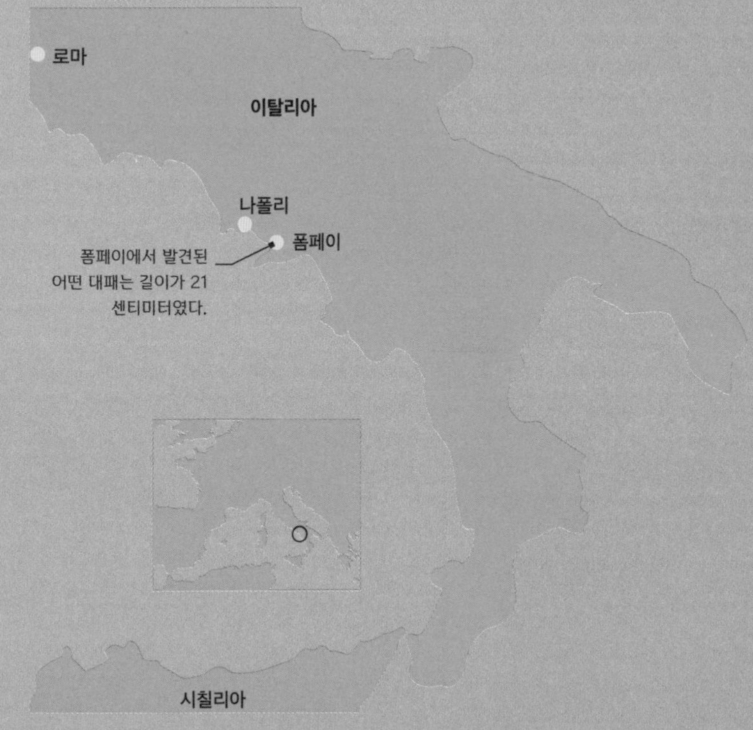

서기 1100년

줄의 모양

강철에 침탄 처리를 해서 만든 줄이 사각형, 삼각형, 원형 등 다양한 모양으로 등장했다. 이 공구는 날카로운 끌과 망치를 사용하여 먼저 원하는 모양과 길이로 자른 뒤에 경화 처리를 거쳤다.

1600년대

탁상 대패

널리 사용되는 목공구인 탁상 대패는 나무 표면을 다듬질하고 가구 제작과 주택 건축 작업에서 모서리 면을 고를 때 쓴다.

귀한 상아

상아로 만든 로마 시대 목공 대패는 아주 귀한 물건이다. 2000년도에 영국 북부 요크셔의 굿매넘에서 발견된 대패는 순수 상아로 만든 제품의 완벽한 사례이다.

"순철로 만든 줄도 있다. 종류는 사각형, 삼각형, 원형이 있다."

데오필러스 프레스비터
독일의 성직자, 중세 시대 작가

1890년경

대패(서양 대패는 밀어서 깎고, 동양 대패는 당겨서 깎는다.)

대패 날을 조정하는 나사와 조절 레버가 탄생하여 쐐기를 망치로 박아 넣는 방식을 대체했다. 그 이후로 크게 달라진 것이 없다.

CHOOSING A CHISEL

끌 고르기

끌은 워낙 기본적인 목공구이기 때문에 각 작업에 알맞은 정확한 유형을 선택하는 것이 중요하다. 사면 끌은 열장이음 자리를 깎아 내고 보다 정밀한 목공 작업을 하려고 만들어 낸 공구지만, 장부를 깎아 낼 정도로 날이 튼튼하지는 못하다. 거꾸로 말하자면, 장부 구멍 끌은 가구 제작용으로 쓰기에는 너무 둔하다.

장부 구멍 끌

일본식 끌

"무딘 끌은 날카로운 끌보다 나무를 깔끔하게 깎는 데 힘이 더 든다."

장부 구멍 끌

➤ **구조** : 목이 넓고 사각형 강철 날이 달린, 무거운 끌이다. 활엽목 손잡이 끝에 강철 테두리를 감아 놓아 손잡이가 갈라지지 않는다.

➤ **용도** : 장부 구멍을 파고 부스러기를 집어 올리면서도 날이 꺾일 염려가 없다.

➤ **사용법** : 끌을 똑바로 세우고 나무망치로 손잡이 뒤를 치면서 파내기 작업을 시작한다.

➤ **참고 사항** : 날과 손잡이 사이에 가죽 와셔를 끼워 나무망치의 충격을 흡수하게 된 제품이 있다.

얇은 날 끌

➤ **구조** : 날의 직사각형 부분이 탄소강이고 활엽목 또는 폴리프로필렌 손잡이가 달린 끌이다.

➤ **용도** : 목공 및 소목 작업에, 특히 액자를 짜는 데 쓴다. 또 일반 건축이나 DIY 작업에도 많이 쓴다.

➤ **사용법** : 끌을 쥐고 양손으로 밀거나, 나무망치로 손잡이를 치면 된다.

➤ **참고 사항** : 이 끌은 오늘날 극히 드문 공구기 때문에 사려면 전문가에게 문의해야 할 것이다.

일본식 끌

➤ **구조** : 연강과 경강을 겹쳐 놓은 날에 뒷면이 움푹 파인 끌이다. 참나무 손잡이 끝에는 강철 테두리를 둘러 망치로 내려치는 충격을 견딘다.

➤ **용도** : 연결부를 파거나 정밀한 목공 작업에 널리 쓴다. 더 무거운 제품은 장부 구멍을 파는 데 쓴다.

➤ **사용법** : 망치로 치거나, 서양식 끌처럼 두 손으로 민다.

➤ **참고 사항** : 날을 갈 때는 양쪽이 아니라 한쪽으로만 간다. 날이 점점 마모되면서도 뒷면의 움푹 팬 형태가 유지되어야 한다.

사면 끌

➤ **구조** : 날 끝이 얇게 경사면을 이루는, 평행한 강철 날이 달린 끌이다. 손잡이는 활엽목 또는 폴리프로필렌 소재다.

➤ **용도** : 열장이음 자리에 핀과 꼬리를 파는 데 쓴다. 수직 및 수평 깎기, 가벼운 파내기, 구석 작업 등에 쓴다.

➤ **사용법** : 끌을 두 손으로 잡고 밀거나, 한 손으로 잡고 망치로 손잡이 뒤를 내려친다.

➤ **참고 사항** : 회양목 손잡이는 팔각형이나 둥근 형상처럼, 모양이 꽤 정교한 것도 있다.

> "연마 가이드를 활용하여 끌을 정확하게 갈아야 한다."

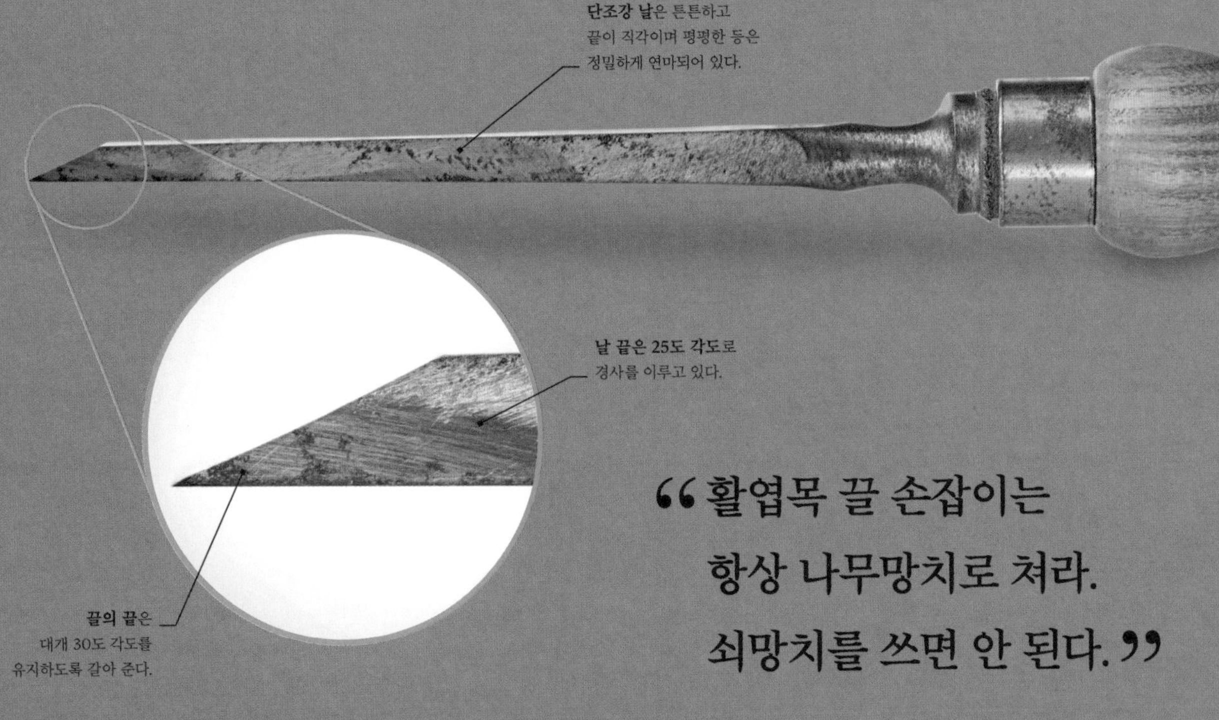

> "활엽목 끌 손잡이는 항상 나무망치로 쳐라. 쇠망치를 쓰면 안 된다."

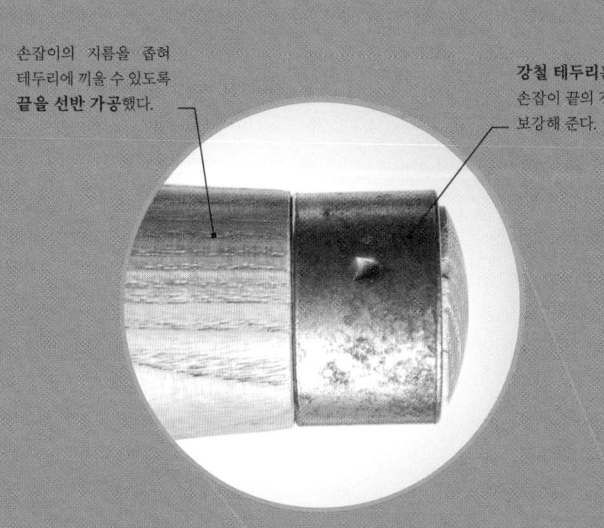

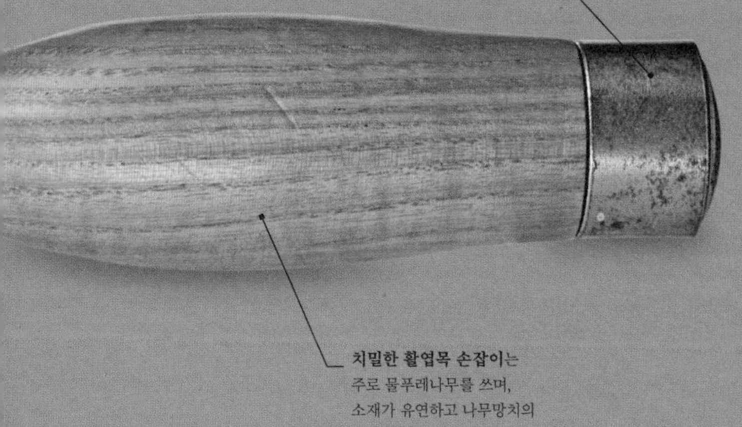

STRUCTURE OF A MORTISE CHISEL

장부 구멍 끌의 구조

장부 구멍 끌의 날 끝은 비스듬한 모양이 아니라 직각형이다. 이것은 장부 구멍에서 부스러기를 파낼 때 끌이 더 강한 힘을 발휘하여 날이 부러지지 않게 해 주는, 아주 중요한 점이다. 자루도 튼튼한 물푸레나무나 서어나무를 사용하여 전통식으로 만들었다. 자루에는 강철 테두리를 씌워 나무망치로 쳤을 때 깨지지 않도록 했다.

FOCUS ON…

끌 날

끌 날은 탄소강을 단조한 것으로, 폭 3밀리미터짜리 사면 끌에서부터 50밀리미터에 달하는 구조용 끌까지 다양한 제품이 있다. 가벼운 날은 나무망치를 살살 치면서 자유롭게 팔 때 쓰이지만, 무거운 끌은 그냥 때리면 된다. 목구조용 끌은 날이 튼튼한 것이 특징으로, 사실상 깨지지 않을 정도다.

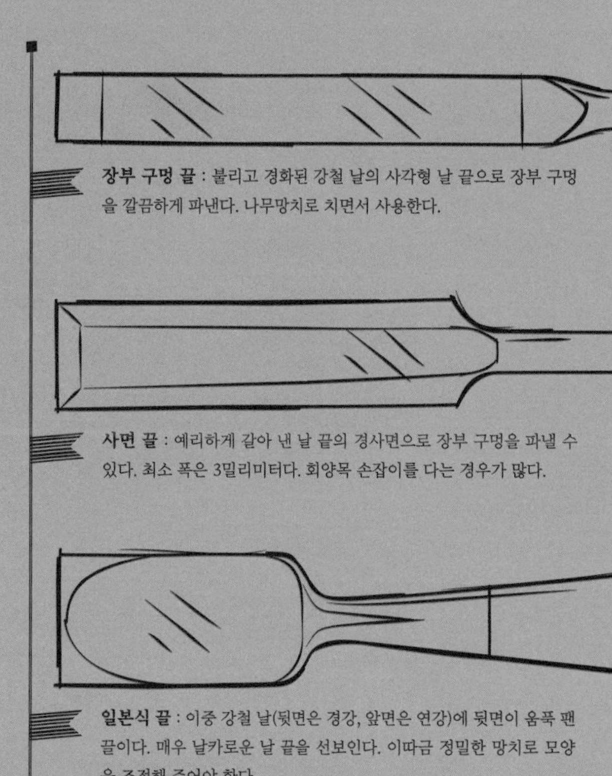

장부 구멍 끌 : 불리고 경화된 강철 날의 사각형 날 끝으로 장부 구멍을 깔끔하게 파낸다. 나무망치로 치면서 사용한다.

사면 끌 : 예리하게 갈아 낸 날 끝의 경사면으로 장부 구멍을 파낼 수 있다. 최소 폭은 3밀리미터다. 회양목 손잡이를 다는 경우가 많다.

일본식 끌 : 이중 강철 날(뒷면은 경강, 앞면은 연강)에 뒷면이 움푹 팬 끌이다. 매우 날카로운 날 끝을 선보인다. 이따금 정밀한 망치로 모양을 조정해 주어야 한다.

USING A MORTISE CHISEL

장부 구멍 끌 사용하기

나무에 사각 또는 직각 구멍을 파내려면 장부 구멍 끌의 날이 사면 날 또는 얇은 날 끌보다 무겁고 작업에 더 적합해야 한다는 사실을 기억해야 한다. 항상 장부 구멍을 먼저 파낸 뒤에 거기에 맞는 장부를 깎아 내야 한다. 필요하다면 장부를 장부 구멍에 맞게 조금 더 깎아 내는 편이, 그 반대 경우보다 훨씬 쉽다.

작업 순서

시작하기 전에

- **날 점검하기** : 끌 날의 폭이 장부 구멍에 맞는 정확한 수치인지 확인하고, 날이 잘 서 있는지 점검한다.

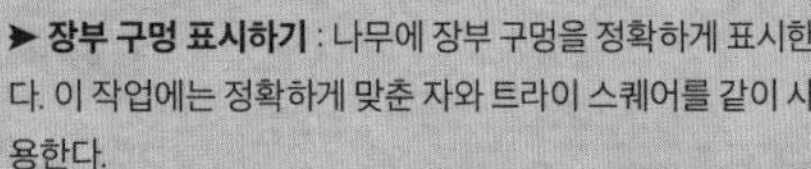

- **장부 구멍 표시하기** : 나무에 장부 구멍을 정확하게 표시한다. 이 작업에는 정확하게 맞춘 자와 트라이 스퀘어를 같이 사용한다.
- **파낼 부분 표시하기** : 연필을 사용하여 장부 구멍과 장부에서 파낼 부분을 빗금으로 표시한다. 이렇게 하지 않으면 양쪽 모두 잘못 파낼 위험이 있다.

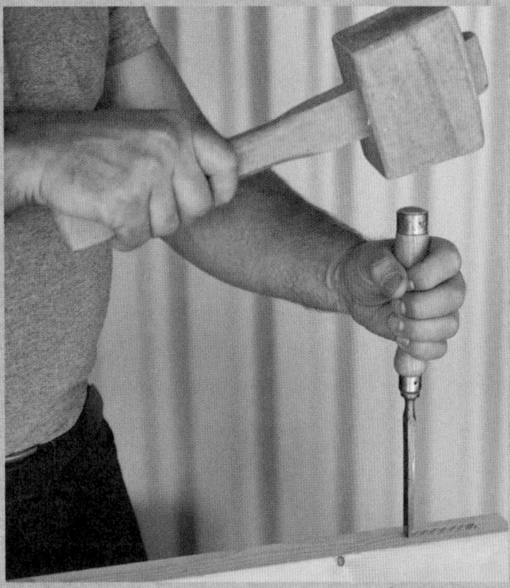

1 고정하고 자세 잡기

작업물을 작업대 위에 고정한다. 한쪽 다리를 작업물에 가까이 붙여 나무망치가 타격 뒤에 바닥을 향하도록 한다. 끌을 수직으로 고정하고, 날 끝을 장부 구멍 끝에서 3밀리미터 정도 안쪽에 대고 면을 안쪽으로 약간 기울인다.

끌 집을 낼 때마다 똑같은 횟수로 타격해서 같은 깊이를 유지한다.

2 파내기

나무망치로 끌을 세게 친다. 장부 구멍을 따라가며 약 3밀리미터 간격으로 끌 집을 낸다. 깊이를 일정하게 유지하고 끌은 수직으로 세운다. 한 자리에서 타격의 숫자를 세어 깊이를 일정하게 유지한다. 반대쪽 끝에 도착하면 끌 방향을 바꾼다.

경사면을 아래로 향하여 나무를 파낸 부스러기를 퍼낸다.

FOCUS ON…

끌의 경사면

끌 날의 끝은 항상 25도로 갈아야 한다. 이를 주경사면이라고 한다. 그리고 날을 숫돌에 갈아(연마) 이보다 작은 보조 경사면을 만든다. 추가 경사면의 역할은 날 끝을 보강하는 것이다. 끌질하는 순간 나무 섬유를 찢어 줌으로써 날이 나무를 더 쉽게 치고 나갈 수 있게 하는 것이다.

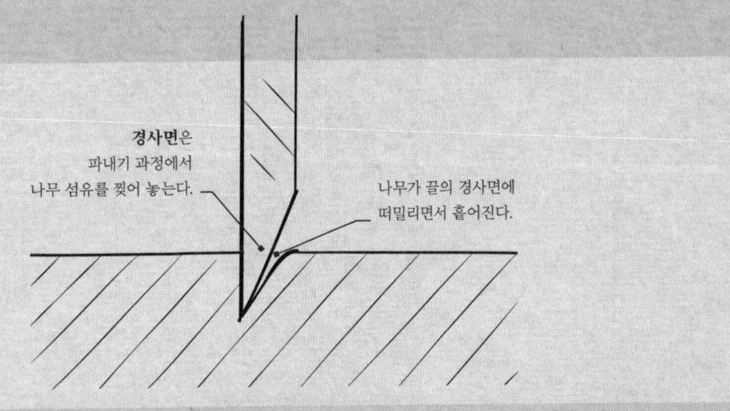

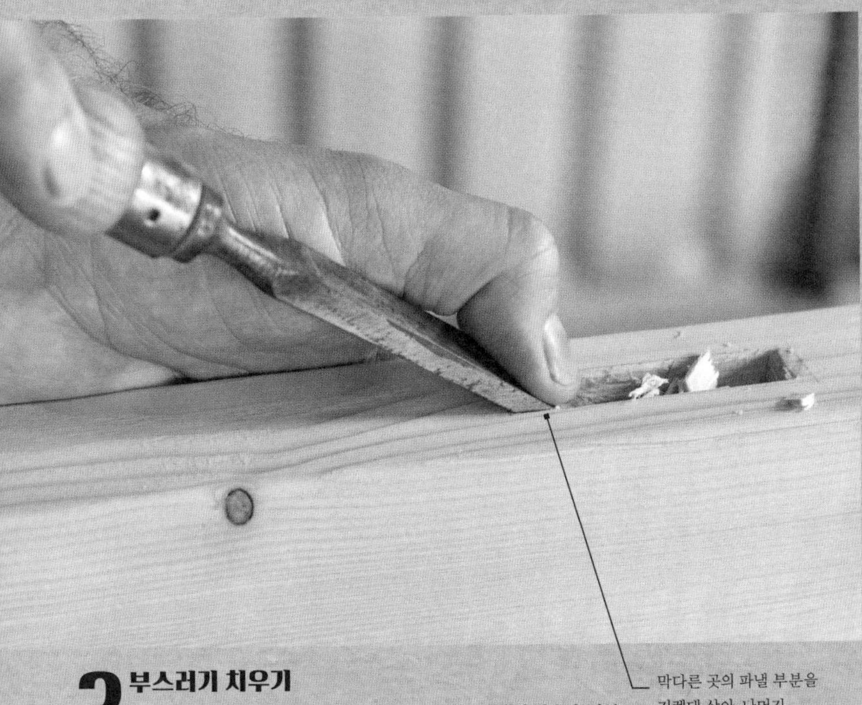

막다른 곳의 파낼 부분을 지렛대 삼아, 나머지 부스러기를 밀어낸다.

3 부스러기 치우기

날 경사면을 아래로 향한 채 파낸 나무 부스러기를 퍼 올려 치운다. 장부 구멍의 막다른 곳에 있는 파낼 부분을 지렛대로 활용한다. 계속 구멍을 파 내려가면서 같은 과정을 반복하고, 막다른 곳에 다다르면 마찬가지 방법으로 부스러기를 퍼낸다.

4 장부 구멍 완성하기

부재의 깊이 절반에 살짝 못 미치는 지점에 도달하면, 끌을 연필선 바로 안쪽으로 움직이며 아래로 파 내려가 장부 구멍의 양쪽 끝의 부스러기를 퍼낸다. 날은 수직을 유지한다. 부재를 뒤집어 부스러기를 쏟아 내고, 반대편에서 똑같은 작업을 반복한다.

“두 손의 위치는 항상 날 뒤쪽에 두어 부상을 미리 방지한다.”

마친 뒤에

➤ **구멍 점검하기** : 작은 트라이 스퀘어 날을 장부 구멍 안에 대고 양쪽 끝의 깊이가 같은지 확인한다. 이것이 일치하지 않으면 끌로 다시 정리한다.

➤ **장부 자리 표시하기** : 여기에 맞는 장부 자리를 표시한 뒤, 장부 구멍 자를 설정한다.

CHOOSING A PLANE

대패 고르기

가정 내 작업실에는 탁상 대패가 한두 개 있어야 한다. 크기를 기준으로 볼 때, 금속제 건목 대패와 마무리대패가 가장 유용하다. 대패는 길이가 길수록 판재의 튀어나온 부분을 평면으로 만들기에 더 쉽다. 짧은 대패는 길이가 긴 판재의 윤곽에 편승해 버린다. 그래도 연결부나 정밀한 작업에는 장점을 발휘한다. 물론 전통식 나무 대패를 살 수도 있다. 다만, 이것은 조절이 까다롭다.

마무리대패

나무 대패

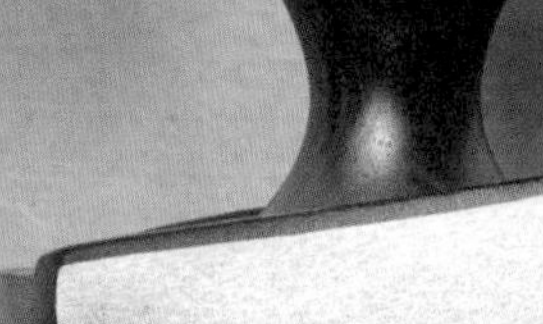

건목 대패

> “대패를 정밀하고 날카롭게
> 조율한 뒤에 사용하면
> 얇은 리본 같은 대팻밥이 나온다.”

일본식 대패

마무리대패

▶ **구조** : 철제 본체에 탄소강 날이 달려 있으며 손바퀴로 깎는 깊이를 조절한다. 손잡이는 활엽목이나 플라스틱을 쓴다.

▶ **용도** : 연결부의 면을 다듬는 데, 표면을 사포로 연마하기 전에 깨끗하게 마무리하는 데, 또 작은 부품을 맞는 크기로 다듬는 데 쓴다.

▶ **사용법** : 손바퀴로 날 깊이를 맞춘다. 대패 바닥 면을 맨눈으로 관찰하여 날 내밀기가 균일한지 확인한다.

▶ **참고 사항** : 가장 많이 사용되는 크기는 4번이다. 4½번은 약간 더 넓고 무겁다.

> “대패의 길이가 길수록 면을 고르게 깎을 수 있다.”

나무 대패

▶ **구조** : 본체는 치밀한 활엽목이며, 비스듬하게 잘라 낸 곳에 강철 날을 끼우고, 여기에 쐐기를 박아 날을 고정했다.

▶ **용도** : 세부 종류에 따라 다르나, 거칠게 켠 목재를 다듬는 것부터 마무리 면 작업에 이르는, 전반적 대패 작업에 쓴다.

▶ **사용법** : 작은 망치로 날의 위쪽을 톡톡 두드려 날 끝을 내민다. 거꾸로 대패 뒷부분을 치면 날을 넣을 수 있다.

▶ **참고 사항** : 날 조절을 마친 나무 대패는 동등한 금속제 대패보다 비싼 편이다.

건목 대패

▶ **구조** : 철제 본체에 탄소강 날을 쓰며 깎는 깊이는 손바퀴로 조절한다. 손잡이는 활엽목이나 플라스틱이다.

▶ **용도** : 거칠게 켠 목재를 원하는 크기에 맞게 마름질한다. 문 달기, 목공 작업 전반, 연결부 작업 등에 쓴다.

▶ **사용법** : 손바퀴를 돌려 날 깊이를 조절한다. 맨눈으로 대패 바닥 면을 관찰하여 날이 균일하게 내밀고 있는지 확인한다.

▶ **참고 사항** : 5번을 가장 많이 사용한다. 5½번은 조금 더 넓고 무거운 대패다. 활엽목 손잡이가 가장 쓰기 편하다.

일본식 대패

▶ **구조** : 본체는 참나무이며 간단한 형태다. 비스듬하게 잘라 낸 곳에 강철 날과 덧날을 함께 끼워 고정했다.

▶ **용도** : 작은 대패는 정밀한 마무리 작업에, 큰 대패는 치목 작업에 쓴다.

▶ **사용법** : 일본식 대패는 당기면서 깎는 방식이다(한국식 대패 역시 마찬가지다 - 옮긴이). 날 뒤쪽을 쳐서 날 끝을 더 길게 내밀 수 있다.

▶ **참고 사항** : 이중 강철 날의 뒷면에는 움푹 팬 부분이 있기 때문에, 나중에 모양을 다듬을 때는 특수 망치가 필요하다.

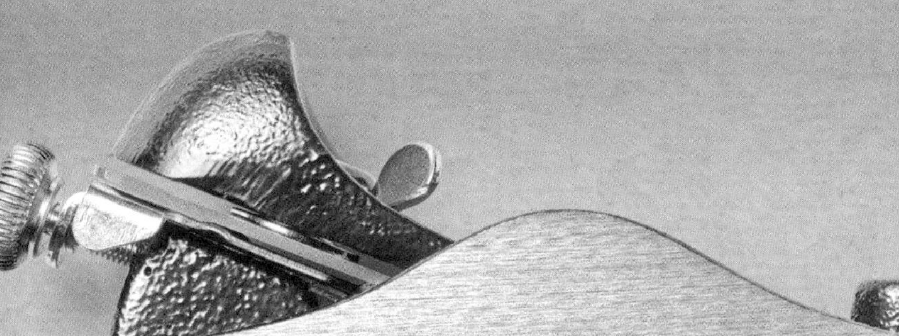

단면 대패

단면 대패

▶ **구조** : 한 손에 들고 사용할 수 있는 작은 철제 대패다. 날은 탄소강이고, 깊이와 폭을 조절하는 장치가 있다.

▶ **용도** : 판재 끝의 나뭇결, 좁은 가장자리, 모서리를 깎고, 연결부를 다듬으며, 정밀한 세부 작업을 하는 데 쓴다.

▶ **사용법** : 정밀한 작업에 맞게 날을 조절하고 대패 윗부분에 손바닥을 올려 둔다. 두 손으로 세게 누르며 작업한다.

▶ **참고 사항** : 보다 정교한 단면 대패는 구멍 크기를 조절하면서 대패질을 더 정밀하게 제어할 수 있다.

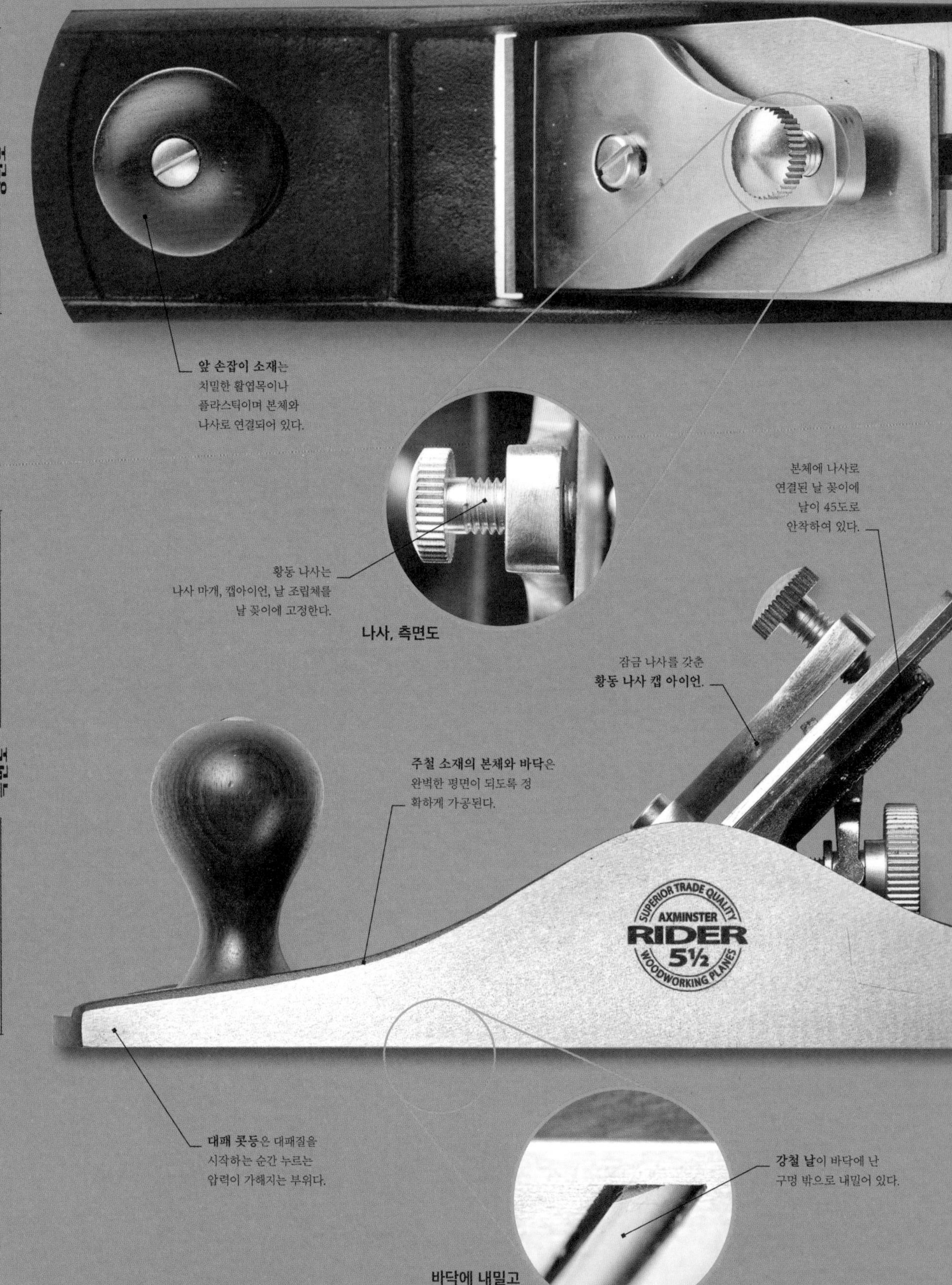
평면도
측면도
앞 손잡이 소재는 치밀한 활엽목이나 플라스틱이며 본체와 나사로 연결되어 있다.
본체에 나사로 연결된 날 꽂이에 날이 45도로 안착하여 있다.
황동 나사는 나사 마개, 캡아이언, 날 조립체를 날 꽂이에 고정한다.
나사, 측면도
잠금 나사를 갖춘 황동 나사 캡 아이언.
주철 소재의 본체와 바닥은 완벽한 평면이 되도록 정확하게 가공된다.
SUPERIOR TRADE QUALITY
AXMINSTER
RIDER
5½
WOODWORKING PLANES
대패 콧등은 대패질을 시작하는 순간 누르는 압력이 가해지는 부위다.
강철 날이 바닥에 난 구멍 밖으로 내밀어 있다.
바닥에 내밀고 있는 날

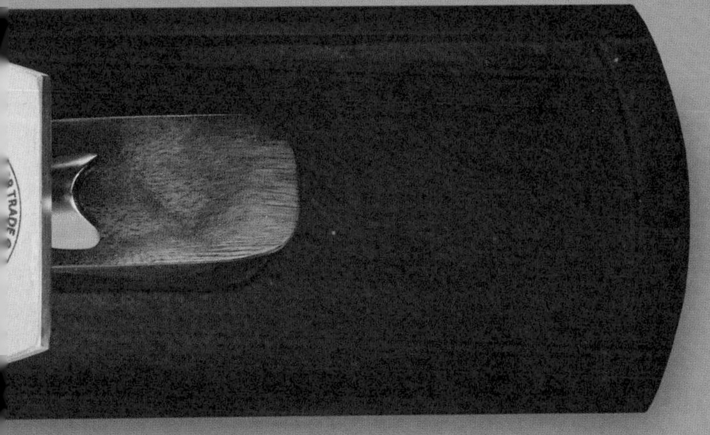

STRUCTURE OF A JACK PLANE

건목 대패의 구조

건목 대패는 거칠게 켠 목재를 필요한 크기로 마름질하는 전통식 탁상 대패다. 크기 기준으로 볼 때는 5번 건목 대패가 일반적인 목공 작업에 다목적으로 쓸 수 있는 만능 대패다. 금속제 대패의 본체는 대개 아주 튼튼한 주철을 사용하며, 고가 제품 중에는 황동으로 만든 것도 있다.

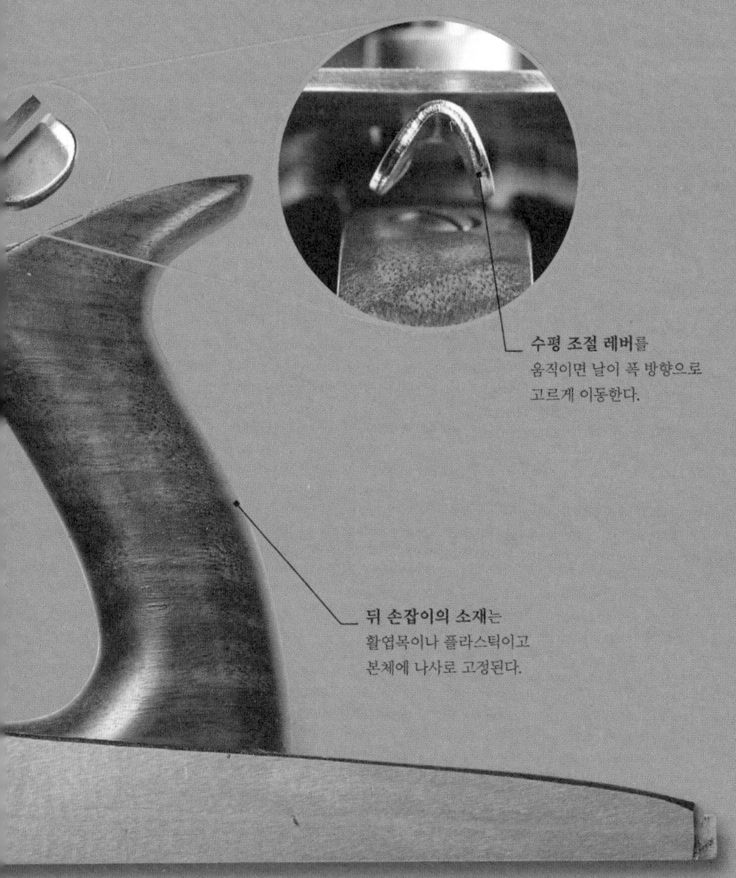

수평 조절 레버를 움직이면 날이 폭 방향으로 고르게 이동한다.

뒤 손잡이의 소재는 활엽목이나 플라스틱이고 본체에 나사로 고정된다.

"대패 바닥을 양초로 문지르면 대패질이 훨씬 수월해진다."

FOCUS ON…

대패 크기

탁상 대패는 길이와 너비가 다양하며 각각에 맞는 쓰임새가 있다. 대패를 정의하는 방법은 예를 들어 4번 대패라는 식의 번호로 식별하기도 하고, 마무리대패, 건목 대패, 막대패와 같이 일반적 명칭으로 정의하기도 한다. 대패 날은 대패의 너비에 따라 그 크기가 다양하지만 50밀리미터에서 60밀리미터가 가장 일반적인 크기다. 짧은 대패는 마무리 작업에 낫고, 길이가 길수록 표면의 기복을 바로잡아 평면을 만들기에 적합하다.

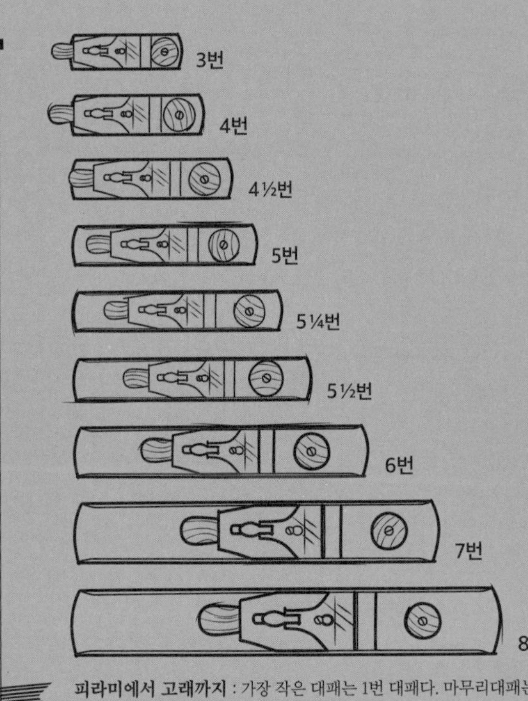

피라미에서 고래까지 : 가장 작은 대패는 1번 대패다. 마무리대패는 3번에서 4½번까지에 해당하고, 5번과 5½번은 건목 대패에 속한다. 이보다 긴 6번 대패는 막대패이고, 7번과 8번은 중간 다듬질 대패, 또는 조인터 대패라고 한다. 길이가 긴 판재의 평을 잡는 데 탁월한 성능을 보이지만, 그만큼 다루기가 불편하고 까다롭다.

USING A JACK PLANE

건목 대패 사용하기

5번 대패, 즉 건목 대패는 원목을 마름질하는 용도로는 우수한 만능 공구라고 할 수 있다. 나무 표면을 평면으로 만들고, 부재를 정확한 수치로 마름질하는 데 쓰인다. 문 가장자리의 평을 맞추는 데 문제없을 만큼 길이도 넉넉하지만, 공구 상자에 보관할 수 있을 정도로 너무 크지도 않다.

작업 순서

시작하기 전에

- **➤ 날 점검하기** : 날을 검사하고 필요하면 적절한 숫돌에 갈아 준다. 날에 기름이 묻어 있으면 반드시 제거하고 사용한다.
- **➤ 작업물 고정하기** : 나무는 바이스에 물리거나 적절한 클램프를 사용하여 작업대 위에 고정한다.

1 날 조절하기

대패를 뒤집은 채로 들고 날이 구멍 밖으로 고르게 내밀고 있는지 살펴본다. 상태가 고르지 못하면 날 수평을 바로잡는다. 정밀한 작업을 하려면 날 조절기를 깊이 돌려 준다.

조절기를 깊이 돌려 준다.

2 대패 자리 잡기

발을 앞뒤로 벌리고 선 자세로, 검지를 날 꽂이 측면을 지나 아래로 향한 채 뒤 손잡이를 쥔다. 앞 손잡이를 아래 방향으로 누르면서 나뭇결을 따라 대패를 앞으로 민다. 대패가 작업물의 끝에 도달하면 누르는 힘의 방향을 앞쪽에서 뒤쪽으로 바꾼다.

FOCUS ON…

깎기의 원리

정확하게 조절하여 날을 세운 대패는 나무를 깎으면서 얇은 대팻밥을 배출한다. 날이 나무 섬유를 자르면 오목한 캡 아이언(즉, 나무 조각 분쇄기)이 대팻밥을 구멍 사이로 밀어 올리고, 이것이 여러 겹으로 갈라지면서 뒤로 말리게 된다. 대개 탁상 대패의 날은 날 끝이와 45도로 설치되고 경사면은 아래로 향한다.

날이 잘라낸 대팻밥은 위로 밀려 올라가 밖으로 배출된다.

날이 막히지 않도록 **캡 아이언**이 대팻밥의 통로와 분쇄기 역할을 한다.

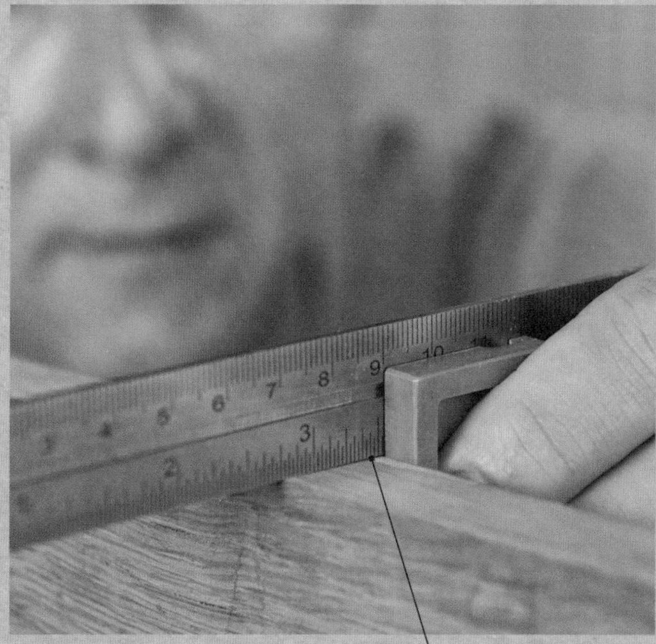

면의 모서리는 90도가 되어야 한다.

직선자 아래의 **빛을 보면** 표면에 틈이나 기복이 있는 것을 알 수 있다.

3 직각 잡기

트라이 스퀘어나 컴비네이션 스퀘어를 사용해서 대패질한 면과 인접 표면(정면)이 이루는 각도가 90도인지 확인한다. 직각이 아니라면 대패의 수평 조절 레버를 미세하게 조절해서 맞추고 모서리를 다시 대패로 밀어 준다. 정확한 직각이 될 때까지 계속 확인한다.

4 수평 확인하기

대패질을 마친 측면도 평면이 되어야 하므로, 대패를 옆으로 돌려 측면에 붙이고 길이 방향으로 관찰하면서 평면 여부를 확인한다. 부재가 더 긴 경우에는 강철 직선자 또는 기포 수평계를 사용하는 것이 가장 좋다. 너비나 깊이 방향으로 대패질할 때는 항상 표시용 자를 사용해서 정확하게 작업한다.

마친 뒤에

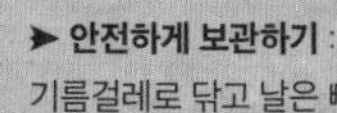

➤ **대패 청소하기** : 공구에 묻은 것들을 브러시로 떨어내고, 특히 캡 아이언 아래에 끼어 있는 대팻밥은 반드시 제거한다.

➤ **안전하게 보관하기** : 난방이 없는 작업실에 보관한다면 바닥을 기름걸레로 닦고 날은 빼 둔다.

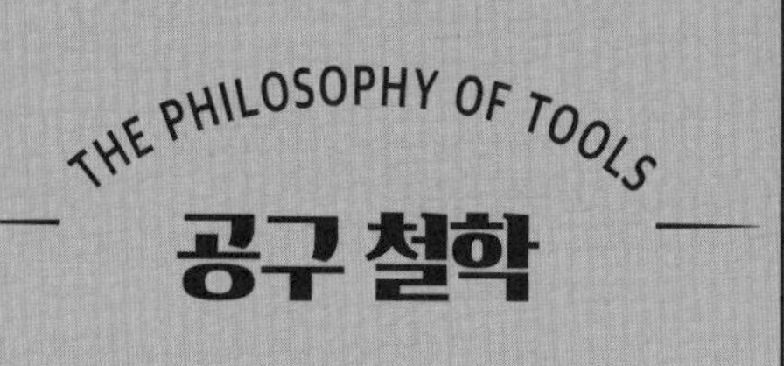

“정밀하게 깎아 낸
나무의 느낌과 그 아름다움…
작업실에서 풍기는 신선한 향기…
자르고 맞추면서 시간 가는 줄 모르는
몰입의 즐거움…
이 모두가 목공을 사랑할 수밖에 없는 이유다.”

잭 네프

미국의 마케팅 기고가, 편집인

CHOOSING A FILE OR RASP

줄 및 목공 줄 고르기

줄은 금속과 나무의 표면을 다듬는 데 쓰는 도구로 크기와 모양이 다양하다. 평평한 모양, 반원형, 사각형, 원형 등의 종류가 있다. 금속에만 사용되며, 전통식 목공 줄과 현대식 미니 대팻날은 나무를 효율적으로 다듬기 위해 만든 것이다. 침상 줄은 섬세한 작업에 쓰는 미니 제품으로, 몇 가지 종류가 있다.

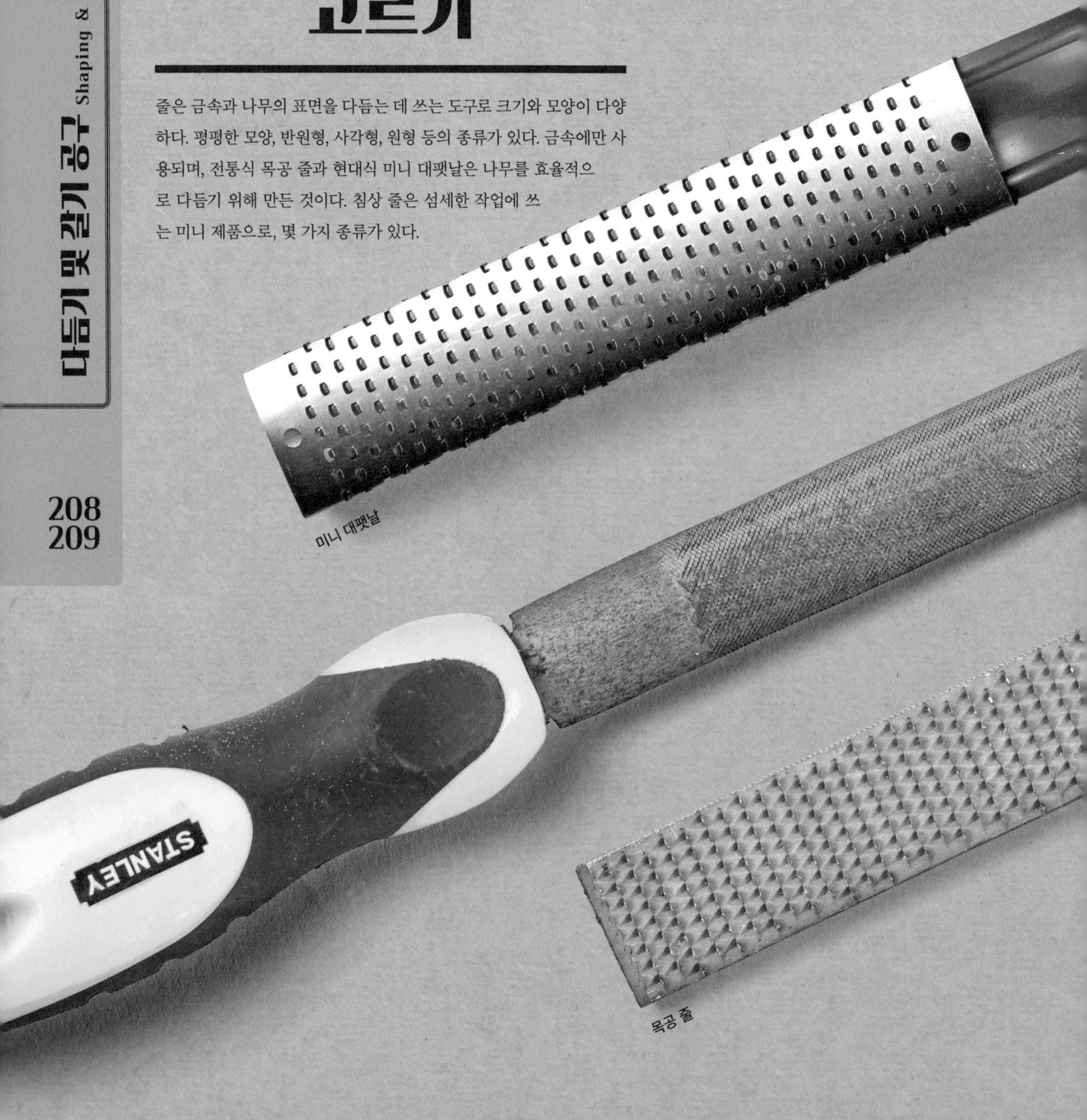

미니 대팻날

STANLEY

목공 줄

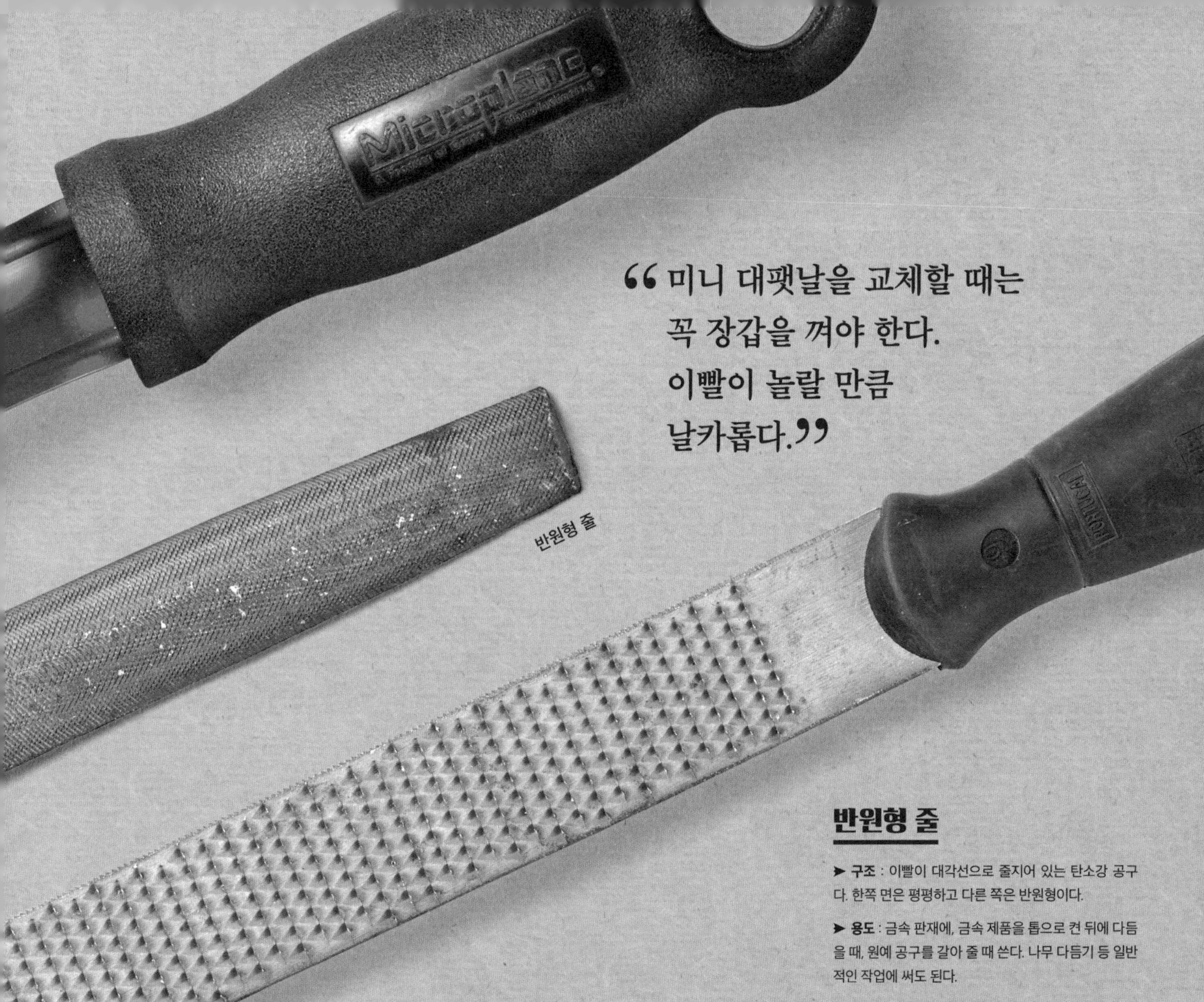

“미니 대팻날을 교체할 때는 꼭 장갑을 껴야 한다. 이빨이 놀랄 만큼 날카롭다.”

반원형 줄

➤ **구조** : 이빨이 대각선으로 줄지어 있는 탄소강 공구다. 한쪽 면은 평평하고 다른 쪽은 반원형이다.

➤ **용도** : 금속 판재에, 금속 제품을 톱으로 켠 뒤에 다듬을 때, 원예 공구를 갈아 줄 때 쓴다. 나무 다듬기 등 일반적인 작업에 써도 된다.

➤ **사용법** : 엄지와 검지로 줄 끝을 잡고, 다른 손으로 손잡이를 잡은 채 공구를 앞으로 밀면서 수평을 유지한다.

➤ **참고 사항** : 단면의 모양과 거칠기의 정도가 작업에 적합한지 확인한다. 손잡이가 없이 줄 본체만 파는 경우도 있으므로 구매할 때에는 이 점에도 유의해야 한다.

“줄 솔을 사용하여 줄이나 목공 줄의 이빨이 막힌 곳을 청소해 준다.”

미니 대팻날

➤ **구조** : 스테인리스강 날에 플라스틱 손잡이가 달렸고, 화학 작용으로 만든 면도날처럼 날카로운 이빨이 줄지어 있어, 표면을 문지르면 대팻밥을 만들어 내는 공구다.

➤ **용도** : 석고판과 목재, 플라스틱을 신속하고 깨끗하게 다듬는 데 쓴다. 몇 가지 형상이 있는데, 그중에는 날이 꺾인 것도 있다.

➤ **사용법** : 홀더에 날을 끼우고 다듬어야 할 표면에 공구를 대고 앞뒤로 움직인다. 미는 동작으로 깎지만, 날을 바꿔 끼우면 당겨서 깎을 수도 있다.

➤ **참고 사항** : 쇠톱 대에 끼워서 쓸 수 있는 날도 있다. 손잡이는 고정된 형태와 접고 펴는 형태가 있다.

목공 줄

➤ **구조** : 금속용 줄보다 이빨이 더 거친 공구다. 이빨을 기계로 치거나, 수작업으로 찍어서 만든다.

➤ **용도** : 나무 부스러기를 신속하게 치우는 데 쓴다. 줄을 쓰기 전에 먼저 다듬을 때도 쓰지만 이럴 때는 거친 자국이 남는다.

➤ **사용법** : 엄지와 검지로 줄 끝을 잡고, 다른 손으로 손잡이를 잡은 채 공구를 앞으로 밀면서 수평을 유지한다.

➤ **참고 사항** : 수제 목공 줄은 작업 효율이 탁월하지만, 좀 비싸다. 250밀리미터 길이의 제품이 유용하고 훌륭한 공구다.

CHOOSING A GOUGE OR SPOKESHAVE

환끌 및 바퀴살 대패 고르기

그릇을 조각하거나 의자 다리를 다듬는 등의 목공 작업을 하다 보면 직선보다는 곡선으로 잘라 내는 공구가 필요할 때가 있다. 이때 필요한 것이 바로 환끌과 바퀴살 대패다. 환끌은 날이 곡선으로 된 끌로, 조각과 잘라 내기 같은 작업을 한다. 손잡이가 양쪽으로 두 개 나 있는 바퀴살 대패는 탁상 대패와 비슷하게 쓰면 되지만, 생김새에서 보듯이 면을 오목하게 또는 볼록하게 깎아 낼 때 주로 쓴다.

외측 날 환끌

평바닥 바퀴살 대패

내측 날 환끌

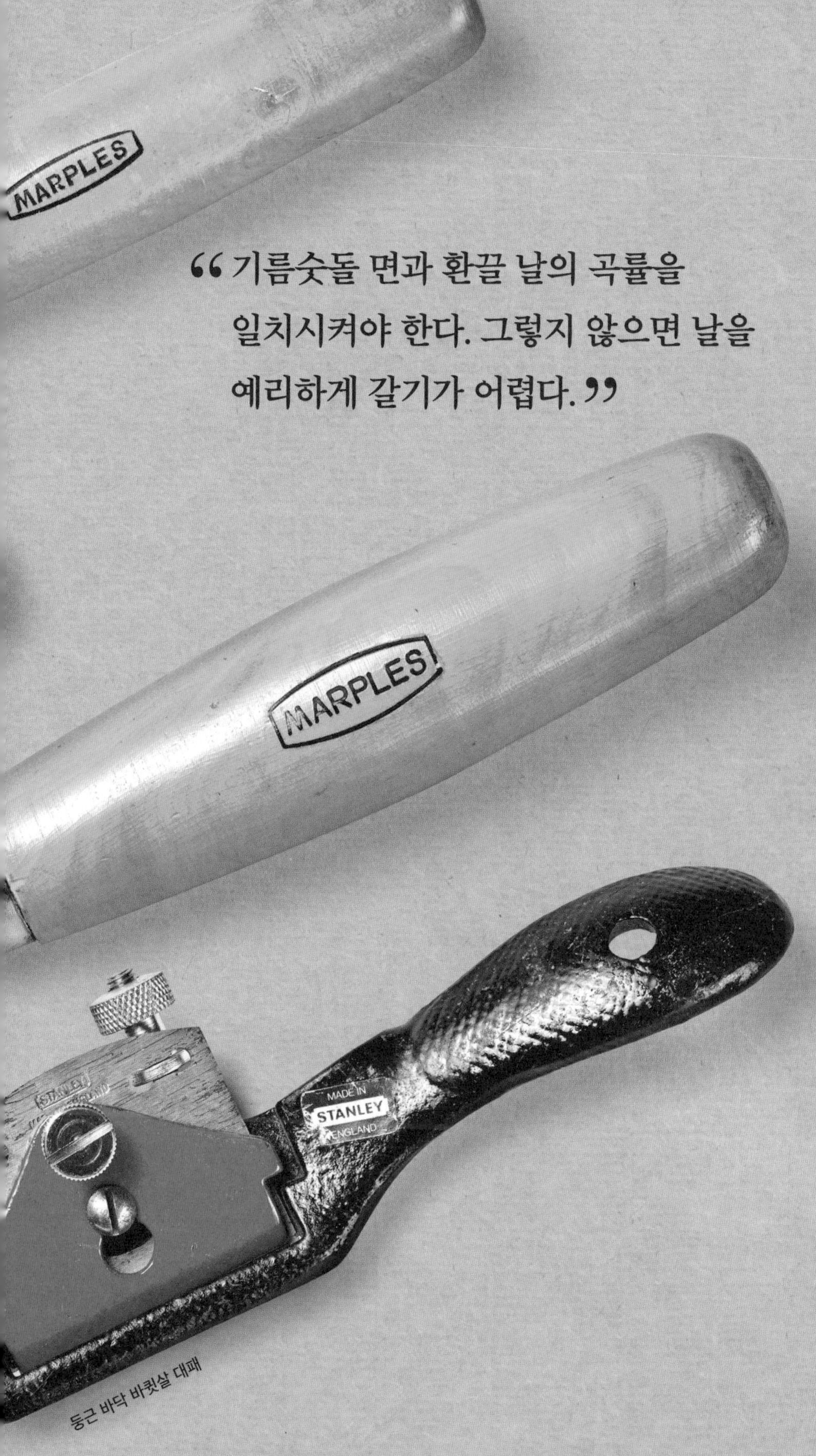

둥근 바닥 바큇살 대패

“기름숫돌 면과 환끌 날의 곡률을 일치시켜야 한다. 그렇지 않으면 날을 예리하게 갈기가 어렵다.”

외측 날 환끌

➤ **구조** : 깎는 날을 바깥쪽으로 갈아 낸, 오목한 강철 날 끌이다. 손잡이는 활엽목이다.

➤ **용도** : 단단한 나무와 무른 나무를 모두 깎고 파내는 데 쓴다.

➤ **사용법** : 적합한 너비의 날을 선택한다. 날을 나무에 대고 환끌 손잡이를 손으로 누르거나 나무망치로 친다.

➤ **참고 사항** : 다양한 크기와 모양의 손잡이가 있으므로, 손에 들었을 때 편하고 균형이 맞는지 확인한다. 기름숫돌로 날을 갈아 준다.

평바닥 바큇살 대패

➤ **구조** : 주철 본체에 쌍둥이 손잡이가 달려 있다. 날은 25도 각도로 연마되며 나비너트와 캡 아이언으로 조여 고정한다.

➤ **용도** : 나무에, 특히 좁은 측면의 볼록한 곡면을 깎는 데 쓴다. 막대기 모양 등을 깎아 내는 데 쓴다.

➤ **사용법** : 날을 살짝만 내민 채, 두 손으로 공구를 잡고 나뭇결을 따라 앞으로 민다. 필요에 따라 날 깊이를 조절한다.

➤ **참고 사항** : 보다 정교한 공구에는 날 깊이를 조절할 수 있는 쌍둥이 손나사가 달려 있다. 더욱 간단한 제품에는 이런 보조 장치가 없어 조절하기가 까다롭다.

내측 날 환끌

➤ **구조** : 오목한 형상의 강철 날이 있고, 깎는 날은 안쪽이 연마되어 있다. 손잡이는 활엽목을 쓴다.

➤ **용도** : 부재를 손질하여 인접한 제품에 맞출 때 쓴다. 예를 들면, 의자의 장부 구멍과 장부의 연결 부위에 곡면이 있는 경우다.

➤ **사용법** : 곡면에 맞는 날을 선택한다. 날을 나무에 대고 손잡이 뒤를 나무망치로 친다.

➤ **참고 사항** : 손잡이의 모양과 크기가 다양하므로, 손에 쥐었을 때 편하고 균형이 맞는지 확인한다. 기름숫돌에 날을 갈아 준다.

둥근 바닥 바큇살 대패

➤ **구조** : 주철 본체에 쌍둥이 손잡이가 달려 있다. 날을 가는 각도는 25도이며, 나비너트와 캡 아이언으로 조여 고정한다.

➤ **용도** : 단단한 나무와 무른 나무에 매끄럽고 오목한 곡면을 만들 때 쓴다. 특히 나무의 좁은 측면에 주로 쓴다.

➤ **사용법** : 날을 살짝 내민 채, 두 손으로 공구를 잡고 나뭇결을 따라 앞으로 민다. 필요에 따라 날 깊이를 조절한다.

➤ **참고 사항** : 평바닥 바큇살 대패와 동일하다.

CHOOSING A SHARPENING STONE

숫돌 고르기

날이 있는 공구는 숫돌로 날을 갈아 줘야 한다. 대패, 끌, 바퀴살 대패 모두 날 끝의 경사는 반드시 처음부터 끝까지 일정하게 유지되어야 한다. 천연 숫돌을 써도 되지만, 가장 흔하고 값싼 제품은 합성 재료로 만든 것이다. 거친 돌로 신속하게 연마를 마칠 수 있지만, 일반적으로는 입자가 고운 숫돌로 후속 작업을 한다.

기름숫돌

기름숫돌(측면도)

다이아몬드 숫돌

“숫돌을 쓸 때는 막히는 것을 방지하기 위해 적절한 윤활유를 첨가 한다.”

일본식 숫돌

일본식 숫돌(측면도)

기름숫돌

➤ **구조** : 두 종류의 면이 앞뒤로 붙어 있다. 한쪽은 고운 입자, 뒤쪽은 중간 또는 거친 입자다. 입자는 탄화규소나 산화알루미늄으로 되어 있다.

➤ **용도** : 거친 면은 자국을 없애거나 주요 경사면을 복원하는 데 쓰고, 고운 면은 보조 경사면을 복구하는 데 쓴다.

➤ **사용법** : 연마 가이드와 함께 경사면 끝의 각도를 일정하게 유지하는 용도로 쓰는 것이 가장 정확한 쓰임새다. 숫돌을 사용할 때는 가운데만 닳게 하면 안 되고 전체적으로 고르게 닳게 해야 한다.

➤ **참고 사항** : 경유를 뿌려 연마 작업 도중에 철 입자가 떠올라 빠져나가게 한다. 숫돌에 막힘 현상이 일어나 연마 속도가 느려지면 등유로 씻어 준다.

다이아몬드 숫돌

➤ **구조** : 내구성이 높은 플라스틱 또는 금속제 받침의 한쪽 또는 양쪽 면에 다이아몬드 입자를 매립해 놓은 것이다. 입자의 크기가 아주 거친 것에서 정밀한 것까지 다양하다.

➤ **용도** : 날이 있는 모든 공구의 날을 신속히 갈아줄 때 쓴다. 공구의 범위는 끌(정밀한 숫돌)에서 원예 도구(중간 또는 거친 숫돌)까지를 망라한다.

➤ **사용법** : 물(정원 식물에 뿌리는 물이 가장 좋다.)이나 절삭유를 윤활제로 써서 쇳가루를 부유시켜 버린다.

➤ **참고 사항** : 숫돌 표면에 강철 자의 날을 올려 완전히 일치하는지 확인한다. 작은 다이아몬드 석이 펜나이프로 활용하기에 가장 좋다.

일본식 숫돌

➤ **구조** : 합성 재료 또는 자연석(비싸다) 숫돌이다. 등급은 거친 것(800번), 중간(1,000번), 아주 고운 것(8,000번)까지 있다.

➤ **용도** : 목공구의 날을 연마하는 데 쓴다. 높은 번호를 쓸수록 날이 반짝반짝 빛나고 면도날처럼 날카로워진다.

➤ **사용법** : 몇 분간 물에 담가 둔다. 일본식 나구라 숫돌을 사용하여 점토 액을 형성하면 연마 과정을 촉진할 수 있다.

➤ **참고 사항** : 무른 숫돌은 빨리 닳고 쉽게 상한다. 이럴 때 다아이몬드 숫돌을 사용하여 표면을 복구할 수 있다.

"인생에서 무엇을 기대할 수
있는가는 자신의 성실함에 달렸다.
일을 완벽하게 수행할 기술이 있더라도
우선 연장의 날부터 세워 두어야 한다."

공자

MAINTAIN TOOLS FOR SHAPING & SHARPENING

다듬기 및 갈기 공구의 유지 관리

다듬기 공구는 정확성과 신뢰도를 위해서 적절한 유지 관리가 필요하다. 공구를 아껴 주면 오래오래 맘 놓고 일할 수 있는 보상을 얻는다.

날이 있는 공구의 날 세우기

깎는 작업의 효율과 안전을 위해서 날이 있는 공구는 반드시 날을 갈아 줘야 한다. 날 끝이 무뎌지면 사용 중에 미끄러질 위험이 커지고, 작업 결과도 신통치 않기 때문에 다루기 힘들다.

날을 잘 세워야 끌질을 정확하게 할 수 있다.

1 날 등의 평 잡기

날 등을 숫돌에 바짝 붙이고 날을 숫돌 면에 갈아 주어 미세한 그루터기들을 없앤다. 기름이나 물(숫돌의 종류에 맞게)로 쇳가루를 제거하여 날 막힘 현상을 방지한다.

2 보조 경사면 갈기

날을 30도로 유지한 채 8자 모양으로 숫돌에 간다. 각도를 일정하게 유지하는 것이 중요하므로 이때 연마 가이드를 사용한다.

3 그루터기 없애기

다시 날을 숫돌에 바짝 붙여서 몇 번 갈아 준다. 이렇게 하면 그루터기를 없애고 날을 잘 세울 수 있다. 날 갈기를 마치면 숫돌을 깨끗하게 닦아 준다.

날 깊이 조절하기

날을 알맞게 세운 다음에는 공구에 정확하게 끼워야 한다. 날은 구멍의 좌우 방향으로 고르게 내밀어야 한다.

대패

대패를 뒤집어 날이 좌우 방향으로 고르게 내밀고 있는지 확인한다. 그렇지 않다면 한쪽으로 치우쳐 깎일 것이므로 수평 조절 레버로 조절해 준다. 깎는 깊이는 표면에 요철이 있는 손바퀴 조절기를 돌려서 조절한다.

바퀴살 대패

간단한 구조의 바퀴살 대패에는 날 조절기가 없지만 나비너트로 조여서 조절할 수 있다. 조절기가 있는 바퀴살 대패에서는 캡 아이언을 풀고, 쌍둥이 손나사를 살살 돌린 뒤 앞쪽의 잠금 나사를 다시 조이면 된다.

도구	점검	
끌	• 끌 날에 자국이나 상한 곳이 없는지 확인한다.	
대패	• 난방이 없는 작업장에 보관된 공구는 녹슨 여부를 확인한다. 대패 바닥을 기름으로 닦아 낸 뒤 사용한다.	
줄	• 이전 작업에서 남은 부스러기가 이빨에 끼어 있는지 확인한다.	
환끌과 바퀴살 대패	• 끌 날에 자국이나 상한 곳이 없는지 확인한다.	
숫돌	• 갈라진 곳이나 흠집을 확인한다. 특히 일본식 숫돌은 유의해서 살핀다. • 숫돌 바닥은 완전히 평면을 이루어야 한다. 강철 자의 날을 대어 확인한다.	

날 갈기	청소	조절	보관
• 주 경사면은 25도, 보조 경사면은 30도를 유지한다. 연마 가이드를 써서 날 각도를 일정하게 유지한다.			• 끌은 공구 보관용 가죽 주머니에 넣거나 날 끝에 플라스틱 덮개를 끼워서 보관한다. 날의 표준 너비에 맞게 다양한 크기의 덮개가 있다.
• 주 경사면은 25도, 보조 경사면은 30도를 유지한다. 연마 가이드를 써서 날 각도를 일정하게 유지한다.		• 캡 아이언은 날 끝에서 2밀리미터 띄어 설치해야 한다(수평 조절 레버를 사용하여 날이 바닥 구멍 밖으로 고르게 내밀어지도록 조절한다). 깎는 깊이는 손바퀴 조절기로 조절한다.	• 대패 바닥을 동백기름이나 기름걸레로 닦는다(깨끗하게 닦은 뒤 사용하는 것을 명심한다).
	• 낀 부스러기를 줄 솔로 제거한다.		• 공구 상자에 넣거나 고리에 걸어서 보관한다.
• 환끌을 갈 때는 대개 한쪽 경사면만 갈아 준다. 바퀴살 대패 날은 약 30도로 간다.		• 손나사 두 개로 바퀴살 대패의 깎는 깊이를 조절한다. 날을 고르게 내미는 조절도 이 손나사로 한다.	• 환끌은 공구 보관용 가죽 주머니에 넣거나 공구 걸이에 걸어서 보관한다. • 바퀴살 대패는 공구 상자에 넣거나 고리에 걸어서 보관한다.
	• 기름숫돌은 등유와 연마지를 써서 청소해야 한다. 일본식 숫돌을 사용한 뒤에는 점토 액을 씻어 준다. • 숫돌의 평을 잡으려면 중간 번호의 사포를 평평한 면에 감은 것으로 숫돌을 갈아 준다.		• 직사각형 기름숫돌은 맞춤 제작한 활엽목 상자에 보관한다. • 젖은 일본식 숫돌을 겨울에 난방 없는 작업장에 보관하면 안 된다. 균열이 생길 수 있다.

THE TOOLS FOR FINISHING & DECORATING

7
마무리 및 장식 공구

표면을 비단처럼 매끄럽게 만드는 것부터
마무리 페인트칠하는 것까지,
작업을 완벽하게 마감하는 데 필요한 것이 이 공구들이다.

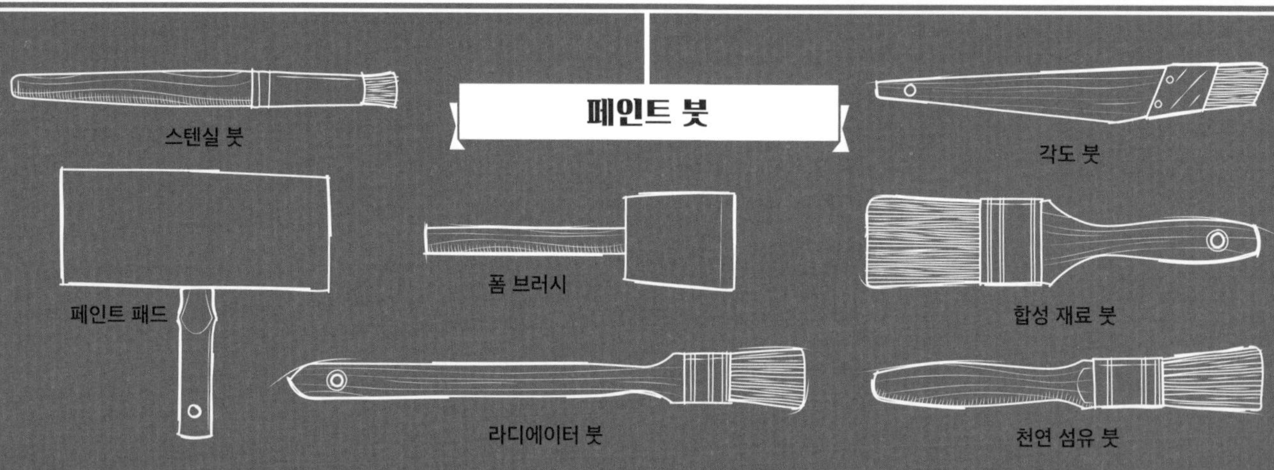

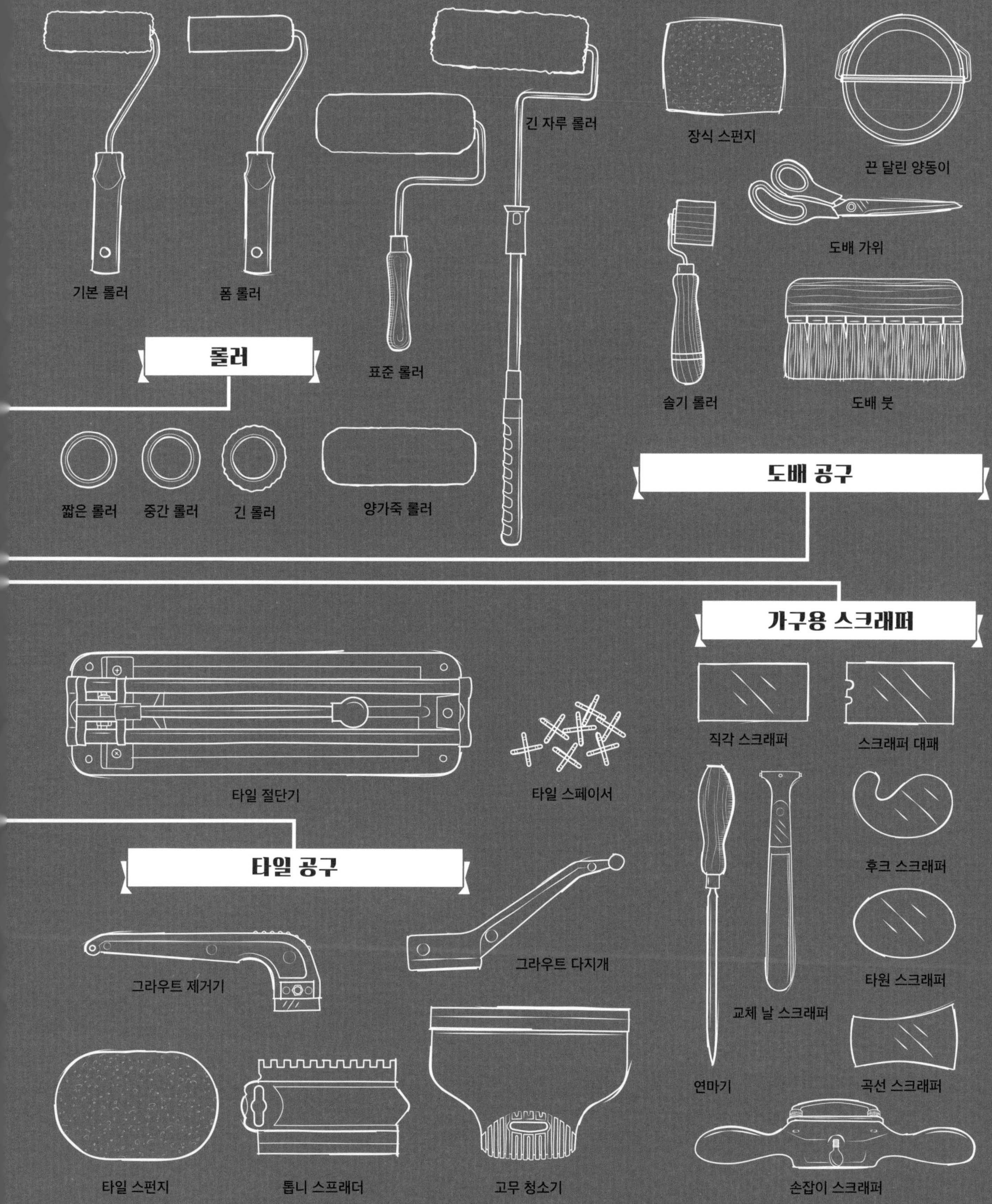

기본 롤러

폼 롤러

표준 롤러

긴 자루 롤러

장식 스펀지

끈 달린 양동이

도배 가위

솔기 롤러

도배 붓

롤러

짧은 롤러

중간 롤러

긴 롤러

양가죽 롤러

도배 공구

가구용 스크래퍼

직각 스크래퍼

스크래퍼 대패

타일 절단기

타일 스페이서

후크 스크래퍼

타일 공구

그라우트 다지개

그라우트 제거기

타원 스크래퍼

교체 날 스크래퍼

연마기

곡선 스크래퍼

타일 스펀지

톱니 스프래더

고무 청소기

손잡이 스크래퍼

HISTORY OF FINISHING & DECORATING

마무리 및 장식의 역사

260만 ~ 170만 년 전

초창기 스크래퍼

구석기 시대에 납작한 돌로 만든 스크래퍼를 사용하여, 거친 표면을 고르는 등의 기초적인 대패 기능을 수행했다. 돌 스크래퍼는 오늘날의 가구용 금속제 스크래퍼의 먼 조상 격이다.

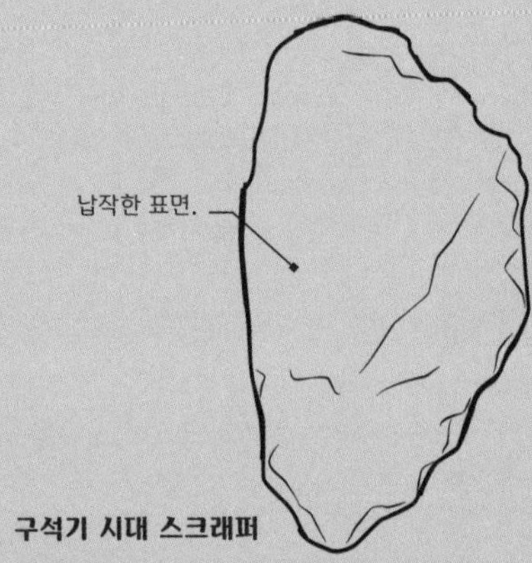

구석기 시대 스크래퍼

250만 년 전

초창기 붓

프랑스의 페리고르 지역과 에스파냐의 알타미라에서 발견된 동굴 벽화를 보면 구석기 시대에 동굴 벽에 물감을 칠하기 위해 붓을 사용했다는 것을 알 수 있다.

파리

프랑스

페리고르의 동굴 유적에서는 이끼나 동물의 털로 만든 붓이 사용되었다.

알타미라에서는 갈대, 털, 잔가지, 작은 뼛조각 등이 사용되었다.

에스파냐

포르투갈

마드리드

리스본

기원전 4000년

초창기 타일

최초의 장식용 타일은 약 7000년 전 고대 이집트에서 사용되었다. 이후 그리스와 로마 같은 고대 문명을 통해 확산되어 아시아와 북아프리카에까지 전달되었다.

기원전 3000 ~ 1900년

연마용 모래

청동기 시대에 금속제 도끼머리의 마무리 연마재로 모래를 쓰는 방식이 퍼졌다. 같은 시기 이집트에서는 건축용 석재의 표면을 매끄럽게 다듬는 데 사암을 사용하였다.

타일로 장식된 벽

메소포타미아에서는 타일 제조업이 번성했다. 이러한 사실은 이 시대에 건설된 바빌론(오늘날의 이라크)의 대행진 벽과 이슈타르의 문에 부착된 장식 벽돌로부터 알 수 있다.

대행진로의 길이는 약 800미터이며, 높이 15미터의 벽에는 **사자 120마리**가 새겨져 있다.

"장식이란 수학과 비슷하다. 더하고 빼는 것이 중요하다."

샬럿 모스

미국의 인테리어 디자이너

기원전 300년 페인트 붓

페인트 붓은 진秦나라의 장군 몽염이 발명한 것으로 추정된다. 초기의 붓은 서예용으로 만든 것이었지만, 나중에는 도자기에 색을 칠하는 데 사용되었다. 붓은 대나무 자루와 동물의 털, 즉 토끼털이나 돼지털로 만들었다.

800년대 이슬람 타일 공예

서기 836년에 건립된 튀니지 카이로우안 대모스크의 이슬람 타일 공예 유물에는 8각형의 별 모양과 같은 정교한 기하학적 무늬가 새겨져 있다. 이런 문양은 이후 수 세기에 걸쳐 더욱 정교해졌다.

> **"기하학은 지성을 일깨우며 마음을 바로잡는다."**
>
> 이븐 할둔
> 아라비아의 역사가

1200년대 초창기 사포

중국에서는 조개껍질 가루, 모래, 씨앗, 천연 고무풀 등을 사용하여 사포를 만들었다. 상어 가죽처럼 거친 무명 직물도 사포처럼 사용되었을 것으로 생각된다.

두루마리 50장

최초의 벽지는 손으로 그린 그림이었다. 예를 들어 1481년 프랑스에서는 장 부르디숑이 루이 11세를 위해 푸른 바탕의 두루마리 종이 50장에 천사 그림을 그렸다. 이 종이는 패널에 붙여 쉽게 옮길 수 있었다.

1500년대 테피스트리를 대체한 종이 벽지

유럽에서 벽지가 생산되었고 특히 영국과 프랑스에서 인기가 높았다. 영국에서는 헨리 8세가 로마 가톨릭교회로부터 파문된 뒤, 주로 프랑스에서 수입하던 테피스트리(벽걸이 융단 - 옮긴이)를 벽지로 대체하였다.

1500년대 아메리카 대륙의 타일

에스파냐가 중미와 남미를 식민지화한 이후, 타일 제조업이 발전했다. 이 시기에 멕시코에서 생산된 밝은 색상의 수제 타일이 주목을 받았다.

복잡한 문양이 손으로 그려져 있다.

멕시코산 타일

1785년 벽지 인쇄기

크리스토프 필리프 오베르캄프가 최초로 벽지를 인쇄하는 기계를 발명했다. 그 기계는 종이에 색조를 인쇄하는 것이었다.

1798년에 프랑스인 니콜라 루이 로베르는 두루마리 종이에 끊어지지 않게 인쇄할 수 있는 인쇄기를 발명했다. 그러나 이 기술이 벽지에 적용된 것은 그다음 세기가 되어서였다.

1800년대 기계로 제작한 붓

초기의 페인트 붓은 손으로 만든 것이었으나, 19세기 들어서 세계 각지에서 개발된 기계를 사용해 손잡이를 만들고, 털을 섞어서 감고, 마지막으로 그것들을 한자리에 붙였다.

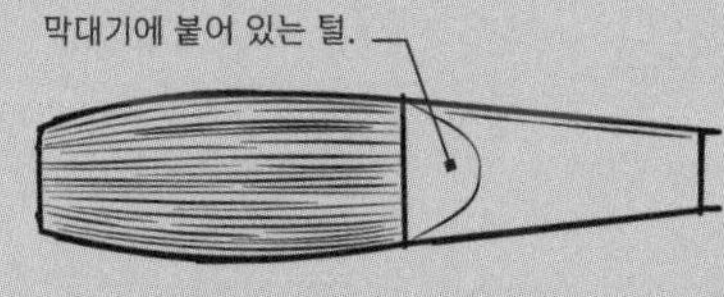

19세기 페인트 붓

1833년 유리 사포

유리 가루를 사용하여 초기 형태의 연마지를 만들었다. 이를 유리 사포라고 한다. 이 시기에 영국 런던의 존 오케이가 개발한 새로운 접착 기술에 힘입어 유리 사포가 대량 생산되기 시작했다.

1925년 초기의 롤러

1925년 간행본 〈뉴요커〉에서 최초로 페인트 롤러를 언급했다. 이 도구를 '획기적인 성공작'이라고 묘사하면서 실내 장식에 미친 공을 치하했다.

CHOOSING ABRASIVES & SANDING BLOCKS

연마재와 연마 블록 고르기

연마는 목공 제품이나 기타 재료에 광택을 내거나 페인트칠 전에 표면을 마무리할 때 해야 하는, 지루하지만 꼭 필요한 작업이다. 가장 적합한 사포와 받침 재료를 사용하면 힘든 수고를 한결 덜 수 있다. 작업마다 필요한 여러 단계의 거칠기 등급(번호로 표시된다)이 있다.

알루미나 사포

코르크 블록

연마 패드

철 수세미

➤ **구조** : 아주 가는 탄소강 철사를 뭉쳐 놓은 것으로, 뭉치나 두루마리 형태로 구할 수 있다. 거칠기 등급은 4번(가장 거침)에서 0000번(가장 고움)까지로 나누어진다.

➤ **용도** : 나무에 왁스로 광택을 낼 때, 유리, 대리석 및 기타 섬세한 표면을 청소할 때, 금속 표면에서 녹을 제거하고 광택을 되살릴 때 쓴다.

➤ **사용법** : 가위를 사용해 적당한 크기로 자른다. 철수세미와 백유 또는 변성 알코올을 쓸 때는 얇은 작업용 장갑을 낀다.

➤ **참고 사항** : 참나무에는 사용하지 않는다. 철수세미가 참나무와 반응하여 얼룩이 질 수 있다. 이 경우에는 스테인리스강 수세미를 쓰는 것이 좋다.

벨크로 블록

➤ **구조** : 가볍고 뻣뻣한 폴리우레탄 폼 블록에 벨크로(찍찍이) 원형 사포를 부착해 놓은 것이다.

➤ **용도** : 일반적인 연마 작업에 사용하며, 필요한 거칠기의 사포를 신속하고 편리하게 바꿔 달아야 할 때 쓴다.

➤ **사용법** : 원형 사포를 부착하고 측면을 감싼다. 손가락에 끼우고 나뭇결을 따라 문지른다.

➤ **참고 사항** : 원형 사포의 지름(125밀리미터, 150밀리미터)이 블록 크기와 맞아야 한다.

알루미나 사포

➤ **구조** : 석류석(일반 사포의 원료)보다 단단하고 내구성이 높은 입자를 무거운 종이 받침에 접착제로 발라 놓은 사포다. 사포의 표준 크기는 280X230밀리미터 또는 폭 115밀리미터의 두루마리 형태다. 거칠기 등급은 40번에서 320번까지다.

➤ **용도** : 페인트 및 장식을 위한 준비 작업을 할 때, 단단한 나무와 무른 나무를 거칠게 연마할 때 쓴다. 전동 연마기에 감을 때는 두루마리를 잘라서 쓴다.

➤ **사용법** : 필요한 크기에 맞게 잘라서 코르크 블록 또는 이와 유사한 물체에 감아서 쓴다.

➤ **참고 사항** : 표준 용지를 낱장으로 사는 것보다 두루마리를 사서 원하는 크기로 잘라 사용하는 편이 더 경제적이다.

사포

➤ **구조** : 단단한 물체를 갈아서 만든 입자를 접착제로 종이 받침에 바른 것이다. 유리 가루 사포만큼 널리 쓰이지는 않지만 내구성이 훨씬 높다

➤ **용도** : 소목 작업, 고급 가구, 악기 제조 등에서 단단한 나무 및 무른 나무를 연마할 때 쓴다.

➤ **사용법** : 필요한 크기에 맞게 잘라서 코르크 블록에 감아서 쓴다. 나뭇결을 따라 연마하며, 거칠기 등급에 따라 골라 쓴다.

➤ **참고 사항** : 거칠기 등급은 40번부터 320번까지다. 25장들이 한 묶음을 사는 편이 가장 경제적이다

코르크 블록

➤ **구조** : 사포를 감싸서 사용하는 압축 코르크 블록이다. 가벼워서 연마 구간이 길 때 편리하다.

➤ **용도** : 표준 사포 용지를 4등분하여 낭비 없이 사용하기에 딱 좋은 크기다.

➤ **사용법** : 사포를 접어 블록을 감싸고 양쪽을 손에 쥔다. 약하게 누르면서 대상물의 표면을 문지른다.

➤ **참고 사항** : 블록 면이 평평한지, 상한 곳은 없는지 확인한다.

연마 패드

➤ **구조** : 저밀도의 양면 폼 스펀지로, 각 면에는 탄화규소 입자가 코팅되어 있다. 거칠기 등급은 60번에서 220번까지다.

➤ **용도** : 곡면과 세부 형상이 있는 면을 연마하는 데 쓴다. 높은 번호, 즉 고운 연마재는 도색 면을 다시 페인트칠하기 전에 준비 작업을 할 때 적합하다.

➤ **사용법** : 건식 또는 습식으로 사용한다. 습식은 물에 담갔다가 사용한다. 수도꼭지를 틀어 놓고 흐르는 물로 패드를 씻는다.

➤ **참고 사항** : 고밀도의 짙은 등급은 사면이 모두 코팅되어 있어서 구석 부분을 연마하기에 좋다.

USING A SANDING BLOCK

연마 블록 사용하기

사포를 손가락으로 쥐고 사용할 수도 있지만, 연마 블록에 감싸서 사용하면 표면을 더 바삭바삭하게 만들 수 있다. 전통식 코르크 블록은 사용하기에 다소 빽빽해 보이지만 비슷한 크기의 활엽목과 달리 어느 정도 탄력이 있다. 이것은 적절한 번호의 사포와 함께 쓰면 평평한 구간을 연마하기에 아주 효율적인 도구가 된다.

작업 순서

시작하기 전에

- **적합한 등급 선택하기** : 사포 몇 가지 등급을 미리 갖춰 둔다. 등급 번호는 사포 뒷면에 표시되어 있다.
- **안전 장비 착용하기** : 사포질을 할 때는 대상 물체의 종류에 상관없이 항상 방진 마스크를 쓴다.
- **작업 환경 준비하기** : 목재를 연마할 때는 가능한 한 야외에서 작업한다. 부득이하게 실내에서 작업할 경우에는 창문은 열고 출입문은 닫아서, 먼지를 가둬 놓는다.
- **손 보호하기** : 장시간 연마 작업을 할 경우에는 유연한 재질의 작업용 장갑을 껴서, 피부가 연마재에 장시간 접촉하여 상하지 않도록 한다.

1 적합한 등급 선택하기

작업의 성격에 맞는 적절한 등급의 사포를 택한다. 어떤 것이 적합한지 모를 때는 고운 입자(높은 번호)부터 시작해서 거꾸로 내려온다. 거친 연마 자국을 없애는 것이 그 반대 경우보다 어렵기 때문이다.

사포를 먼저 접어서 자르면 보다 깔끔하게 잘라 낼 수 있다.

2 사포 크기 맞추기

사포를 연마 블록에 맞는 크기로 자른다. 측면을 충분히 감싸고, 엄지와 검지로 쥘 수 있을 만큼 여백을 둔다. 작업대 모서리에 사포를 대고 접으면 가장자리를 깔끔하게 잘라 낼 수 있다. 사포가 얇으면 강철 자를 대고 쉽게 잘라 낼 수 있다. 가위는 사용하지 않는 것이 좋다. 가위 날이 연마재 때문에 금세 무디어진다. 표준 크기의 사포를 접어서 자르면 4장이 나올 것이다.

FOCUS ON…

연마 입자

사포는 단단한 물체의 입자를 종이 받침에 붙여서 만든 것이다. 거칠기 등급은 사포 면적 6.4평방센티미터(1평방인치)당 존재하는 입자의 밀도를 가리키는 수치다. 거친 입자는 크기가 더 커서, 곱고 숫자가 높은 입자에 비해 더 빠른 연마 속도를 보일 것이다. 유리 입자는 비교적 무르고, 석회석은 중간이며, 알루미나는 좀 더 단단하다. 가장 단단한 입자는 탄화규소다.

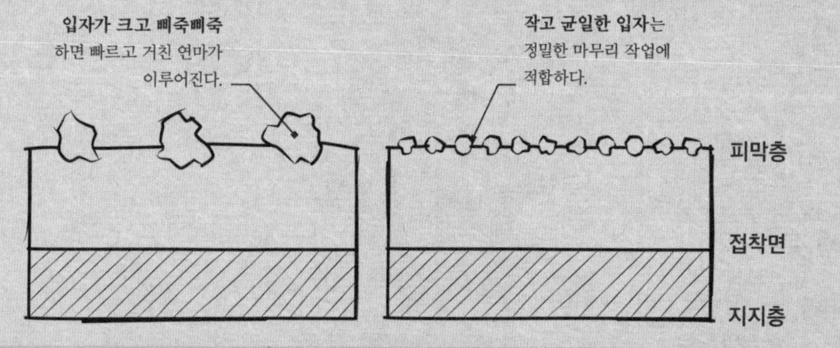

단단히 쥘 수 있도록 측면을 넉넉하게 덮는다.

3 사포로 블록 감기

연마 블록을 사포 위에 올려놓고, 사포로 블록을 단단히 감싼 뒤 각 모서리를 따라 접는다. 사포를 접고 남은 부분을 블록의 각 측면에 밀착시킨다. 목재를 연마할 때는 가장 거친 번호를 먼저 쓰고, 가장 고운 번호(240번 이상)로 마무리한다. 나뭇결을 거슬러 연마하면 안 된다. 긁힌 자국을 없애기가 쉽지 않기 때문이다.

4 골고루 연마하기

블록을 평평하게 유지한 채 작업물의 측면을 연마한다. 가장자리가 둥글거나 복잡한 형상일 경우에는 활엽목 장부촉에 사포를 감아 곡면에 맞추어 연마하면 된다. 날카로운 모서리나 가장자리는 닳은 사포 조각으로 없애 준다.

마친 뒤에

- ➤ **청소하기** : 연마 작업 뒤에는 모든 면을 붓으로 털어 내고, 실내에서 작업했다면 진공청소기로 먼지를 빨아들인다.
- ➤ **남은 사포 보관하기** : 난방이 없는 작업장이라면 사포를 비닐봉지에 넣어 보관한다.

CHOOSING A PAINTBRUSH

페인트 붓 고르기

올바른 페인트 붓을 고른다는 것은 도저히 감당할 수 없는 일처럼 보인다. 작업의 성격에 따라 선택할 수 있는 붓의 크기도 다양할 뿐만 아니라, 페인트의 종류에 따라 천연 섬유, 합성 섬유 중 뭘로 만든 붓을 쓸 것인지도 따져야 한다. 일반적으로 페인트칠할 면적이 좁으면 붓도 작은 것을 쓰는 것이 맞다.

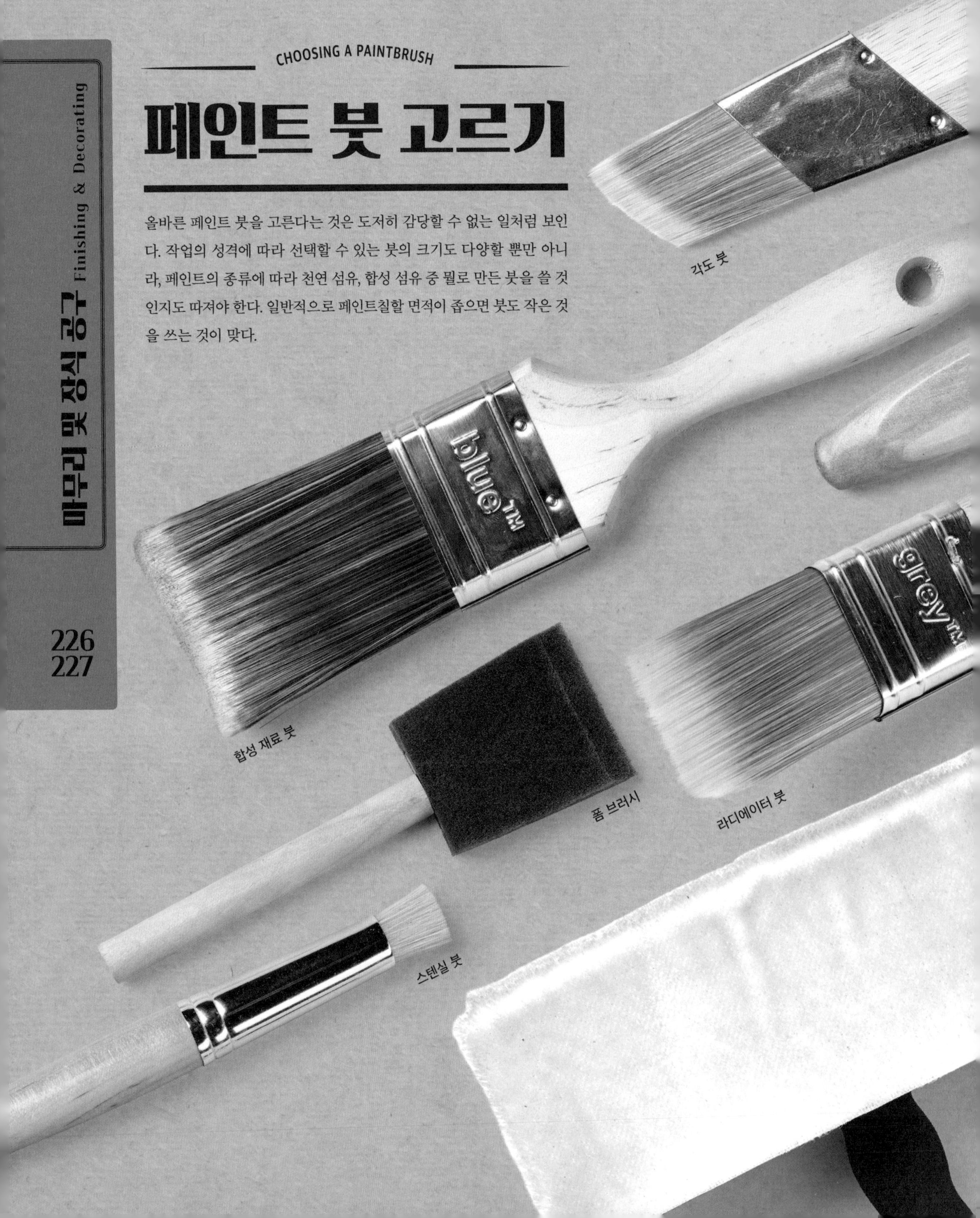
각도 붓
blue
grey
합성 재료 붓
폼 브러시
라디에이터 붓
스텐실 붓

각도 붓

➤ **구조** : 붓털의 끝 선이 비스듬한 각도로 정렬된 좁은 붓이다.

➤ **용도** : 벽과 천장이 이어지는 부위, 문이나 창틀 주위 등을 칠할 때 쓴다.

➤ **사용법** : 연필을 쥐듯이 붓을 쥔다. 벽의 이음새를 따라 붓을 끌어내리면서 칠한다.

➤ **참고 사항** : 털끝이 아주 날카로운 직선이 될 정도로 털이 빳빳하다. 손에 쥐기에 편하다.

합성 재료 붓

➤ **구조** : 나일론이나 폴리에스터, 또는 두 가지를 섞은 인공 털로 만든 붓이다.

➤ **용도** : 합성 재료로 만든 털은 물을 많이 흡수하지 않으므로 에멀션 같은 수성 페인트를 바를 때 쓰는 것이 좋다.

➤ **사용법** : 붓털 길이의 최대 3분의 1 정도를 페인트에 담근다. 붓털에 페인트를 묻혀 벽에 바른다.

➤ **참고 사항** : 붓을 몇 번 튕겨서 털이 빠지는지 점검하여 품질을 확인한다. 싸구려 붓은 페인트칠하는 도중에 털이 빠진다.

페인트 패드

천연 섬유 붓

➤ **구조** : 동물의 털로 만든 붓이다. 오소리나 돼지 털을 많이 쓴다.

➤ **용도** : 흡수력이 높아 유성 페인트나 광택제를 칠할 때 주로 쓴다.

➤ **사용법** : 붓에 페인트를 살짝 묻혀 선을 섬세하게 그려 낸다.

➤ **참고 사항** : 털의 품질이 좋아 수명이 길다. 선을 섬세하고 고르게 그릴 수 있는지 확인한다.

폼 브러시

➤ **구조** : 스펀지로 만든 '붓'으로, 끌처럼 생겼다.

➤ **용도** : 유성 페인트, 광택제, 착색제를 사용한 매끄러운 마무리가 필요할 때 쓴다.

➤ **사용법** : 스펀지 길이의 3분의 1을 페인트에 담근다. 묻어 있는 페인트를 짜내면서 한 방향으로 길게 끌면서 바른다.

➤ **참고 사항** : 발포 고무의 조직이 치밀한지 확인한다. 조직이 성기면 페인트에 잔류물을 남길 수 있다.

스텐실 붓

➤ **구조** : 붓털이 짧고, 치밀하게 뭉쳐진 둥근 모양의 전문가용 붓이다.

➤ **용도** : 페인트를 스텐실에 바르는 데 쓴다.

➤ **사용법** : 붓에 페인트를 아주 조금 묻혀 스텐실 위에 바른다.

➤ **참고 사항** : 스텐실에 맞는 크기의 붓을 고른다. 일반적으로 붓털이 작을수록 다루기가 쉽다.

라디에이터 붓

➤ **구조** : 자루가 긴 붓이다. 붓털이 자루에 비스듬히 꺾인 각도로 부착된 것도 있다.

➤ **용도** : 방열기를 떼지 않고 그 뒤쪽에서 페인트칠을 할 때 쓴다. 방열기 뒤에서 벽지를 바를 때도 유용하다.

➤ **사용법** : 붓에 과도한 힘을 가하면 안 된다. 아래에서부터 위로 쓸어 올리면서 칠한다.

➤ **참고 사항** : 사용하는 페인트의 종류에 맞는 털을 선택해야 한다. 붓의 각도가 꺾여 있어 작업이 쉬울 때가 있다.

페인트 패드

➤ **구조** : 폼이 꽉 들어찬 직사각형 패드다. 크기는 여러 가지가 있고, 조절할 수 있는 자루가 달린 것도 있다.

➤ **용도** : 벽을 칠할 때 쓴다. 롤러보다 페인트가 묻는 양이 적으므로 더 자주 묻혀야 한다. 가장자리를 매끄럽게 칠하는 데 좋다. 롤러보다 페인트가 덜 튄다.

➤ **사용법** : 페인트 통에 담가, 패드에 페인트를 묻혀서 꺼낸다. 표면을 따라 한 방향으로 끌면서 바른다. 패드를 앞뒤로 움직이지 않는다.

➤ **참고 사항** : 패드에 사용된 폼의 품질을 확인한다. 조절 가능한 자루가 있는 것이 좋다.

STRUCTURE OF A PAINTBRUSH

페인트 붓의 구조

페인트 붓은 크기와 모양, 쓰임새는 모두 달라도 제작된 방식은 기본적으로 같다. 여러 가닥의 털 묶음과 자루가 '페룰'이라는 금속 집게로 연결되어 있다. 차이점은 털의 종류와 크기, 털끝이 마감된 방식, 붓털을 고정하는 자루 모양에 있다.

FOCUS ON…

털

페인트 붓의 작용 원리는 털 묶음이 페인트를 머금어 털의 가운데까지 통과시키는 과정에 있다. 붓이 표면을 쓸고 지나가면서 털에 압력을 가하면, 털 묶음 가운데에 있던 페인트가 털끝으로 빠져나간다. 바로 이런 원리 때문에 페인트의 종류에 상관없이 산뜻하고 단정한 페인트 선을 그리기 위해서는 털끝이 날카로워야 한다.

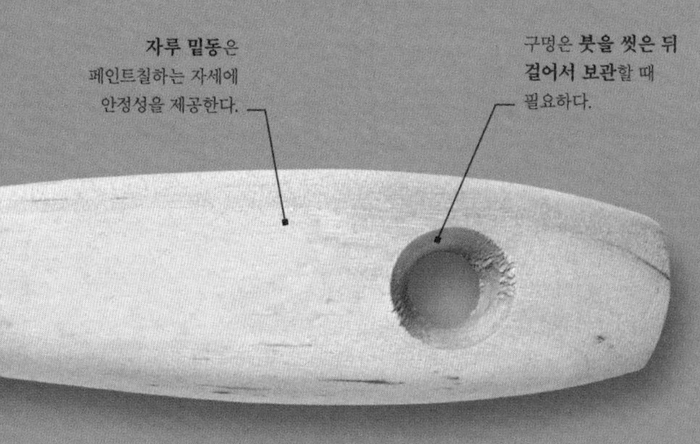

“붓의 품질은 마감 상태에 바로 영향을 미친다. 따라서 무조건 좋은 붓에 투자하고 애지중지해야 한다.”

측면도

USING A PAINTBRUSH

페인트 붓 사용하기

페인트 붓은 복잡하고 세밀한 실내 장식에서 매끄러운 마무리를 해야 할 때 적합하다. 예를 들어 벽과 천장이 이어지는 모서리에는 롤러가 닿지 않으므로 페인트 붓을 써야 한다. 또 조명 부품과 스위치 주변에도 필요하다.

작업 순서

시작하기 전에

- **붓 튕기기** : 새로 마련한 페인트 붓이라면 털을 앞뒤로 몇 번 튕겨서 흐트러진 가닥을 빼 준다.
- **양동이 사용하기** : 작은 페인트 양동이를 쓰면 페인트 붓 자루를 깨끗하게 관리하기가 쉽고 페인트 깡통 입구에 페인트가 묻는 것을 피할 수 있다.

1 붓에 페인트 묻히기

털 길이의 3분의 1 정도가 잠길 만큼 페인트에 담근다. 붓에 묻히고 남은 페인트는 페인트 양동이나 깡통 옆에 털어 버린다. 벽을 칠하는 붓은 자루를 손 전체로 감싸 쥔다. 즉, 엄지손가락으로는 페룰 한쪽을 쥐고, 다른 손가락들은 반대쪽을 쥔다. 테두리를 칠할 때는 조금 더 작은 붓을 쓰는데 이때에는 연필을 쥐듯이 붓을 쥔다.

2 한 번에 길게 칠하기

페인트칠할 곳을 한 번에 길게 끌면서 칠한다. 붓이 지나가는데도 칠이 되지 않으면 동작을 멈추고 다시 페인트를 묻힌다. 원하는 구간이 다 칠해질 때까지 작업을 반복한다.

3 흔적 숨기기

붓 자국을 없애려면 붓을 벽에 대고 가볍게 앞뒤로 문지른다.

마친 뒤에

- **랩으로 감싸기** : 초벌 칠로 그치지 않고 재벌을 할 예정이라면 붓을 비닐 랩으로 감싸 둔다.
- **붓 씻기** : 흐르는 물에 붓을 씻는다. 붓을 물이 떨어지는 바닥에 대고 비벼서 털 속에 갇힌 페인트를 씻어 낸다. 붓을 접은 종이 타월로 싸서 털 모양이 변형되지 않게 한다

CHOOSING A ROLLER

롤러 고르기

다른 장식 도구와 마찬가지로, 페인트 롤러 역시 종류가 다양하고 선택하기가 여간 까다롭지 않다. 롤러는 작업의 성격뿐만 아니라 페인트의 종류를 고려해서 골라야 한다. 경험에 따르면 벽 재질이 거칠수록 롤러 커버가 두꺼운 재질이어야 한다.

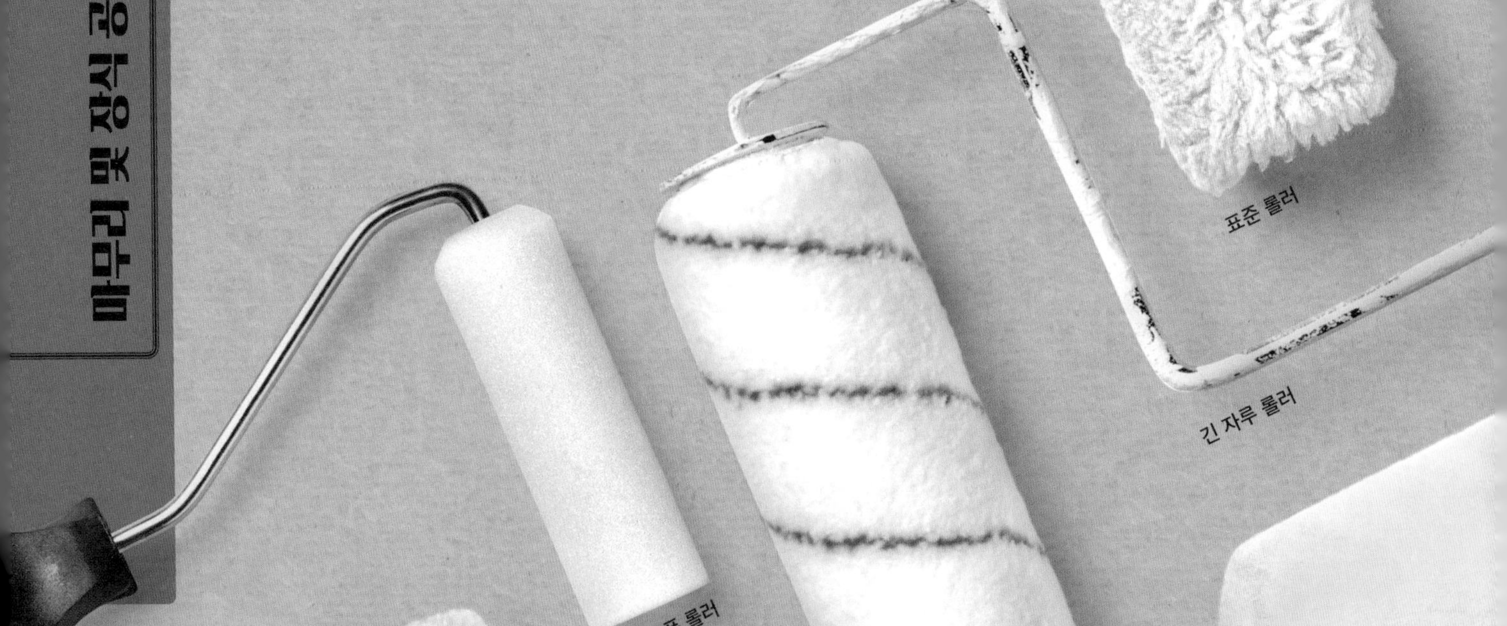

표준 롤러

긴 자루 롤러

폼 롤러

중간 두께 커버

기본 롤러

“융이라고도 하는 롤러 커버는 다양한 소재로 만든다.”

> "사용 뒤 젖은 페인트 롤러를 랩으로 싸 두었다가 또 사용해야 마르지 않는다."

표준 롤러

➤ **구조** : 자루 길이가 중간 정도인 롤러로, 대개 롤러 트레이와 한 세트를 이룬다. 롤러 소매를 자루 끝에 달린 쇠창살에 끼워서 쓴다.

➤ **용도** : 에멀션 같은 수성 페인트를 벽과 같이 큰 면적에 바를 때 쓴다.

➤ **사용법** : 페인트를 트레이에 붓고 롤러를 담갔다가, 트레이 경사면의 이랑에 롤러를 굴려 헤드에 페인트를 완전히 묻히고 남는 것은 짜낸다.

➤ **참고 사항** : 자루를 쥐기 편한지 확인한다. 중간 두께의 커버가 여러 가지 일반적인 페인트칠에 적합하다.

긴 자루 롤러

➤ **구조** : 긴 연장대에 롤러 자루의 끝을 연결해서 쓰는 것도 있고, 자루가 긴 롤러를 별도로 만들어 쓸 수도 있다.

➤ **용도** : 천장과 벽의 맨 윗부분을 칠할 때, 몸을 굽히지 않고 바닥을 칠할 때 쓴다.

➤ **사용법** : 롤러를 자루에 연결하고 페인트를 묻힌다. 필요한 길이만큼 연장한 뒤, 롤러를 표면에 대고 굴리면서 칠한다.

➤ **참고 사항** : 보통 롤러 자루에 연장대를 끼워서 사용할 경우 자루에 구멍이 있는지 확인한다.

폼 롤러

➤ **구조** : 전통식 섬유나 융을 덮은 롤러 대신 쓸 수 있는 저렴한 대안이다. 페인트를 아주 쉽게 흡수한다.

➤ **용도** : 칠한 뒤에 매우 매끄러운 표면을 만들어 낸다. 폼은 섬유 롤러보다 페인트를 균일하게 배출하기 때문이다. 페인트를 얇게 칠할 때도 훌륭한 성능을 발휘한다.

➤ **사용법** : 롤러에 페인트를 묻혀서 바짝 짜낸다.

➤ **참고 사항** : 할인용 세트 상품을 구매한다. 폼 헤드는 원래 일회용이기 때문이다.

기본 롤러

➤ **구조** : 작은 롤러 판을 자루에 달아서 쓰는 작은 롤러다.

➤ **용도** : 짧게 끊어 바른다. 에멀션 같은 수성 페인트를 창틀처럼 좁은 면적에 바를 때 쓴다.

➤ **사용법** : 작은 페인트 트레이와 함께 쓴다. 롤러 헤드를 페인트에 담갔다가, 트레이의 평평한 부분에 롤러를 굴려 남는 양을 짜낸다.

➤ **참고 사항** : 보통 폼 롤러와 한 세트로 나온다. 롤러 헤드의 구멍에 자루가 들어맞는지 확인한다.

양가죽 커버

➤ **구조** : 양가죽, 양모, 양모 혼방으로 만든 천연 섬유 롤러 헤드다. 양모 롤러 커버라고도 한다.

➤ **용도** : 유성 페인트, 광택제, 착색제를 바를 때 쓴다. 에멀션 페인트를 바르는 데 써도 되지만 양가죽 커버는 비싸므로, 그럴 때는 표준 롤러를 쓰는 것이 더 낫다.

➤ **사용법** : 롤러 헤드를 페인트에 담갔다가, 평평한 면에 굴려 남는 양을 짜낸다. 벽의 위아래로 롤러를 움직이며 고른 힘으로 칠한다.

➤ **참고 사항** : 모헤어 타입을 사는 것이 가장 좋은 선택이다. 거친 벽면에 칠할 때는 두꺼운 커버를 선택한다.

얇은 커버, 중간 두께 커버, 두꺼운 커버

➤ **구조** : 롤러 헤드, 즉 소매를 섬유(융) 길이를 달리하여 사용하고자 할 때 장착하는 것이다.

➤ **용도** : 벽의 거칠기가 달라 융의 두께가 달라져야 할 때 쓴다. 표면이 평평할수록 롤러는 매끄러워야 한다. 따라서 폼 롤러는 평평한 나무에 맞고, 두꺼운 커버의 롤러는 거친 천장에 적합하다.

➤ **사용법** : 롤러 헤드를 페인트에 담갔다가, 평평한 면에 굴려 남는 양을 짜낸다.

➤ **참고 사항** : 롤러 커버 두께는 칠할 면과 페인트 종류에 맞춰 골라야 한다. 예를 들어 수성 페인트를 매끄러운 면에 칠할 때는 얇은 커버 롤러를 선택하는 식이다.

STRUCTURE OF A ROLLER

롤러의 구조

롤러는 넓고 평평한 곳에 페인트를 칠하기 위해 만든 아주 훌륭한 도구다. 롤러에는 여러 가지 모양과 크기가 있지만 사용하는 방식은 모두 같다. 롤러 헤드를 막대, 즉 쇠창살에 부착하고 이것을 누르면서 굴린다. 이런 부품의 조합과 작용을 거쳐 페인트를 매끄럽고 고르게 펴 바를 수 있다.

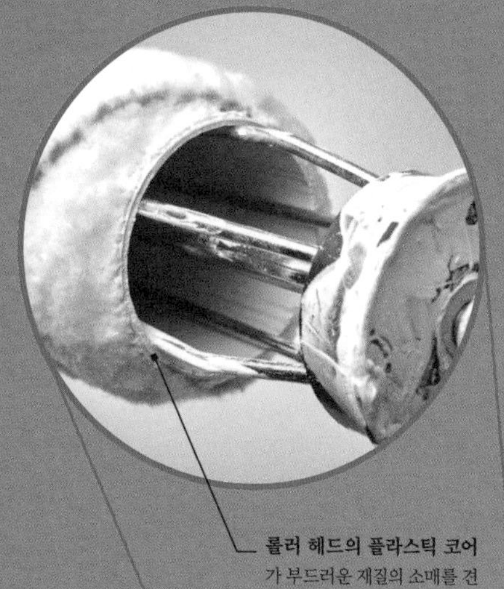

롤러 헤드의 플라스틱 코어가 부드러운 재질의 소매를 견고하게 지지한다.

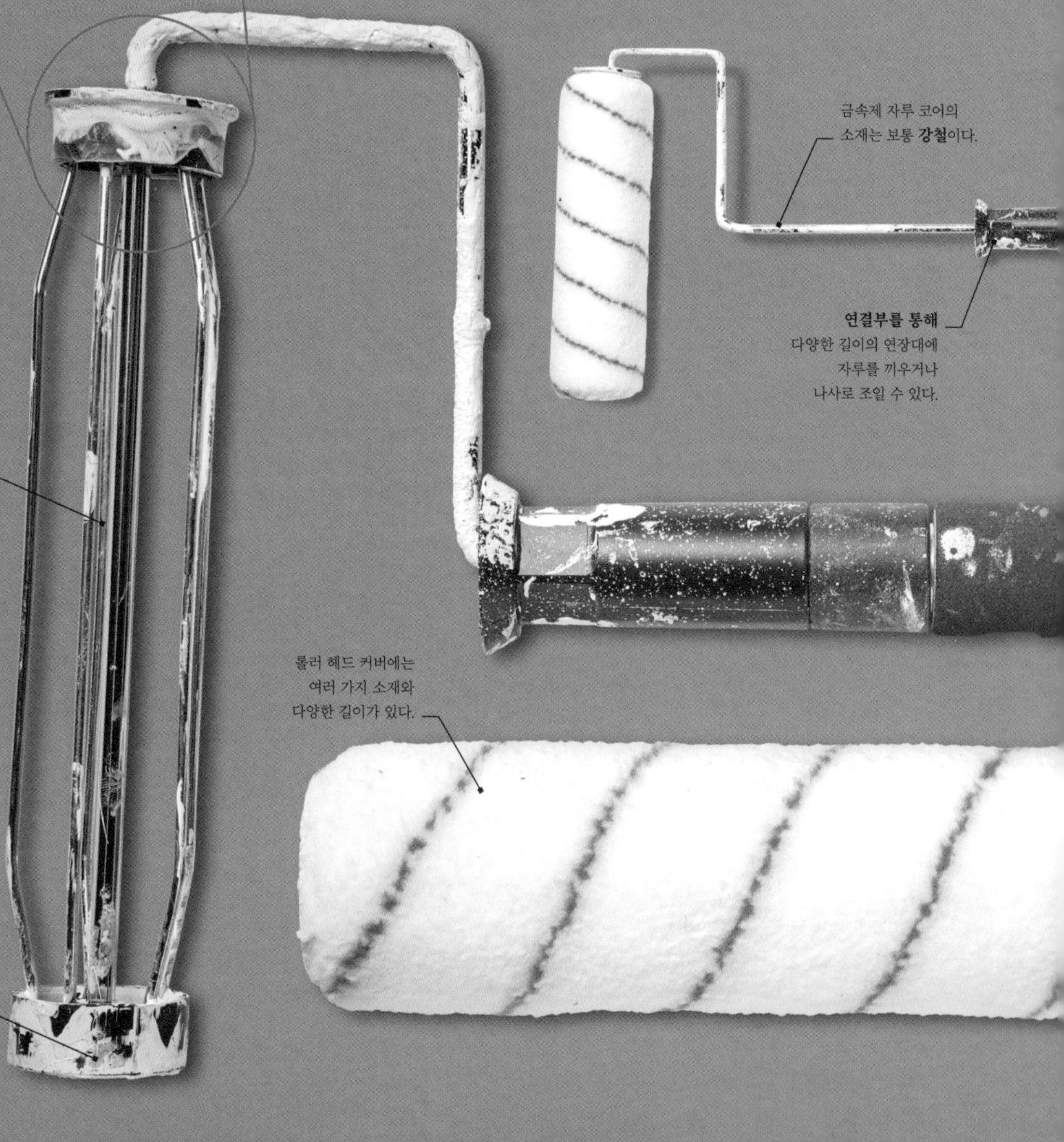

금속제 자루 코어의 소재는 보통 **강철**이다.

연결부를 통해 다양한 길이의 연장대에 자루를 끼우거나 나사로 조일 수 있다.

롤러 헤드가 회전할 수 있도록 **스프링 창살이 지지**한다.

롤러 헤드 커버에는 여러 가지 소재와 다양한 길이가 있다.

창살에 설치된 플라스틱 마개가 롤러 헤드를 붙들고 있다.

USING A ROLLER

롤러 사용하기

페인트 롤러는 벽, 바닥, 천장을 페인트칠할 때 선택할 수 있는 가장 실용적인 수단이다. 바닥과 천장을 칠할 때 작업을 신속하고 손쉽게 하고 싶다면 연장대는 꼭 장만해야 한다.

> “롤러를 오랜 시간 쥐고 있어야 하므로, 손에 쥐기 편한 자루를 써야 습진이나 굳은살이 생기지 않는다.”

작업 순서

시작하기 전에

- ▶ **올바른 도구 선택하기** : 칠할 표면의 종류에 맞게 적절한 커버 길이와 롤러 크기를 선택한다. 매끄러운 표면에는 얇은 롤러를, 거친 표면에는 두꺼운 롤러를 선택한다.
- ▶ **트레이 덮기** : 롤러 트레이를 매번 씻는 것이 번거롭다면 비닐봉지로 감싸 준다.

1 페인트 붓기

롤러 트레이의 움푹한 부분의 약 3분의 2 정도를 페인트로 채운다. 작업을 시작하기 전에 롤러 헤드가 쇠창살에 꽉 끼워졌는지 확인한다.

2 롤러에 묻히기

롤러 헤드를 페인트에 담근다. 롤러를 뒤로 당겨 트레이의 평평한 부분에 몇 번 굴리면서 헤드에 페인트를 고루 펴 바르고 남는 것은 짜낸다. 이렇게 해야 페인트가 흘러내리지 않는다.

3 벽에 바르기

벽에 페인트칠할 때는 먼저 위쪽 절반부터 바르면서 시작한다. 그래야 페인트가 흘러내리더라도 칠하지 않은 아래쪽을 덮을 수 있다. 작업 방향은 바닥에서 꼭대기까지이며 칠할 때마다 롤러 폭을 서로 겹쳐 칠이 부드럽게 이어지도록 한다. 한 번에 약 1미터 정도로 구간을 나누어 작업한다. 모서리를 만나면 롤러가 모서리에 닿지 않으면서도 최대한 가까이 칠해지게 한 다음, 다음 구간으로 넘어간다.

마친 뒤에

- ▶ **롤러 덮기** : 잠시 쉴 때나, 재벌할 계획이 있다면 롤러를 랩이나 비닐봉지로 감싸둔다.
- ▶ **롤러 씻기** : 롤러 헤드를 흐르는 물 아래에 놓고 플라스틱 스크래퍼로 페인트를 긁어 낸다. 또는 손으로(고무장갑을 낀 채) 페인트를 짜낸다.

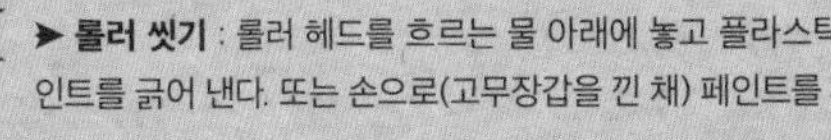

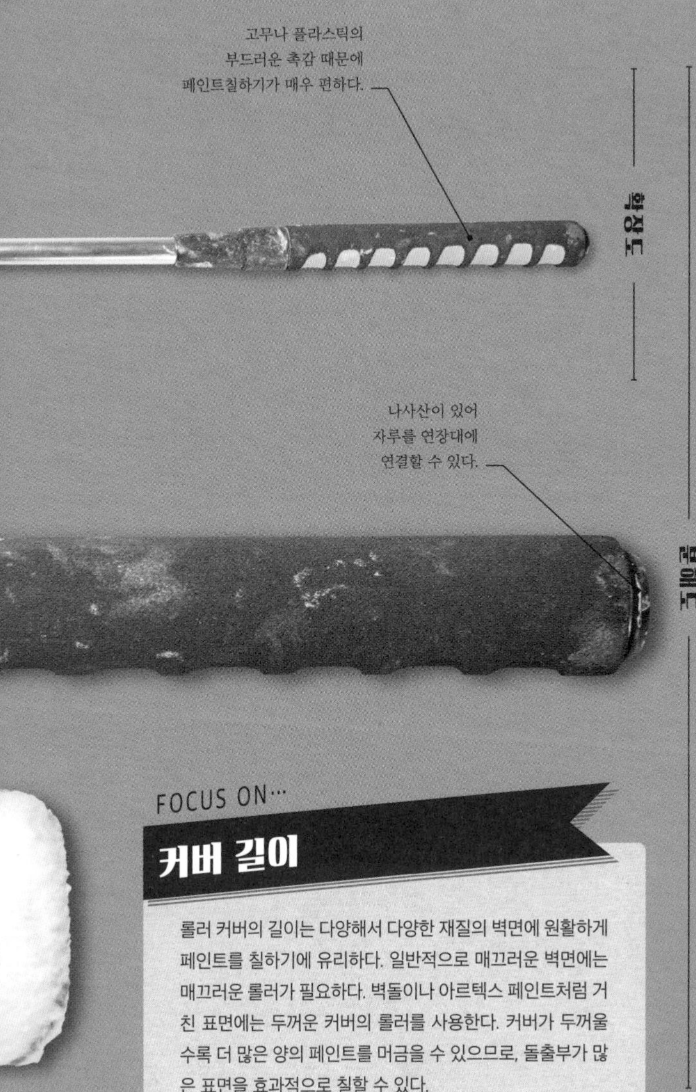

FOCUS ON…

커버 길이

롤러 커버의 길이는 다양해서 다양한 재질의 벽면에 원활하게 페인트를 칠하기에 유리하다. 일반적으로 매끄러운 벽면에는 매끄러운 롤러가 필요하다. 벽돌이나 아르텍스 페인트처럼 거친 표면에는 두꺼운 커버의 롤러를 사용한다. 커버가 두꺼울수록 더 많은 양의 페인트를 머금을 수 있으므로, 돌출부가 많은 표면을 효과적으로 칠할 수 있다.

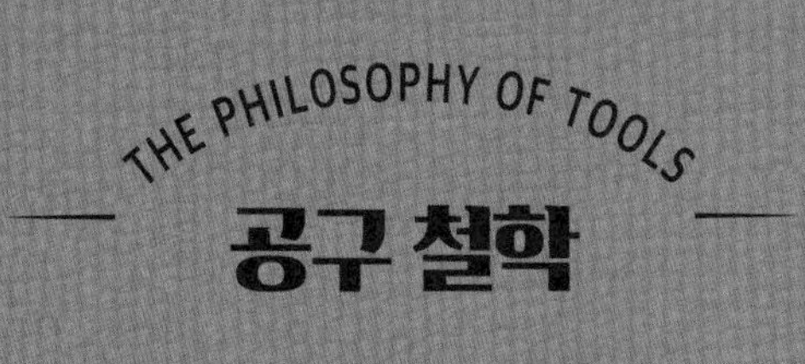

" **단순한 일을 완벽**하게 해내는

끈기를 가진 자만이

어려운 일을 쉽게 해내는 기술을

터득한다."

프리드리히 실러

독일의 극작가, 역사가

blue™

CHOOSING WALLPAPERING TOOLS

도배 공구 고르기

도배는 올바른 공구를 제대로 사용한다면 별로 어렵지 않게 해낼 수 있는 일이다. 풀을 먹이는 방법부터 마지막 솔기를 쓸어내리는 방법까지, 시간을 내어 다양한 공구를 체계적으로 정리하고 정확하게 배운다면 작업을 원활하게 수행할 수 있을 것이다.

“마른 도구와 젖은 도구는 서로 떼어 놓아야 한다. 그러지 않으면 모든 도구에 끈끈하게 접착제가 묻어 버린다.”

양동이

▶ **구조** : 크고 입이 넓으며, 손잡이가 달린 양동이다.

▶ **용도** : 도배용 풀을 비비는 데 쓴다. 양동이 손잡이 고리 양 끝에 노끈이나 고무 밴드를 감아 놓으면 붓에 묻고 남은 풀을 닦아 내는 데 쓸 수 있다.

▶ **사용법** : 따뜻한 물을 붓고 도배용 풀을 천천히 넣으면서 막대기나 나무 숟가락으로 저어 준다.

▶ **참고 사항** : 튼튼한 손잡이가 필요하다. 도배용 양동이 중에는 남는 풀을 닦을 수 있는 끈이 함께 달려 나오는 것도 있다.

솔기 롤러

▶ **구조** : 작고 표면이 매끄러운 플라스틱 롤러다. 롤러 폭은 보통 4~5센티미터 정도다.

▶ **용도** : 벽지 두 구간이 만나는 솔기를 롤러로 문질러 양쪽이 깔끔하게 맞물리게 하는 용도다.

▶ **사용법** : 벽지 두 구간을 벽에 바른 뒤, 둘 사이의 연결부를 롤러로 천천히 누르면서 내려온다. 솔기 사이로 삐져나오는 풀을 스펀지로 닦아 준다.

▶ **참고 사항** : 고품질 롤러는 만졌을 때 약간 말랑하다. 그래서 벽지를 눌러도 종이가 상하지 않는다.

도배 가위

▶ **구조** : 손잡이가 꺾인 각도로 달리고 날이 아주 날카로운 긴 가위다.

▶ **용도** : 벽지를 정확한 길이로 자른다.

▶ **사용법** : 원하는 길이에 선을 긋고 표시한 선을 따라 가위로 자른다. 벽에 붙어 있는 젖은 종이를 자르는 데 쓸 수도 있다.

▶ **참고 사항** : 손잡이가 편하고 날이 긴지 확인한다. 이 가위 날은 매우 날카로워야 한다. 따라서 도배 가위를 일상 용도로 쓰다가 날이 무디어지지 않도록 일반 가위와 따로 보관해야 한다.

장식 스펀지

▶ **구조** : 중간 크기의 두꺼운 셀룰로스 스펀지다.

▶ **용도** : 벽지를 벽에 바른 뒤에 벽지에 묻어 있는 풀을 말끔히 닦아 내는 데 쓴다.

▶ **사용법** : 깨끗한 물에 스펀지를 적셔 부드럽게 짜낸 다음에 사용한다. 스펀지가 너무 마르면 종이가 찢길 수 있기 때문이다. 반면, 물을 너무 많이 머금어도 벽지에 역시 물을 흘려 종이를 상하게 할 수 있다.

▶ **참고 사항** : 적절한 양의 물을 머금을 수 있을 만큼 품질이 좋은 스펀지인지 확인한다.

도배 붓

▶ **구조** : 붓은 길고 넓으며, 붓털은 부드럽고 중간 길이에, 손잡이는 납작하고 대개 나무로 만들었다.

▶ **용도** : 벽에 바른 벽지 표면을 매끄럽게 쓸어서 주름이나 돌출부를 없애는 데 쓴다.

▶ **사용법** : 벽지 한 구간을 다 바른 뒤, 가운데에서 좌우 바깥쪽을 향해 붓으로 쓸어 낸다. 이 동작을 꼭대기에서 바닥까지 천천히 반복한다.

▶ **참고 사항** : 손잡이에 조그맣고 오목하게 파진 부분이 있으면 쥐기에 편하다. 벽지를 여러 장 발라야 할 때는 이것이 큰 도움이 된다.

CHOOSING TILING TOOLS

타일 공구 고르기

타일 작업은 여러 가지 공구가 필요한 집 꾸미기 작업의 한 분야다. 처음에는 벅찬 일로 보일 수도 있지만, 다양한 공구를 제대로 쓰는 법만 배우면, 손쉽게 프로다운 마무리 솜씨를 선보일 수 있다. 타일 절단기처럼 큰 공구는 별도로 사야 하지만 기본 장비들 대부분은 세트로 살 수 있으므로, 큰 어려움 없이 작업에 필요한 모든 것을 구할 수 있을 것이다.

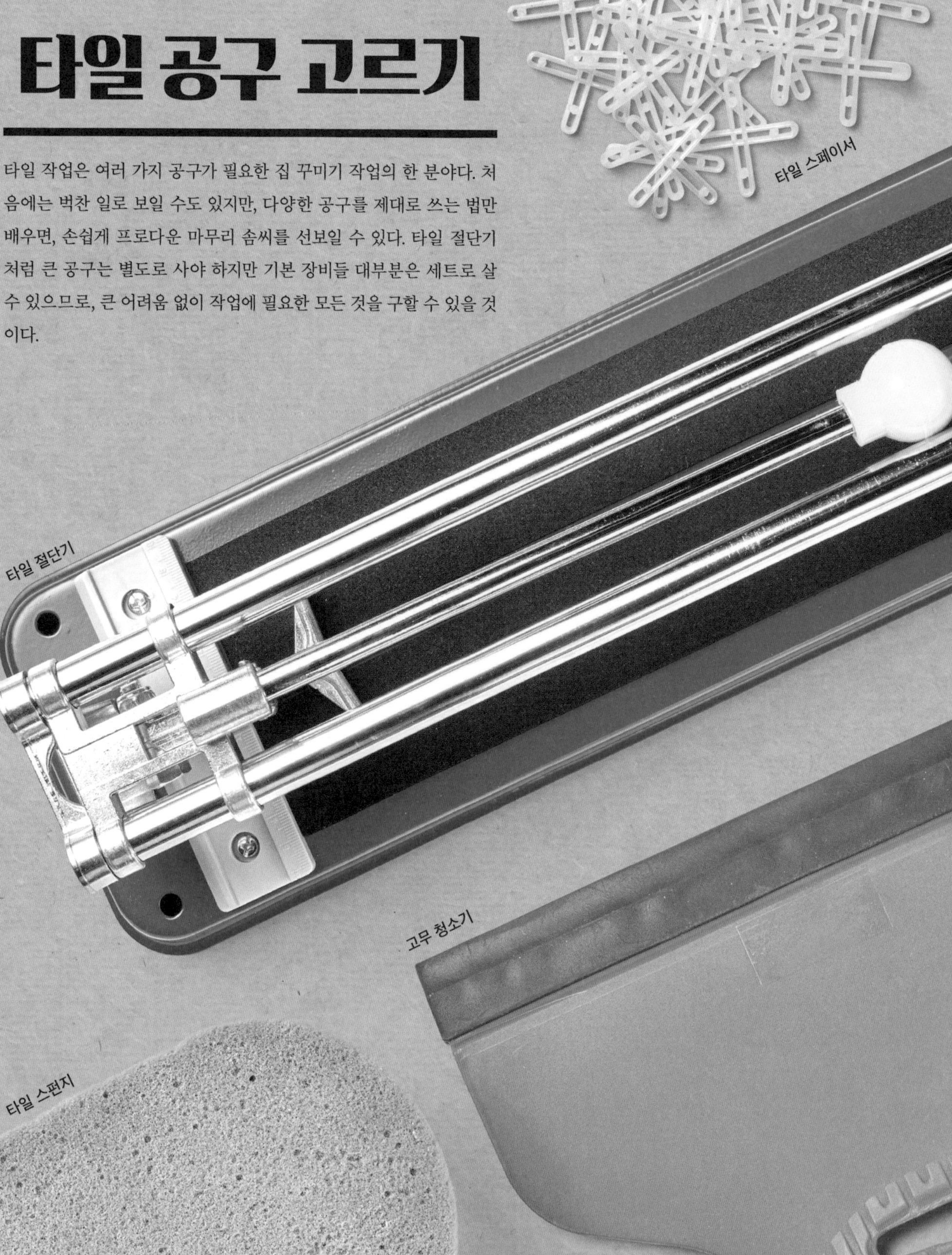

타일 스페이서

타일 절단기

고무 청소기

타일 스펀지

고무 청소기

➤ **구조** : 고무로 만든 긴 공구로, 톱니 스프래더의 반대쪽에 부착된 경우가 많다.

➤ **용도** : 그라우트를 바를 때, 또 그라우트를 펴 바르면서 삐져나오는 잔량을 긁어낼 때 쓴다.

➤ **사용법** : 그라우트를 바른 다음, 타일 사이를 따라 고무 청소기를 눌러 그라우트를 틈 사이로 밀어 넣는다. 남는 양을 긁어내는 작업도 동시에 이루어진다.

➤ **참고 사항** : 타일 크기에 맞는 길이인지 확인한다.

타일 스페이서

➤ **구조** : 십자가 모양의 작은 플라스틱 조각으로 크기는 여러 가지가 있다. 대개 100개 단위로 팩에 담아 판매한다.

➤ **용도** : 타일 여러 장을 일정한 간격으로 배열하여 그라우트(타일 사이에 바르는 회반죽 - 옮긴이) 선을 정렬한다.

➤ **사용법** : 타일을 깔 때마다 사이에 하나씩 끼운다. 타일이 클 때는 타일 하나마다 스페이서를 여러 개 끼우고 다음 장을 줄에 맞춘다.

➤ **참고 사항** : 스페이서 크기는 원하는 그라우트 선에 맞춰야 한다. 그라우트 선이 넓으면 스페이서도 큰 것을 써야 한다.

톱니 스프래더

➤ **구조** : 길이는 15~30센티미터이고 측면에 긴 톱니가 달린 납작한 공구다. 플라스틱 또는 금속 소재가 있다.

➤ **용도** : 벽이나 바닥의 타일을 깔 자리에 접착제를 바르는 데 쓴다. 톱니로 접착제에 선을 그으면 그 공간으로 공기가 들어와 잘 마른다.

➤ **사용법** : 접착제를 벽이나 바닥에 고르게 펴 바른 다음 공구의 톱니로 긁어 홈을 만든다. 접착제 위에 타일을 올려 놓고 고른 압력으로 누른다.

➤ **참고 사항** : 기본적인 작업에는 작은 플라스틱 스프래더가 적합하다. 더 큰 규모의 작업에는 큰 금속 제품이 더 낫다.

그라우트 제거기

➤ **구조** : 플라스틱 손잡이에, 얇은 금속 날이 삐죽삐죽 솟아 있는 공구다.

➤ **용도** : 기존의 그라우트를 깨거나, 깬 그라우트를 제거하는 데 쓴다.

➤ **사용법** : 날을 그라우트 선에 여러 번 긁으면서 그라우트를 깬다.

➤ **참고 사항** : 제대로 쥐면 적절한 압력으로 누르기가 한결 편해진다.

타일 절단기

➤ **구조** : 타일에 금을 그은 뒤 압력을 가해 부러뜨리는 수작업용 공구다.

➤ **용도** : 세라믹 타일을 직선으로 자르는 데 쓴다. 타일이 더 단단할 때는 습식 전동 절단기를 써야 한다.

➤ **사용법** : 타일의 자를 곳에 표시하고 표시한 선을 따라 날을 긋는다. 손잡이를 표시선 중앙에 맞춘 다음, 누르면서 타일을 자른다.

➤ **참고 사항** : 사용하고자 하는 절단기와 타일 깊이가 맞는지 확인한다. 바닥 타일은 벽타일보다 두꺼우므로 절단기 날과 손잡이가 더 커야 한다.

타일 스펀지

➤ **구조** : 큰 스펀지로, 뒤쪽에 플라스틱 손잡이가 달린 제품도 있다.

➤ **용도** : 바르고 남은 그라우트가 경화되기 전에 닦아 내는 데 쓴다.

➤ **사용법** : 스펀지에 물을 머금고 타일 표면을 씻는다. 스펀지를 헹구고 타일을 씻는 작업을 반복해서 그라우트를 최대한 빨리 제거한다.

➤ **참고 사항** : 품질이 좋은지 확인한다. 싸구려 스펀지는 부서져서 표면에 조각을 남긴다. 편하게 손에 쥘 수 있는지도 확인한다.

그라우트 다지개

➤ **구조** : 한쪽 끝에는 작고 얇은 날이 있고 반대쪽 끝에는 볼이 설치된 플라스틱 공구다.

➤ **용도** : 모서리와 가장자리에 그라우트를 바를 때 쓴다. 한쪽 끝에 달린 볼은 그라우트 선을 말끔하고 고르게 다듬는 데 쓴다.

➤ **사용법** : 그라우트를 날에 발라 타일에 밀어 넣는다. 그라우트 선을 따라가며 볼로 눌러 주어 말끔하게 마무리한다.

➤ **참고 사항** : 손에 쥐었을 때 느낌이 좋은지 확인한다. 아주 기본적인 공구이므로 값이 싸다.

CHOOSING A CABINET SCRAPER

가구용 스크래퍼 고르기

스크래퍼는 나무 표면에 마무리 광택 작업을 하기 전에, 마지막으로 손질하는 공구다. 여기에는 하나 이상의 고정된 절단 날이 작업물의 표면과 일정한 각도를 이루며 부착되어 있다. 전통식 가구용 스크래퍼는 줄과 연마기로 날을 세우지만, 최근의 현대적인 도구에는 페인트칠에 적합한 교체형 날이 달려 있다.

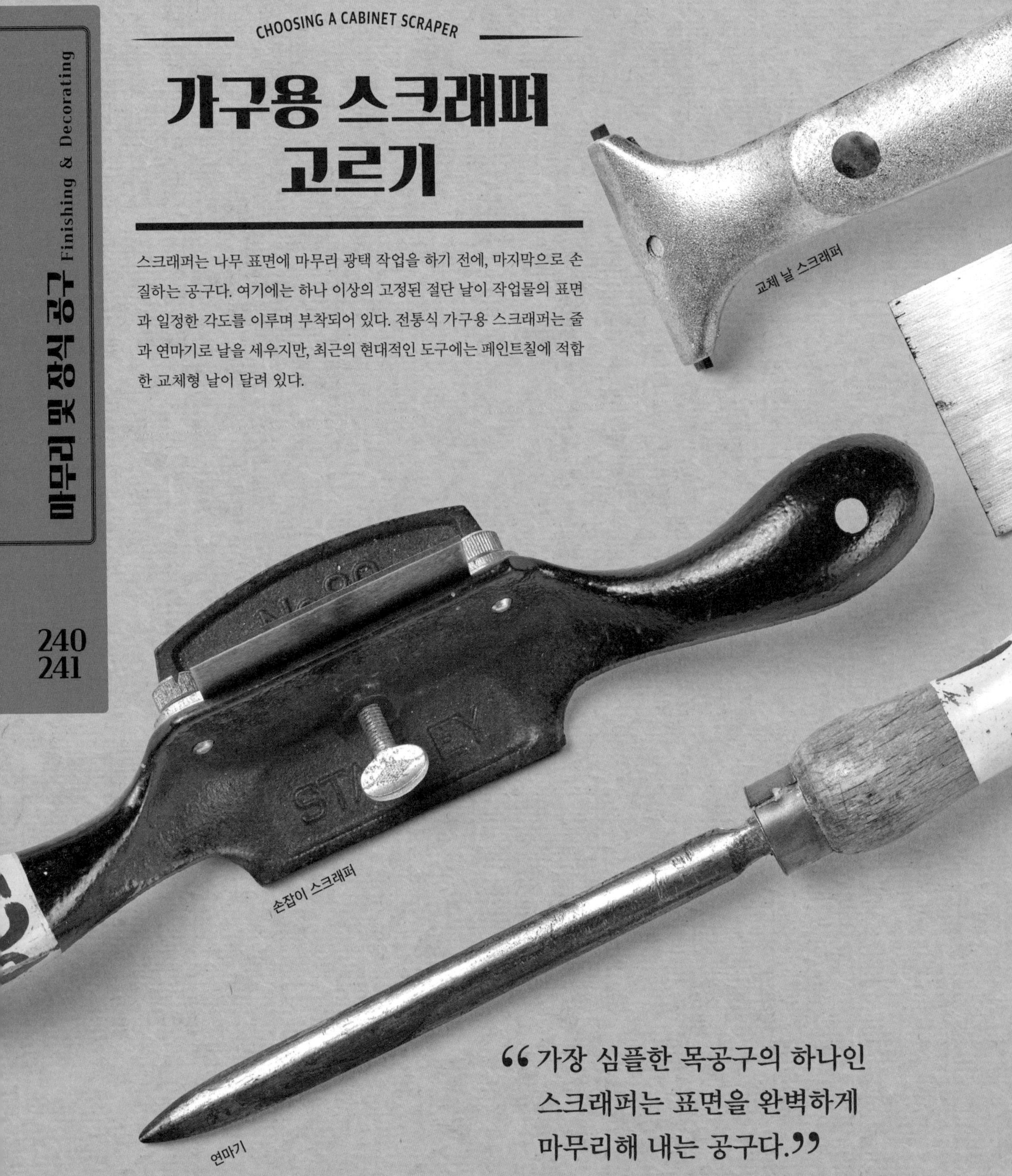

교체 날 스크래퍼

손잡이 스크래퍼

연마기

“가장 심플한 목공구의 하나인 스크래퍼는 표면을 완벽하게 마무리해 내는 공구다.”

조합형 스크래퍼

➤ **구조** : 얇고 유연한 템퍼강tempered steel 판재에 연마기로 절단 날을 세워 놓은 공구다. 직사각형과 다양한 오목 및 볼록 형상이 있다.

➤ **용도** : 평평한 나무를 정밀하게 긁어 표면 마무리 작업을 할 때 쓴다. 특수 형상의 스크래퍼는 구슬 모양, 치마 모양, 창틀 등과 같은 다양한 모양의 틀을 만드는 데 쓴다.

➤ **사용법** : 양손으로 스크래퍼를 쥔다. 공구를 나무의 가로 방향으로 밀면서 엄지로 강철 날을 풀어 주며 깎아 나간다.

➤ **참고 사항** : 작업 과정에서 열이 나므로 넓은 면에 테이프를 붙인다. 절단 날을 세우기 위해 연마기와 줄이 필요하다.

"가구용 스크래퍼의 날을 정확하게 세우면 나무를 종이처럼 얇게 깎아 낼 수 있다."

교체 날 스크래퍼

➤ **구조** : 알루미늄과 부드러운 촉감의 폴리프로필렌 소재로 만든 손잡이가 있고, 한쪽에는 교체해서 쓸 수 있는 텅스텐카바이드 날이 달려 있다.

➤ **용도** : 페인트칠이나 장식 작업을 하기 전에 마른 풀, 광택제, 녹, 오래된 페인트칠 등을 벗겨 내는 데 쓴다. 일반적으로 바닥을 깨끗하게 정리하고 표면의 결함을 제거하는 데 쓴다.

➤ **사용법** : 한 손에 쥐고 스크래퍼를 뒤로 당긴다. 미는 것이 아니라 당겨서 깎아 낸다.

➤ **참고 사항** : 교체 날을 살 때는 너비가 맞는지 확인한다.

손잡이 스크래퍼

➤ **구조** : 양쪽에 손잡이가 달린 주철강 몸체에, 평평한 바닥에는 스크래퍼 날이 비스듬한 각도로 고정되어 있다. 장력과 날 깊이를 조절할 수 있다.

➤ **용도** : 대패질한 나무와 합판 표면을 정밀하게 긁어 낼 때 쓴다. 나뭇결이 거칠어 일반 대패로 밀면 찢어지는 활엽목에 사용하면 좋다.

➤ **사용법** : 스크래퍼에 날을 장착하여 작업대 바닥에 닿게 한다. 장력을 조절하고 나뭇결의 가로 방향으로 공구를 밀면서 긁어낸다.

➤ **참고 사항** : 날을 가는 방법은 일반적인 가구용 스크래퍼와 같다. 즉, 연마기가 필요하다.

연마기

➤ **구조** : 단면이 타원이나 원 모양인 경화강 날에 활엽목 손잡이를 달아 놓은 공구다.

➤ **용도** : 가구용 강철 스크래퍼의 날을 거칠게 일으키거나 끝을 구부리는 데 쓴다.

➤ **사용법** : 스크래퍼를 바이스에 물리고 줄로 날 끝을 직각으로 갈아 준다. 스크래퍼를 작업대 위에 눕힌다. 연마기를 눕혀서 날 끝을 따라 끌어당긴다. 스크래퍼를 다시 바이스에 물리고 연마기를 눕혀 동작을 반복한 뒤, 약간 기울여 날 끝을 구부린다.

➤ **참고 사항** : 철수세미 또는 아주 고운 사포를 써서 날을 깔끔하게 관리한다.

THE PHILOSOPHY OF TOOLS

공구 철학

“널빤지마다……

이상적인 용도는 하나다.

목수는 **이 유일한 용도**를 찾아내어

유익한 제품을 만들어 내야 하며,

혹 자연이 허락한다면

영원히 지속할 아름다움을 창조해 낼 수도 있다.”

조지 나카시마

가구 디자이너

MAINTAIN TOOLS FOR FINISHING & DECORATING

마무리 및 장식 공구의 유지 관리

이 분야의 공구는 성격상 금세 더러워지기 마련이므로, 공구 청소 시간을 사용 계획에 포함하는 것이 좋다. 페인트나 풀이 공구에 말라붙으면 더는 쓸 수 없다.

사용 중에 청소하기

공구 세척용 전용 공간이 있으면 좋다. 청소를 하다 보면 주변이 지저분해지기 때문에 다용도실이나 야외에 싱크대를 설치해 두면 좋다. 페인트나 접착제 잔류물이 사용 중에 공구에 말라붙지 않도록 손에 걸레를 들고 규칙적으로 닦아 준다.

1 잔류물 짜내기

페인트 붓이나 롤러를 사용한 뒤에는 페인트, 풀, 접착제를 스크래퍼로 짜낸다.

붓을 흐르는 비눗물로 씻는다.

2 비누와 물

따뜻한 물을 틀어 놓고 공구를 씻는다. 나사가 풀어진 부분은 일반적인 주방용 세제로 씻어 준다. 붓에 페인트가 달라붙어 딱딱하게 굳었으면 최대 2시간까지 따뜻한 물에 넣어 둔다. 용제형 도료인 경우에는 안전한 용기에 물을 채우고 붓을 담근 뒤, 백유 같은 용제형 세척제를 약간 섞어 잔류물을 씻어 낸다.

3 씻고 말리기

공구를 꼼꼼히 씻고 마른걸레로 닦은 뒤 바람이 잘 통하는 곳에서 말린다. 용제를 싱크대에 버리면 안 된다. 사용한 용기는 마개를 덮고 페인트가 바닥에 가라앉을 때까지 놔둔다. 남은 용제는 보관했다가 나중에 다시 사용한다. 남은 페인트는 마른 뒤에 밀봉해서 쓰레기통에 버린다.

도구	점검	
페인트 붓	• 붓털을 확인한다. 페인트에 털이 많이 섞여 있으면 페인트 붓의 수명이 다 되었다는 신호다.	
롤러		
도배 도구		
타일 공구		
가구용 스크래퍼	• 절삭 날에 상한 곳은 없는지 확인한다.	

	청소	보수	팁	보관
	• 용제형 페인트일 경우에는 백유를 써서 페인트를 씻고 따뜻한 물에 붓을 헹군다. 수성 페인트는 주방용 세제와 물로 씻는다.	• 붓을 수리하는 일은 드물다. 아주 고가의 붓이라야 수리해서 쓸 가치가 있는데, 고급 붓이라면 잘 상하지도 않을 것이기 때문이다. 털이 빠지면 페룰에 다시 풀로 붙여 넣을 수 있지만, 이것은 굉장히 까다로운 작업이다. 드물게 제조업체 측에서 수리 서비스를 제공하는 경우도 있다.	• 붓을 씻을 장소를 당장 구하기 어렵다면 붓이 마르지 않도록 비닐로 감싼다. 붓은 한번 말라 버리면 씻기 어려워진다.	• 붓을 씻은 뒤에 말릴 때는 붓털을 아래로 향하여 물이 페룰 안으로 흘러들어 접착제를 풀어 버리지 않도록 한다.
	• 롤러 중에는 값이 저렴해서 한번 쓰고 버리는 것도 있지만, 그런 제품이 아니라면 따뜻한 물을 틀어놓고 플라스틱 스크래퍼로 페인트를 짜낸 다음에 헹군다. 이 작업을 물이 깨끗해질 때까지 반복한다.	• 대개 가격이 싸기 때문에 수리해서 쓸 필요가 없다.	• 작업 도중에 페인트 트레이가 깨졌다면, 깨진 부위에 청 테이프를 바르고 트레이를 비닐봉지에 넣어 일단 작업을 진행한다.	• 롤러 헤드가 마르도록 위로 향하여 보관한다.
	• 도배할 때는 손에 걸레를 쥐고 도구에 묻은 풀을 계속 닦아 내면서 일한다.	• 도배 도구는 대개 수리할 필요가 없다. 상하거나 부러질 일도 별로 없지만, 가격이 저렴하기 때문에 문제가 생기면 새로 사는 편이 낫다. • 가위는 계속 쓰다 보면 날이 무뎌질 수 있지만, 숫돌에 다시 갈아서 쓰면 된다.		• 도배 도구는 모두 한데 모아 보관한다. 그래야 다른 공구와 섞이지 않고 도배할 일이 생기면 한꺼번에 꺼내 쓸 수 있다.
	• 공구에 묻은 접착제와 그라우트는 작업을 진행하면서 모두 닦는다. 그런 뒤 따뜻한 물과 비누로 씻는다.			• 타일 공구는 다른 공구와 섞이지 않도록 모두 한데 모아 보관한다.
	• 사용할 때마다 공구에 묻은 때를 모두 닦아 낸다.		• 연마기를 사용하여 날을 신속하게 다시 세운다.	• 날카로운 날을 보호하기 위해 랩으로 감싸서 공구 상자에 보관한다. • 건조한 장소에 보관하여 부식을 방지한다.

POCKET REF
SINCE 1899
BAG BALM

TOOLSFORWORKINGWOOD.COM MERCHANTS & MANUFACTURERS BROOKLYN, NEW

ㄱ

ㄴ

ㄷ

ㄹ

ㅁ

ㅂ

ㅇ

ㅋ

ㅌ

ㅍ

DK 출판에 도움을 준 아래의 분들에게 감사의 뜻을 표한다. 맨디 어레이, 사이먼 머렐, 샬럿 존슨은 책의 디자인 작업을 도와주었다. 빅토리아 파이크는 교정을 했다. 제이미 앰브로스는 조사 업무를 담당했다. 브라이언 로렌스와 게리 웨이드는 수작업 모델링을 수행했다. 존 스펜스는 사진 및 유통 MMS 마케팅 서비스에 관하여 자문과 도움을 제공해 주었다. 공구를 기증하고 자료 이미지에 관해 조언을 해 준 필 데이비와 존 리드에게 특별히 감사드린다.

MMS 포토그래피 www.mms-ww.com

액스민스터툴스앤머시너리 www.axminster.co.uk

니와키주식회사 www.niwaki.com

스탠리 블랙앤데커 www.stanleyblackanddecker.com

타임리스툴스 www.timelesstools.co.uk

사진 출처

본 출판사는 아래와 같이 사진의 사용과 복제를 허락해 준 분들에게 감사를 드린다.

8페이지 123RF.com : donatas1205 (맨 오른쪽),
8~9페이지 로사 (가운데 아래),
9페이지 123FR.com : 대리어스 즈닉Darius Dzinnik/Dar1930 (맨 위),
84~85페이지 니와키주식회사 www.niwaki.com (일본식 깎는 가위),
89페이지 니와키주식회사 www.niwaki.com (가운데 위),
200페이지 니와키주식회사 www.niwaki.com (아래),
246~247페이지 알렉스 로사Alex Rosa.

기타 모든 그림 자료의 저작권 ©Dorling Kindersley

더 상세한 정보는 다음 웹사이트를 참조하기 바란다.

www.dkimages.com

AXMINSTER
Tools & Machinery

지은이

필 데이비는 어린 시절부터 목공에 취미를 길러 왔다. 필은 악기 제작, 목공 기술 교실 운영, 대목 및 소목 후진 양성 등 광범위한 분야에 전문성을 발휘했고, 목공 기계 전문가 자격도 갖추고 있다. 1992년에 〈굿우드워킹〉 잡지가 창간되면서 기술 편집인으로 합류하여 이후 9년간 이 영국 최대 목공 전문지의 편집인으로 활약했다. 현재도 같은 잡지에 편집 자문으로 재직하고 있다.

조 베하리는 영국 최초로 여성 인력으로만 운영되는 집수리 및 설비 관리 업체 '홈제인'을 설립하였다. 이 회사는 다양한 수상 경력을 가지고 있다. 조는 《여성을 위한 DIY 안내서》의 공동 저자이며, 채널4의 TV 프로그램 '만들고 행동하고 고쳐라'의 공동 진행자로 활약했다. 현재 〈하우스 뷰티풀〉 잡지에 DIY 전문 칼럼니스트로 활동하고 있다.

루크 에드워즈 에반스는 저널리스트로, 〈랜드로버월드〉 〈위닝〉 〈사이클스포트〉 〈사이클링액티브〉 〈투어〉 등과 같은 잡지의 편집인을 역임했다. 그가 참여한 저서로는 《전문가를 위한 사이클 훈련 매뉴얼》과 《완벽 바이크 오너 매뉴얼》 등이 있다.

맷 잭슨은 조경 상담사로 원예학 분야에 20년간 종사해 왔고 현재 문화유산 정원을 디자인하고 복원하는 일을 하고 있다. 〈텔레그래프〉지에 원예 분야를 기고해 왔으며, '생체 역학과 월력을 존중하는 원예'에 관한 서적을 저술했다.

옮긴이

김동규는 포스텍 신소재공학과를 졸업하고 동 대학원에서 석사 학위를 받았다. 여러 기업체에서 경영 기획 업무를 수행했다. 죽고 난 뒤에도 세상에 남길 일을 찾다가 번역을 시작했다. 마찬가지 이유로 한옥 목수가 되었다가, 최근에는 낮 시간에 공구상에서 재고 관리 업무를 하고 있다. 퇴근 뒤에는 번역 에이전시 엔터스코리아에서 출판 기획자 겸 전문 번역가로 활동하고 있다. 옮긴 책으로는 《매그넘 컨택트시트》 《과잉 연결 시대》 《세계의 석학들, 한국의 미래를 말하다》 《내 안의 자신감 길들이기》 《21세기 기업가 정신》 등이 있다.